## 项目资助

本书是国家社科基金项目"欧盟低碳话语权对'丝绸之路经济带'的影响及中国对策研究"（编号：15CGJ014）的结项成果。

# 欧盟低碳话语权的影响及绿色丝路研究

柳思思／著

中国社会科学出版社

**图书在版编目（CIP）数据**

欧盟低碳话语权的影响及绿色丝路研究／柳思思著 . —北京：
中国社会科学出版社，2021.12
ISBN 978 - 7 - 5203 - 9286 - 0

Ⅰ.①欧…　Ⅱ.①柳…　Ⅲ.①欧洲国家联盟—二氧化碳—
排污交易—研究　Ⅳ.①X511

中国版本图书馆 CIP 数据核字（2021）第 215060 号

| 出 版 人 | 赵剑英 |
| 责任编辑 | 赵　丽 |
| 责任校对 | 李　剑 |
| 责任印制 | 王　超 |

| 出　　版 | 中国社会科学出版社 |
| 社　　址 | 北京鼓楼西大街甲 158 号 |
| 邮　　编 | 100720 |
| 网　　址 | http://www.csspw.cn |
| 发 行 部 | 010 - 84083685 |
| 门 市 部 | 010 - 84029450 |
| 经　　销 | 新华书店及其他书店 |

| 印　　刷 | 北京明恒达印务有限公司 |
| 装　　订 | 廊坊市广阳区广增装订厂 |
| 版　　次 | 2021 年 12 月第 1 版 |
| 印　　次 | 2021 年 12 月第 1 次印刷 |

| 开　　本 | 710×1000　1/16 |
| 印　　张 | 16 |
| 插　　页 | 2 |
| 字　　数 | 263 千字 |
| 定　　价 | 88.00 元 |

凡购买中国社会科学出版社图书，如有质量问题请与本社营销中心联系调换
电话：010 - 84083683

# 前　　言

　　由于早年科技水平与认知水平所限，低碳成为国际关系研究中的滞后领域。在冷战期间，国际关系研究高度集中在军事安全领域，美苏争霸的时代背景，使大国军事对峙处于研究的前沿地带，除了关涉美苏两极的事务和区域之外，低碳不是国际关系研究的重点领域。冷战后，国际政治从"高级政治"（high politics）转向"低级政治"（low politics）。气候问题的国际治理越来越重要，同时也使得二氧化碳排放问题受到了全世界的关注。其中，如何进行碳减排就是一个典型的例子。长时间二氧化碳排放带来的碳污染、碳泄露以及造成的全球变暖问题引起了世界关注，国际组织作为全球治理规范设计的主体力量，对全球气候治理的发展方向，尤其是低碳与碳减排格局的演变趋势，具有不容忽视的影响力。所以，国际关系学界从气候治理的维度来思索低碳规范的设计问题，就需要重视欧盟等国际组织低碳话语权的建构及影响机制，并且思考欧盟低碳话语权对"丝绸之路经济带"的影响及中国的对策。

　　国家、政府间国际组织、非政府组织，都积极参与气候治理进程，希冀在自身具有竞争优势的议题领域获取相关话语权。随着冷战后军事紧张局势的缓解，欧盟等国际组织迅速在全球活跃起来。后冷战时代，欧盟成为低碳治理的先锋，不仅涉及碳减排、低碳经济发展、低碳产业布局、低碳企业权益维护等经济类议题，而且涵盖低碳发展战略构想、低碳规范性力量、政府征收碳税等政治安全类议题。欧盟低碳治理更多地与资源政治和全球碳市场联系起来，这一发展势必会影响"丝绸之路经济带"的经济政治文化建设。

　　近年来，欧盟及其成员国倡导并推广了一系列"低碳话语概念"，包括"低碳经济""碳关税""碳标签""碳足迹""碳交易""碳盘查"等,其加速构建国际低碳话语权优势地位的趋势引起各国的关注。中国提出的西系欧洲经济圈,东牵亚太经济圈,连接欧亚的"丝绸之路经济带"战略也将受到欧盟低碳话语力量的影响。低碳是中欧在"丝绸之路经济带"战略背景下展开合作难以回避的环节,是欧盟关注的重点,是中欧合作的瓶颈也是突破的关键。鉴此,分析欧盟低碳话语权对于"丝绸之路经济带"的影响机制并提出中国的应对方案,则成为亟待解决的研究课题。

笔者将低碳领域的国际博弈放置在全球环境政治的背景之下,这一背景与各国政治经济的竞争与合作结构同时出现,强调了低碳的关注点是如何被置于话语权框架当中,以及低碳问题与可持续发展的首要目标、安全问题是如何联系在一起的。通过回顾与反思国际低碳话语权的竞争过程,讨论了欧盟低碳话语权的现实形势以及对"丝绸之路经济带"的影响力,思考了中国的对策建议。

《欧盟低碳话语权对"丝绸之路经济带"的影响及中国对策研究》是笔者主持的国家社科基金项目的结项成果,获得了国家哲学社会科学办公室颁发的"良好"结项证书。这一研究课题,无论是从学理还是现实角度,都具有重要的研究价值。笔者感谢团队成员肖洋教授为本书研究付出的努力。最重要的是,笔者感谢为本课题结项成果提出建设性建议的专家。他们的学术精神与专业态度令笔者钦佩,是笔者学术之路的学习榜样与楷模。学术之路何其漫长,笔者将不懈奋斗,正如"路漫漫其修远兮,吾将上下而求索"。

# 目　　录

# 第 一 章

# 研究设计与研究框架

## 第一节　研究背景、研究问题与概念界定

### 一　研究背景

为了更好地了解本书的研究背景，我们需要对碳减排的历史进行更深入的观察。人们对碳排放的态度，很大程度上与工业化进程以及全球变暖的过程有关。大部分人在一开始对碳排放是不以为意的，历史上来讲就是如此。国家工业化的发展伴随着碳排放不断累积的过程。自从 20 世纪 70 年代起，这种情况发生了变化，意味着将低碳课题视为重要议题的开始，标志是 1972 年 6 月举行的第一次"联合国人类环境会议"（The United Nations Conference on the Human Environment）。

到了 20 世纪 90 年代，控制二氧化碳排放量的提出符合人类应对全球变暖的需要，这实际上是随着冷战结束出现的多边主义合作的成果之一。在 1992 年里约热内卢举行的联合国环境发展会议，批判了高污染的传统发展路径，达成了《联合国气候变化框架公约》（United Nations Framework Convention on Climate Change）、《生物多样性公约》（Convention on Biological Diversity）、《关于森林问题的原则声明》（Statement of Principles on Forests）、《二十一世纪》（Agenda 21）、《里约宣言》（Rio Declaration）。在里约会议上签署的几个国际环境公约中，最核心的就是《联合国气候变化框架公约》，明确提出要减少二氧化碳的排放量，创造新的发展模式。

随着时间的变化，人们意识到，如果不采取切实措施降低二氧化碳，将很难达到降低人类面临的气候变化风险以及挽救生物多样性的目标。各

国之间利益冲突是全球气候协议能否达成的现实困难，使二氧化碳增加、全球变暖、海平面上升对海岛国造成生命危机等问题无法解决，成为共同面对的棘手课题。在全球气候问题领域，欧盟和美国的主导权之争体现得淋漓尽致。1997 年美国放弃《京都议定书》（Kyoto Protocol），而欧盟千方百计挽救《京都议定书》。在 2009 年哥本哈根气候大会上，《哥本哈根协议》（Copenhagen Accord）本质是美国与基础四国达成的协议，未能对是否延续《京都议定书》达成一致意见，欧盟各国不承认该协议。在 2011 年，美国盟友加拿大宣布退出《京都议定书》。2012 年的"里约 20＋"会议上也没有协调各国的利益，就可持续发展问题无法达成一致意见。2015 年《巴黎协定》（The Paris Agreement）堪称全球气候协议的里程碑，欧盟及成员国法国在其中发挥了重要的作用。2017 年美国宣布退出《巴黎协定》并称该协定是不公平的，但《巴黎协定》仍是目前在全球气候领域最为重要的协定。

目前正在谈判的全球气候协议，目标除了解决全球变暖与要求碳减排之外，其中提出的条款为低碳经济、低碳生活、低碳社会的发展铺平道路，还关注碳足迹、碳标识、碳储存、碳泄露等方面。这些合作与谈判是建立在二氧化碳排放增多导致全球变暖的基础上的，碳减排与保护当地及全球的环境相关，也要求促使开发新能源合法化，而不是依赖于提取和使用化石燃料。国家持续增长的发展需要并不代表着增加二氧化碳的排放量。相反，倡导构建节能环保的国家更符合国际法的要求，例如"碳中和"就计算了行为体的碳消耗和碳吸收，使用节能减排与启动林业碳汇的形式来抵消行为体的二氧化碳排放量。

## 二 研究问题

进入 21 世纪以来，随着全球气候的进一步暖化，人们越来越清晰地意识到必须要控制二氧化碳，低碳经济与低碳社会已经具备可行性。低碳从鲜少关注的领域逐渐变成国际政治经济实践的新兴场域。国际主要行为体，都高度关注低碳治理的建章立制过程，围绕低碳治理的话语主导权与规范选择权展开竞争。人们对发展低碳认知的快速转变，已经超过国际社会对低碳发展的知识储备，大量新兴低碳类议题的出现，形成了对低碳规范供给的巨大需求。在这一具有历史性变革的时代节点上，世界各国与国际组织纷纷出台低碳发展战略，进行一系列的低碳政策调整，并积极参与如何低碳化的话语权争夺与规范设计过程。与此同时，欧盟作为全球治理的重要行为体，一方面提出关涉低碳治理的规范，塑造了欧盟的低碳话语权；另一方面也积极推广欧盟低碳治理规范的国际化。可以说，低碳治理的规范体系建设，已经从以低碳区域性规范为主，逐渐向以普适性、全球性的国际规范转变。事实上，以欧盟为基础的低碳话语权掌控者，逐渐引导着低碳治理规范的演进路径。

因此，本书研究的问题是：欧盟低碳话语权如何对中国的"丝绸之路经济带"建设施加影响？近年来，欧盟及其成员国倡导并推广了一系列"低碳话语概念"，包括"碳关税""碳交易""碳标签""碳足迹""碳盘查"等，其加速建构低碳话语权的趋势不仅影响欧盟内部，且对国际格局与国际关系造成了重要影响。中国提出的西系欧洲经济圈、东牵亚太经济圈，连接欧亚大陆的"丝绸之路经济带"建设也受到欧盟低碳话语权的影响。鉴此，分析欧盟低碳话语权对于"丝绸之路经济带"的影响路径并提出中国的应对方案，则成为本书研究的重点。

欧盟作为一种"规范性力量"（Normative Power），其低碳话语权对"丝绸之路经济带"建设的影响是一种规范性影响。从低碳的概念提出以来，低碳治理更多属于欧盟和美国话语权争夺的范畴，其议题范围包括碳关税的征收范围、是否强制定量减排、碳减排基准年等，相关的规范出台也被视为欧美争夺低碳话语权及政策协调后的结果，发展中国家难以参与低碳事务的主导权和决定权竞争。近年来，这一情况有所改变。

中国在低碳治理领域的声音开始引起世界的关注。2016 年 6 月，习近平主席提出"绿色丝绸之路"。2017 年 6 月，美国宣布退出《巴黎协定》。2017 年 12 月，中国宣布启动全国碳排放权交易市场。2018 年 11 月，中国气候变化事务特别代表解振华表态"中国会始终坚定地、积极地应对气候变化，落实《巴黎协定》"。[①] 2019 年 10 月 29 日，中国政府出台《绿色生活创建行动总体方案》，通过普及绿色低碳、简约适度的生

---

① 高敬：《中国会始终坚定地、积极地应对气候变化，落实巴黎协定——中国应对气候变化工作取得积极进展》，新华网，2018 年 11 月 26 日，http：//www.xinhuanet.com/politics/2018 - 11/26/c_1123768993.htm，2021 年 6 月 1 日。

活方式和理念，促进低碳发展与推动绿色消费。2020 年 7 月 3 日，由中国低碳网举办的 2020 年绿色节能低碳中国行启动仪式暨绿色低碳生活节视频研讨会借助钉钉 App 顺利举行。①

中国"丝绸之路经济带"建设的长远目标包括构建"一带一路"的碳排放交易市场，并使之成为全球最大的碳排放交易市场，不仅表明中国开辟了一条联系亚欧的"新丝绸之路"，推动中国等发展中国家在全球低碳治理领域的声音扩大，更在于低碳治理区域，话语权开始出现从发达国家向发展中国家偏移的可能性。坦言之，在当前全球治理体系的规范覆盖范围，低碳治理领域的规范竞争尤为突出，甚至可以说，低碳规范设计领域是全球治理中竞争最激烈的领域之一。抛开传统的地缘政治思维，低碳治理不应局限于现有欧美等发达国家进行内容界定，毕竟应对全球气候变暖与减少二氧化碳排放量涵盖了整个地球，而应从低碳话语体系动态演化的角度出发，从全球和区域治理并进的维度，来审视低碳治理规范的全球性价值，并且鼓励发展中国家发出声音。

低碳治理的最终目标是建立稳定的低碳秩序，支撑这个秩序的要素有三：低碳领域的国际政治体系、低碳领域的国际规范体系、低碳领域的价值观念体系。国际规范体系是整个低碳领域国际秩序的核心组成部分。在低碳治理过程中，各类行为体倡导低碳规范时，会产生低碳规范供给的非均衡性。即：在不同的低碳议题领域，行为体倡导的低碳规范数量与质量并不一致。例如在碳排放交易管理上的规范数量远远超过碳足迹、碳标签、碳储存等低碳领域。欧盟建立了欧盟碳排放交易市场（European Union's Emissions Trading Scheme）并构建了相应碳排放交易的规范体系，美国建立了北方十州区域温室气体减排行动组织（Regional Greenhouse Gas Initiative）、芝加哥气候交易所（Chicago Climate Exchange）并提出了北方十州区域温室气体减排行动与芝加哥气候交易所管理的相应规范，中国在北京、天津、上海、重庆、湖北、广东和深圳进行碳排放交易市场试点并且出台了《全国碳排放权交易市场建设方案》、《全国碳排放权配额总量设定与分配方案》、《碳排放权交易管理暂行办法》等。

---

① 严海：《2020 年绿色节能低碳中国行暨绿色低碳生活节云开启》，新华网，2020 年 7 月 7 日，http://www.xinhuanet.com/money/2020 - 07/07/c_1126205376.htm，2021 年 6 月 1 日。

根据建构主义的规范生命周期研究成果，规范一旦在行为体的倡导下诞生，其生命轨迹后续是规范的扩散与内化。这就会产生一种困境：不同行为体围绕同一议题出台不同的规范时，哪一种规范的影响力更大？哪一种规范更容易被他者或者公众接受内化？尤其是当同类型规范存在竞争关系时，他者与公众该如何抉择？如前所述，中国提出的西系欧洲经济圈、东牵亚太经济圈，连接欧亚大陆的"丝绸之路经济带"建设受到欧盟低碳话语权的影响。即，在"丝绸之路经济带"沿线国家中，存在低碳话语权的竞争与低碳规范的选择。中国应思考如何通过"绿色丝绸之路"规范向丝绸之路沿线国家介绍中国碳市场建设经验，支持其建立碳交易体系，从而促进全球基于市场机制的气候变化合作，首先应该建立一种有多个政府部门参加的协调机制，除了生态环境部外，商务部、工信部、银监会等部门也应参加进来，解决当前在"一带一路"沿线国家中，缺少有效鼓励绿色投资的市场机制的短板问题。另外，现在也可以开始建立一个"一带一路"倡议碳交易市场论坛，重点在"一带一路"沿线的发展中国家中，介绍中国碳交易市场建设经验，传播碳交易市场建设知识，帮助这些国家培养一批碳交易市场设计和建设所需的人才。

低碳话语权的争夺本质上是一场规范性话语权的竞争。在具有较高政治敏感度的议题上，国际行为体的规范倡导与供给能力则相对有限，从而出现规范缺失的现象；然而在低碳治理领域尤其是碳排放交易领域却可能出现规范聚集。由此引出以下思辨：低碳领域国际行为体进行规范倡导，是否会出现议题选择集聚现象？如果出现议题集聚，那么是否会导致规范供给过剩？如果规范供给过剩，各行为体出于规范推广的考虑，则必然会与其他行为体展开规范竞争，规范竞争的过程是零和博弈还是共存博弈，这将决定低碳治理规范的演化趋势，是走向成长还是消亡。因此，低碳治理领域话语权的竞争，本质上是一种"低碳规范供给—低碳规范竞争—低碳规范融合/消亡"的过程。

当前低碳治理秩序的构建与变迁领域，行为体的主观能动作用越来越突出。要深入分析低碳领域国际行为体在低碳治理中的作用，则需认真研究各类国际行为体规范倡导的议题偏好，包括这些国际行为体的决策体系结构、政治倾向、影响力消涨趋势等。在后续研究过程中，笔者提出了"低碳区域治理"（Low Carbon Regional Governance）、"国际规范倡议体系"（International Normal Advocacy System）、"规范性话语权"（Normative Discourse Power）等概念，以其作为解析国际行为体与低碳治理规范体系互动过程的基本路径。为了厘清低碳治理规范演化各个阶段的内涵，以及规范供给过剩导致的规范竞争对低碳治理成效的影响，本书选择低碳标准、碳排放交易市场等案例，探讨低碳领域国际行为体围绕这两类治理议题所展开的规范竞争，以及针对低碳经济、低碳科研、低碳政治等治理议题的规范设计所产生的溢出效应。由欧盟倡导的低碳治理规范，包括"碳交易""碳标签""碳足迹""碳盘查"等规范，建构了欧盟的低碳话语权，在全球低碳治理规范体系中具有典型示范效应。

在这方面，建构主义关于规范研究的成果能给我们提供一定的启发，规范研究是当前国际关系理论研究的前沿问题之一，关于规范的生成与内化，甚至是退化，建构主义学者已经进行了深入的研究。总体而言，当前建构主义学者对于规范的研究可以从以下三大层面进行分析：第一，体系层次，代表人物是玛莎·芬尼莫尔、杰弗里·切克尔与杰弗里·勒格罗。第二，地区层次，代表人物是阿米塔·阿查亚。第三，单位层次。单位层次多认为规范的产生归根结底是由于内部因素作用的结果，这些内部因素包括一国内部的文化、语言与领导者的心理特征等。其中，单位层次的建构进程是从行为体的内在特征出发，即认为内在因素是规范生成的关键因素。

### （一）体系层次

体系层次的代表人物主要是玛莎·芬尼莫尔、杰弗里·切克尔与杰弗里·勒格罗。其中，芬尼莫尔重点阐述了以"传授"为主的"教学过程"，指出国际组织的"教化"是规范得以产生的重要原因。这一过程有主动的教师（国际组织），他们为学生提供了明确的学习计划，在科学案例中，国际组织与它们雇佣的专家教给国家想要或需要的科学、科层组织；在红十字会案例中，红十字国际委员会教给国家承担战时受伤士兵的福利与保护的责任；在发展案例中，世界银行教给国家一个新的"发达国家"的形象与实现这一地位的新战略。① 这就是国际组织的"教"，通

① ［美］玛莎·芬尼莫尔：《国际社会中的国家利益》，袁正清译，浙江人民出版社2001年版，第16页。

过国际组织的"教"，目标国家"学"会了这些规范，从而在各目标国内部生成了这些规范。

那么具体如何"教"？芬尼莫尔提出了"规范的生命周期理论"，这是一个极具代表意义的模型。"可以用如下三个阶段来概括规范的生成。"① 第一阶段是规范的提出，第二阶段是规范的扩散，第三阶段是规范的内化，通过上述三个阶段，规范从"教师"（国际组织）手中"传授"给了"学生"（国家内部），在该国内部就产生了该规范。在芬尼莫尔的基础上，切克尔对"教化"机制进行了深入的细化，提出"教化"机制主要包括以下三类：一、"战略权衡机制"，二、"角色扮演机制"，三、"规范劝服机制"。②

首先，"战略权衡"机制体现了理性主义的逻辑。行为体是理性的，他们会认真地比较成本与收益的差距并谋求最大化的利益。该机制主要是借助于物质利益的利诱功能，仅仅在行为体认为遵守规范的获益会大于付出的成本或代价时，才会学习该规范，这是"教学"导致规范产生的第一种机制。其次，"角色扮演"。切克尔认为任何特定的"角色"蕴含特定的"规范"。在某种特定的角色环境下，行为体模仿"该角色"，也就学会了"该角色"所具有的规范，它是行为体效仿其他行为体以适应不确定环境的一种有效机制，这是利用角色模仿，导致行为体国内产生该规范的第二种机制，"角色扮演"时，行为体的行为动机开始由"工具性逻辑"向"适当性逻辑"转变。

最后一种机制是"规范劝服"，这一机制是试图使目标行为体从内心深处坚信这是正确且有重要意义的规范，尽管该行为体过去并不认同此规范，但经历了"规范劝服"之后，最终使行为体国内不但认同该规范，而且长期发挥作用。芬尼莫尔关于"规范生命周期"的理论及切克尔对"教化机制"的研究解释了大量国家为何在短时间内集中产生"良好规范"（nice norms）的趋势，他们经验验证的案例是具体领域的人权规范、

① ［美］彼得·卡赞斯坦、罗伯特·基欧汉、斯蒂芬·克拉斯纳：《世界政治理论的探索与争鸣》，秦亚青等译，上海人民出版社 2006 年版，第 303 页。

② Jeffrey Checkel, "International Institutions and Socialization in Europe: Introduction and Framework", *International Organization*, Vol. 59, No. 4, 2005, p. 801.

欧盟规范等，教化主体是：联合国教科文组织、国际红十字会、世界银行与欧盟等国际组织。①

芬尼莫尔与切克尔的核心观点是国际组织教国家，在这一过程中产生了规范，这是有明确教学主体的教化活动，即"教师"：国际组织，"学生"：国家。除了有明确"教化主体"（国际组织）的传授之外，在体系层次领域，无明确"教化主体"也可以使目标行为体产生规范。杰弗里·勒格罗认为，体系层次如何影响规范的生成主要在于如下两个方面。② 一方面，行为体面临着快速变化的国际环境，具有模糊性的规范更容易在行为体之间产生并发生效力。1939 年，谢里夫（Muzafer Sherif）做了一系列试验证明：在模糊的背景下，达成集体的规范性协议要比局势明了时更为容易。③ 例如，尽管民主国家之间存在种种差异，但在国际领域的"民主国家同盟"之所以产生并长期发挥作用，就依赖于民主规范特有的模糊性与简约性。

另一方面，环境的剧烈冲击，尤其是影响国际环境的重大事件的发生，往往为旧规范退出历史舞台与新规范的产生提供了便利的条件。例如，奥尔森（Mancur）在《国家的兴衰》中，就探讨了体系的冲击是如何淘汰了《再分配的协议》和重新定义了《社会内物质刺激的新协定》，之后这一规范在各国集中产生。再如，日本对珍珠港的突然袭击事件大大增强了美国对于"反法西斯联盟"的认同，也同时打破了美国原有盛行一时的"孤立主义规范"的情结。

（二）地区层次

在芬尼莫尔的基础上，阿米塔·阿查亚在思考这样一个问题：为什么同样的教学主体，同样的教学机制，有的国家或地区能产生该规范，而有的国家或地区不能产生该规范？在这一思考的启示下，他将切克尔"文化匹配"的概念运用到地区层次，从地区层次对规范生成理论进行了创

---

① Jeffrey Checkel, "Norms, Institutions and National identity in Contemporary Europe", *International Studies Quarterly*, Vol. 43, No. 1, 1999, p. 88.

② ［美］彼得·卡赞斯坦：《国家安全的文化：世界政治中的规范与认同》，宋伟、刘铁娃译，北京大学出版社 2009 年版，第 445 页。

③ 谢里夫在黑暗的墙壁上打了一个光点，游动效应使得光点看来在移动，他考察同伴多大程度上能被影响到对这种程度的判断。

新，他研究的案例是"共同安全规范"与"人道主义规范"的比较分析，研究对象是东盟。通过一系列深入的研究，他得出结论："地区文化结构"与"该规范"是否"契合"是决定该规范在该地区能否得以产生的关键原因。① 他认为：当某种规范与某个地区文化结构越契合时，就越容易在该地区生成该规范以及类似规范，反之，则越不容易在该地区内生成此规范抑或此类规范。

阿查亚提到的地区文化具体指代"东盟方式"，"东盟方式"是一个东盟领导人喜欢使用的表述内部相互作用过程的一个术语，它将东盟与其他的，特别是西方的多边安排区分开来，"东盟方式"强调："和平解决争端、非正式性、不干涉、组织最小化、广泛性、深入细致地协调以达成一致。"② 显而易见，"共同安全规范"与"东盟方式"中的"和平解决争端"及"协调一致"的文化相契合，因此，与"东盟方式"契合的"共同安全规范"在东盟地区生成并发展，东盟成员国克服了它们的安全困境并建立一个"安全共同体"，从而使得它们的利益成为可以建构的。③ 建构"安全共同体"的过程被认为是一种特殊形式的东盟式的地区主义，在这个过程中，国家形成了一种（与"东盟方式"一致的）和平与相互作用的可靠方式，追求共有的利益并致力于一种共同的区域认同。④

与"共同安全规范"在东盟地区产生的极为顺利的形势相较，"人道主义规范"在东盟就相形见绌了。东盟地区主义中最为重要也是最有争议的原则之一就是：不干涉成员国内部事务。"不干涉主义"在东盟产生之前在东南亚地区就早已存在，1955 年在亚非万隆会议中被再次重申。"不干涉主义"不单指包括美国、苏联和中国在内的外部大国对东南亚国家事务的干涉，也适用于禁止任何东南亚国家干涉其邻国事务，由于

---

① Amitav Acharya，"How Ideas Spread：Whose Norms Matter? Norm Localization and Institutional Change in Asia Regionalism"，*International Organization*，Vol. 58，No. 2，2004，p. 239.

② ［加］阿米塔·阿查亚：《建构安全共同体，东盟与地区秩序》，王正毅、冯怀信译，上海人民出版社 2004 年版，第 87 页。

③ ［加］阿米塔·阿查亚：《建构安全共同体，东盟与地区秩序》，王正毅、冯怀信译，上海人民出版社 2004 年版，第 39 页。

④ ［加］阿米塔·阿查亚：《建构安全共同体，东盟与地区秩序》，王正毅、冯怀信译，上海人民出版社 2004 年版，第 39 页。

"东盟方式"中"不干涉主义"核心原则的存在,"人道主义规范"在东盟地区难以生成。因此,规范在地区是否能够生成并发展的关键在于与该地区文化的契合程度。

（三）单位层次

不同于规范生成的其他层次,单位建构是指行为体通过内部因素的作用而产生规范。单位建构进程如何产生规范? 主要在于如下三大作用因素:第一,文化建构,第二,语言建构,第三,心理进程。

第一,文化建构与规范生成。文化建构规范,文化是构成国家内在身份的重要因素,文化是规范的内在基础与灵魂。以约翰·帕利斯来（John Parisella）为代表的文化建构主义者坚定地认为:"美国的自由民主制度仍然极富有青春与活力!"[1] 这是因为:美国政治自由民主制度的产生是美国文化建构的产物。为何美国国内会产生所谓自由民主制度? 他进一步具体地分析,这与美国的文化因素密切相关。美国是移民国家,美国的文化是包容性文化,美国人崇尚个人主义、富有创造力且崇尚言论自由,这些代表性美国文化特征都组成了当前美国政治自由民主制度的核心要素。他得出结论:不同的文化能够产生出不同的规范。正是基于国内文化的建构,规范才得以产生,并且同样是基于文化的持续性,才导致了规范的长期发挥作用。

第二,语言建构与规范生成。众所周知,语言具有交际性的特点,语言对于规范生成起着至关重要的作用,语言应用的进程开始于他们在个体层面的活动,语言建构了规范,这一观点得到众多后结构主义、语言建构主义、规则建构主义学者的极力推崇。例如,利维亚·波拉尼等人指出,"如果我们希望确认与探求行为体对正常与非正常行为、对自我与他者的好与坏的认同或者特定文化内历史发展的必然性、不可能性的文化期望,那么我们需要全面的文本（语言）分析,文本（语言）是任何规范产生的根基。"[2] 与之相似,弗里德里克·克拉托赫维尔与尼古拉斯·奥努弗

---

[1] John Parisella, "Why American Democracy is Alive and Well?", *Americas Quarterly*, Vol. 1, No. 1, 2010, p. 6.

[2] Livia Polanyi, *Retelling Cold War Stories: Uncovering Cultural Meanings with Linguistic Discourse Analysis*, New York: New School for Social Research, 1993, p. 8.

（Nicholas Onuf）认为，社会制度与规范是从语言的应用规则中建构出来的。奥斯丁（Austin）认为：说出一句话，人们要完成三种行为：言说行为（the locutionary act），即"以言行事"；施事行为（the illocutionary act）即"以言行事"；取效行为（the perlocutionary act），即"以言取效"。① 这就是"言语行为理论"的三大核心要素。

人在社会的互动过程中最重要的就是"言语行为"。言语行为能够演绎出规范并造就人际关系与社会模式，规范的表现一开始只是一种局限于言说者与倾听者之间的惯例，因此这一语效也只局限于他们两者之间，但是当某个个体经常重复某个言语行为，并且产生了言语效果，那么其他人久而久之也就会逐渐重视这种重复的言语效果，这种两者之间的惯例就会演变成一个具有普及意义的规范。②

第三，心理进程与规范生成。玛丽琳·布鲁尔（Marilyn Brewer）认为："认同之所以形成，规范之所以产生，是因为个体的心理原因，是个体需要在自我与他者之间看到区别，从而实现自己的行为变化。"③ 约翰·特纳（John Turner）也认为规范与行为体的心理特征关联密切。他认为："决定规范之所以能够产生、认同之所以能够形成的首要问题不是自我与他者的关系，而是自我对于心灵的拷问。"④ 行为体的心理因素对于规范生成也起着至关重要的作用，尤其是领导者的心理因素对规范的产生影响巨大，正如上述两位专家指出的那样，20 世纪 80 年代苏联"新思维"规范的产生就与米哈伊尔·谢尔盖耶维奇·戈尔巴乔夫（Mikhail Sergeyevich Gorbachev）的个人心理因素有着密切的关联。

综上所述，玛莎·芬尼莫尔主要研究的是"人权规范"。⑤ 杰弗里·

① 秦亚青：《文化与国际社会：建构主义国际关系理论研究》，世界知识出版社 2006 年版，第 35 页。

② 孙吉胜：《语言、意义与国际政治》，上海人民出版社 2009 年版，第 54 页。

③ Marilynn Brewer, "The Social Self: on Being the Same and Different at the Same Time", *Personality and Social Psychology Bulletin*, Vol. 17, No. 5, 1991, p. 475.

④ Henri Tajfel, *Social Identity and Intergroup Relations*, Cambridge: Cambridge University Press, 1982, p. 16

⑤ Jeffrey Checkel, "Norms, Institutions and National Identity in Contemporary Europe", *International Studies Quarterly*, Vol. 43, No. 1, 1999, p. 88.

切克尔的主要研究领域是"欧盟规范"。① 马库斯·科恩布若斯特（Markus Kornprobst）主要研究了"领土妥协规范"，分析的案例是爱尔兰放弃了对北爱尔兰的领土要求。阿米塔·阿查亚主要研究的是"共同安全"与"人道主义规范"。杰弗里·勒格罗研究的是"新思维"与"民主规范"。综合上述研究成果，我们分别将上述所谓的规范作为"自变量"，把上述学者提出的核心因素作为"干预变量"，"规范生成"作为"因变量"，概括上述五项研究，可以得到下表（表1—1）：

表1—1　　　　　　　　　　　　规范的产生

|  | 自变量 | 干预变量 | 因变量 |
|---|---|---|---|
|  | 规范 | 规范生成的机制 | 规范生成 |
| 芬尼莫尔 | 人权规范 | 国际组织的教化 | 是 |
| 切克尔 | 欧盟规范（关于公民具有双重国籍） | 文化匹配 | 否（德国） |
| 科恩布若斯特 | 领土妥协规范 | 论辩机制与妥协机制 | 是 |
| 阿查亚 | 共同安全规范 | 地区规范结构契合 | 是 |
| | 人道主义干预规范 | | 否 |
| 勒格罗 | 新思维规范、民主规范 | 外在压力 | 是 |

资料来源：笔者自制。

### 三　概念界定

笔者在行文过程中，一些与低碳治理相关的概念将多次出现，在此逐一对其进行内涵界定。第一，话语权。话语权是指说话权、发言权，是就某一问题发表看法的资格与权利，往往同行为体争取经济、政治、文化、社会等领域的话语权益表达密切相关。

第二，话语权的争夺。话语权的争夺是指不同行为体就同一问题的说话权、发言权的争夺，往往同行为体之间争取经济、政治、文化、社会等领域的权益表达密切相关。例如，"人类发展需要更多碳

---

① Jeffrey Checkel, "International Institutions and Socialization in Europe: Introduction and Framework", *International Organization*, Vol. 59, No. 4, 2005, pp. 801 – 822.

排放空间"与"人类需要节能减排"两派观点之间的针锋相对，这就是一场典型的话语权争夺。第一派观点的依据是经济发展需要更大的碳排放空间，采用的形容词包括经济发展需要碳排放空间是"合理的""适当的""合情的""合情合理的""有依据的""有先例的""不应被扼杀的""正当的""常规性的""有据可循的"等。在这一派的支持者看来，国家经济的进步、交通业的运转、工业的发展都离不开碳排放的需要。他们认为，在现阶段，很明显可以看出国家把经济发展视为第一要务。包括自然资源开发、工业、运输业、水泥玻璃等行业在内，能够为国家各地区提供重要的经济发展机会。相较之下，其他事项的重要性就不显著了。

经济发展首要论认为经济发展是国家的第一要务，此处的经济发展包括关注有助于整体经济增长的能源开发、能源消耗、工业复兴、就业安排等潜在进步。国家的兴趣也很重要，特别是那些有着丰富油气储藏的国家，比如中东产油国和俄罗斯。另外，某些产业组成的利益集团也是第一派观点的拥护者。众所周知的是，石油产业、工业等产业的发展过程不仅有经济价值，而且蕴藏着二氧化碳排放需求的潜台词。第二派观点除了使用带有任务规定的语言之外，最为显著的特点是丰富的修辞。例如，《巴黎协定》表达碳减排时，使用了"自主贡献""共同责任""优先事项""气候公正""气候正义""减缓努力"等词；形容碳排放问题使用了"紧迫性""安全性""威胁性""脆弱性""风险性"等形容词；描述对碳减排的核查使用了"完整性""透明性""一致性""可比性""精确性"等形容词。

第三，欧盟低碳话语权。既然话语权是指说话权、发言权，是就某一问题发表看法的资格与权利，往往同行为体争取经济、政治、文化、社会等领域的话语权益表达密切相关，那么，欧盟低碳话语权是欧盟立足自身利益，对低碳领域的国际标准、规范、模式、程序等方面的制定权、解释权或主导权，表现为一种规范性力量。

第四，治理。"治理"的概念具有三重内涵：一是制度设计的规范性，既强调需要设计各种正式或非正式的规范来约束国际行为体，但这些规范产生的前提是得到各行为体的认可。① 由于各行为体之间的利益诉求千差万别，要产生能够推动集体行动的规范自然不能过于强调规范的强制性，这就使得治理更多的是一种基于弱约束性规范的集体行动过程。二是制度设置的协商性。由于国际政治的无政府状态，导致治理的基本原则是非强制性，参与治理的主体都是平等的身份，行为体之间的权力差异并不会影响治理过程的话语权差异，因此治理的结果并非由强权行为体的单边决定，而是由所有参与方的集体协商决定。三是治理主体的多样性。既包括政府机构、政府间组织，也包括非政府组织。② 总而言之，治理是一种通过平等协商的方式构建权威性规范，以提升对某一议题领域管理成效的思路与实践创新。这个概念指明了治理的三个基本要素：权威性、议题选择、规范设置。

早在 20 世纪 90 年代初，詹姆斯·N. 罗西瑙就将"无政府治理"（Governance without Government）的概念纳入后冷战时代国际关系研究。③ 我们也以此为依据，开启了将国际组织等非国家行为体纳入全球治理规范体系建设研究视野的先河。然而，在主权国家仍然对全球政治具有强大影响力的今天，全球治理的概念始终具有模糊性。虽然以奥兰·扬为代表的制度主义学派，坚持认为全球治理的本质是全球新秩序的诞生，但并未精准界定此种新秩序的规范内容、议题范畴、价值观念等，更没有给出明晰且一致性的定义。这就为全球治理与国际管理事务预留了某种不言而明的"呼应"关系，④ 为全球治理的深化研究留下学术空间，同时也促使研究区域治理、次区域治理的学者，将研究议题领域从全球层面扩展到中微观层面。然而，这种分析方法的弊端也显而易见：全球治理研究在"议题的选择与内涵把控""治理规范的演进与退化因素""国际制度理论在全球治理中的解释效力"等方面，缺乏具有足够说服力的知识谱系。

---

① 庄贵阳：《后京都时代国际气候治理与中国的战略选择》，《世界经济与政治》2008 年第8 期。

② 马全中：《治理概念的再认识——基于服务型政府理论的视角》，《中共天津市委党校学报》2014 年第 5 期。

③ ［美］詹姆斯·N. 罗西瑙：《没有政府的治理：世界政治中的秩序与变革》，张胜军、刘小林等译，江西人民出版社 2001 年版，第 4—6 页。

④ James N. Rosenau, "Governance in the Twenty-First Century", *Global Governance*, Vol. 1, No. 1, 1995, p. 13.

在理解低碳治理内涵的同时，可一并思考新自由制度主义视角下的国际制度理论和建构主义视角下的国际规范理论，两者在不同议题领域之中的解释力问题，以及国际合作在多边场合中的倍增效应。例如，国际制度理论的基本内核能否适用于低碳治理的内涵？国际组织围绕低碳治理进行的规范设计过程，能否作为国际规范理论进行内涵延伸的事实依据？以此观之，有助于提升国际制度理论和国际规范理论在低碳治理问题上的复合解释力。

第五，欧盟低碳治理。欧盟低碳治理的议题框架极其丰富，包括"碳关税""碳交易""碳标签""碳足迹""碳盘查"等。虽然这些议题的研究基础都可归纳为欧盟低碳治理的思维，但问题在于：每个议题的治理形态，是否也会遵循相同思维脉络？这个问题的实质是：欧盟低碳治理是否会因议题选择的差异，而产生不同的内涵界定？虽然学界已经承认在欧盟低碳治理的模式选择中，的确存在这种差异性，然而，大部分的学术成果还是未能将欧盟低碳治理的规范设计与具体议题的治理脉络联系起来，未能完整阐述"议题设置差异—治理思路选择—治理规范演变"三者间的互动关系。

虽然低碳治理的概念被应用，但其模糊的内涵往往在理论层面难以被完全厘清，这使得一些学者们选择从低碳治理的实践需要出发，探讨低碳治理的范式选择与递进机理。例如马蒂耶斯·科尼格—阿尔基布吉（Mathias Koenig-Archibugi）归纳了八类治理方式：全球政府间主义（Global Intergovernmentalism）、全球超国家主义（Global Supranational-ism）、直接霸权（Direct Hegemony）、间接霸权（Indirect Hegemony）、直接全球跨国主义（Direct Global Trans-nationalism）、授权性全球跨国主义（Delegated Global Trans-nationalism）、直接垄断（Direct Monopoly）、间接垄断（Indirect Monopoly）。[①] 以治理范式为基础倒逼低碳治理的内涵扩展，无疑是一种新的学术思路，能够明晰欧盟低碳治理规范的阶段化发展过程。

---

① Mathias Koenig-Archibugi，"Mapping Global Governance"，in David held and Anthony McGrew，eds.，*Governing Globalization：Power，Authority and Global Governance*，Malden：Polity Press，2002，p. 46.

低碳治理体系的构成元素包括利益攸关方（Stakeholder）、规范性话语权、治理规范、规范演化等。其中，利益攸关方是低碳治理体系的核心要素，是指与低碳治理进程存在密切利益联系的国际行为体，包括主权国家、国际组织等。例如，欧盟作为低碳治理体系的利益攸关方，它认为某项低碳治理议题与自身利益息息相关，就会积极参与相关规范的构建与推广扩散，以获取该议题领域的规范性话语权。

第六，"绿色丝绸之路"（Silk Road of Green Development）。2019年6月，习近平主席提出了"绿色丝绸之路"的倡议。①"绿色丝绸之路"的议题存在内涵上的独特性，对"绿色丝绸之路"的规范发展产生不同影响。由此引出的问题是：有哪些因素能够推动或阻碍绿色丝绸之路规范的发展历程？这个问题的逻辑深意在于：如何解释丝绸之路绿色治理的规范体系难以发挥应有的管理功效？"绿色丝绸之路"规范的推广是否需要强制性？

第七，规范结构。如同任何社会结构能出现建构抑或解构一样，规范也是一种社会结构，就既可以出现进化也可能走向退化，即生成与消亡。值得庆幸的是，总体上而言，在人类社会的发展过程中，规范呈现出上述进化的态势，但任何事物不可能总是单向线性的，规范也不可能只是产生与发展，而不退化抑或消亡。"规范退化研究"的起点正是建立在"规范进化研究"的终点之上，"从他们的终点，我展开了我的研究，我试图研究他们尚未研究的领域。"② 关于"规范的退化"问题，在美国学界已经引起了越来越多学者的关注与研究，但仍然未能摆脱"良好规范"的惯性思维。其中影响力最大的研究成果首推莱德·麦基翁（Ryder Mckeown）于2009年在《国际关系》（*International Relations*）上撰文正式提出的《规范退化》（Norm Regress）。"规范退化"的过程可以分为："发起对规范的挑战""挑战规范的蔓延""规范退化"三个阶段，与前文所述的芬尼

①　2016年6月22日，习近平在乌兹别克斯坦最高会议立法院发表演讲时指出："要着力深化环保合作，践行绿色发展理念，加大生态环境保护力度，携手打造绿色丝绸之路"。习近平："携手打造绿色、健康、智力、和平的丝绸之路"，新华网，2016年6月22日，http://www.xinhuanet.com/world/2016-06/22/c_1119094645.htm，2019年12月1日。

②　Ryder Mckeown，"Norm Regress: Revisionism and the Slow Death of the Torture Norm"，*International Relations*，Vol. 23，No. 1，2009，p. 11.

莫尔的《规范生命周期理论》，即规范的进化研究一一对应。

莱德·麦基翁的检验案例是人权领域的"反酷刑规范"，挑战者利用语言力建构使得"反酷刑规范"退化。"反酷刑规范"是国际上广为传播的人权规范，该规范在美国国内的地位一度被视为民主的根基，并且是美国"正义与民主"美好形象的鲜明代表，历届政府不曾动摇。但布什政府发动伊拉克战争以来，该规范在美国国内却遭遇了合法性危机，使它的影响力大为减弱。

该规范的退化过程可以分为以下三个阶段：首先，发起对规范的挑战阶段。布什政府将美国的敌人与美国自身分别塑造成"邪恶"与"美好"的代表，手段就是不断地使用含有强烈价值判断的语言。布什政府声称美国的战争是"一场与毫无道德的邪恶势力进行殊死搏斗的战斗"[1]。"美国为了维护世界的和平，为了保护世界的美好我们勇敢地战斗"。[2]

其次，挑战规范的蔓延阶段。在布什总统的指示下，"酷刑"的条款被修改为："只有造成身体功能上的退化衰竭、器官失灵、甚至死亡，抑或造成心灵上长期的精神失常才是酷刑。"[3] 而其他造成短期或轻度伤害的刑罚都不能称之为"酷刑"，例如美国虐囚事件中频繁出现的把不擅游泳的囚犯锁在水箱里，或头顶重物强迫罚站超过 10 个小时，或将囚犯捆绑起来羞辱等一系列残酷的刑罚，因为尚不符合所谓极端"酷刑"的定义，因此施加酷刑者不但不会受到惩罚，反而成为打倒敌人拯救国家、被人歌功颂德的"楷模"。[4]

最后，规范的衰落消亡阶段。从调查数据中我们可以清晰地得出结论："反酷刑规范"已经进入了退化消亡阶段。2007 年《华盛顿邮报》的"你是否支持在某些情况下对囚犯施加酷刑？"调查答卷中 35% 的美国

---

[1] Gerald Gray, "Psychology and U. S. Psychologists in Torture and War in the Middle East", *Torture*, Vol. 16, No. 2, 2006. p. 128.

[2] Ryder Mckeown, "Norm Regress: Revisionism and the Slow Death of the Torture Norm", *International Relations*, Vol. 23, No. 1, 2009, p. 12.

[3] Matthew A. Evangelista, "The Power of Precedent: Will American Practice Change the Norms of International Humanitarian Law?", *Crossroads*, Vol. 6, No. 1, 2006, p. 18.

[4] 柳思思：《从规范进化到规范退化》，《人大复印资料》2010 年第 9 期。

人选择支持。[1] 2008 年的问卷结果显示这一支持率上升为 60%。[2] 通过上述三个阶段，规范退化的过程演化完成。

　　除了莱德·麦基翁外，关于规范的退化问题，学者们还从不同视角进行了阐释：第一，规范间竞争导致规范退化，安·弗罗瑞尼（Ann Florini）就把规范与基因进行了类比，认为规范是结构的单元。[3] 规范影响行为体的行为方式在于不同规范之间相互进行竞争，就像染色体上的基因一样，竞争使得某些基因或规范在群体中更为流行普及，而另一些则走向退化哀亡，检验案例是"人道主义"规范。第二，非安全化导致规范退化，理论逻辑是安全化的进程导致某些规范的产生，同理，非安全化的过程导致某些规范的退化，检验案例是"医疗救助"规范。第三，指涉对象消失导致规范退化，检验案例是"生态安全"规范。[4] 尽管上述对于规范退化的其他解释，进一步深化了我们对规范的研究，但不难发现，上述研究成果仍然固守在麦基翁所谓的"良好规范"的研究领域。综合上述研究假设，可以分别用上述因素作为自变量，用"规范退化"作为因变量，可以得到表 1—2。

表 1—2　　　　　　　　　　　　规范的退化路径分析

| 自变量 | 干预变量 | 因变量 |
|---|---|---|
| 规范 | 规范退化的机制 | 规范退化 |
| 反酷刑规范 | 挑战者利用语言力重构 | 是 |
| 人道主义规范 | 竞争机制 | 是 |
| 医疗救助规范 | 非安全化 | 是 |
| 生态安全规范 | 指涉对象消失 | 是 |

资料来源：笔者自制。

---

① Matthew A. Evangelista, "The Power of Precedent: Will American Practice Change the Norms of International Humanitarian Law?", *Crossroads*, Vol. 6, No. 1, 2006, p. 16.

② Gerald Gray, "Psychology and U. S. Psychologists in Torture and War in the Middle East", *Torture*, Vol. 16, No. 2, 2006, p. 129.

③ 周方银：《国际规范的演化》，博士学位论文，清华大学，2006 年。

④ 柳思思：《从规范进化到规范退化》，《当代亚太》2010 年第 3 期。

## 第二节 前提假定、理论假设与推导过程

在提出本书的研究假设之前，必须先阐述假设的三个前提假定。前提假定一：实践本体论。本体论是研究"存在"的理论。"实践本体论"可以理解为实践构成了人的基本存在与生活方式，用恩格斯的话来说就是，"一切都在存在，不断地生成抑或消失"。① 本体论是任何一门社会科学的基石，"实践本体"超越了简单的"物质本体"抑或"精神本体"的范畴。实践是动态化的、第一性的，实践本体意味即脱离了实践活动，人类社会的存在就没有意义，就不再是人类的存在，人类的存在只能存在于人的实践之中，实践活动是人类理解与把握世界的基本路径。

前提假定二：实践中性论。实践活动不必然与"真理"或"正确"相联系，实践本身只是个中性的概念。② 根据皮埃尔·布迪厄的理解，实践是模糊的、盲目的与不确定的。③ 社会生活的紧迫性使得人们无法质疑而是想当然地看待自己和社会世界，根据这一判断，实践活动既能产生积极影响也能产生消极影响。

前提假定三：规范中性论。如前文所述，首先，规范的本质特征在于主体间性，是"两个以上行为体共有的行为准则"④。经济学家安德鲁·肖特（Andrew Schotter）认为：规范就是行为体之间被共享的信念或准则，它允许行为体估计群体内部其他行为体会采取何种行为的概率，并举例说明在盗窃集团内部也存在自身的"群体规范"（"小偷之间的荣誉"）。⑤ 其次，出于科学研究的需要，规范的定义应该具有客观性和中立

① ［德］恩格斯：《社会主义从空想到科学的发展》，中共中央马克思恩格斯列宁斯大林著作编译局译，人民出版社 1997 年版，第 50 页。

② Michelde Certeau, *The Practice of Everyday Life Berkeley*, California：University of California Press，1984，p. 188.

③ ［法］皮埃尔·布迪厄：《实践与反思——反思社会学导引》，李猛、李康译，中央编译出版社 1998 年版，第 20 页。

④ Martha Finnemore, *National Interests in International Society*, Ithaca and London：Cornell University Press，1996，p. 22.

⑤ ［美］安德鲁·肖特：《社会制度的经济理论》，陆铭、陈钊译，上海财经大学出版社 2003 年版，第 33 页。

性，所谓规范，其实就是某一群体的一种行为准则，规范不必然与"适当""积极"相联系。本书凭借国际关系理论的知识谱系，采用国际关系研究通行的研究思路，在梳理话语权研究、国际规范研究、欧盟规范性力量、丝绸之路经济带等相关议题的基础上，围绕研究问题提出前提假定，然后根据这些假定推导出本书的基本理论假设，并通过案例研究验证这个理论假设。

以前提假定作为逻辑起点，可以推导出本书的理论主假设：国际行为体的话语权通过规范影响治理实践，这是一种规范性影响。如图 1—1 所示，国际行为体是话语权的掌控者，规范是核心要素，治理实践是目标。这就是本书的主假设。

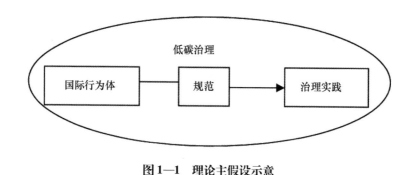

**图 1—1　理论主假设示意**

资料来源：笔者自绘。

## 第三节　研究价值、创新之处与研究思路

笔者的研究成果以话语权理论与规范生成、扩散、演化的理论为基础，采取包容创新的分析方法，借鉴国际关系理论中的话语权理论、新自由制度主义理论、建构主义理论的分析视角，阐析国际组织话语权如何影响治理实践。这涉及四组子问题：国际组织在特定领域的话语权是如何建构的？国际组织特定领域内话语权如何形成该领域的规范性影响力？该规范是否会和其他规范产生竞争？竞争的结果是什么？本书认为低碳治理领域的规范之争实质是低碳话语权的博弈，其表现是来自核心规范体系与外围规范体系之间的竞争。

具体而言，来自核心规范体系的规范，是由联合国及其下属专门机构例如联合国政府间气候变化专门委员会（Intergovernmental Panel on Climate Change）、联合国环境规划署（United Nations Environment Programme）、世界气象组织（World Meteorological Organization）等认可或倡导的规范，而来自外围规范体系的规范，则由区域性国际组织以及非权威性的组织倡导的规范。本书的案例分析，立足于欧盟低碳话语权对中国倡导的"丝绸之路经济带"建设的影响，研究来自不同国际规范体系的治理规范进行竞争的过程及发展趋势。

**一 研究价值**

（一）学理价值

本书研究的学理价值在于有助于为当前欧盟低碳话语权与规范演化提供新的理念判准，通过分析欧盟低碳话语权对"丝绸之路经济带"建设的影响，来探讨治理类规范之间的互动。本书的研究价值主要表现在以下四个方面。

第一，本书从理论视角解读欧盟低碳话语权与规范演化。当前学术界关于解读欧盟现实低碳政策及其影响的研究成果较为丰富，但从理论视角深入分析欧盟低碳话语权的文献则较为少见，在既有欧盟低碳话语权的研究成果中，相关学者多局限于相对稳固的理论思维，但欧盟低碳话语权的规范性影响，是一个极具动态演化的过程，规范建构、规范供给、规范竞争、规范融合每个环节都各有独特性，难以用同一种理论进行诠释。

因此，本书基于前人既有的学术探索，尝试从动态化的视角来解读欧盟低碳话语权的规范性影响课题，对低碳治理规范进行理念重构，以欧盟低碳话语权的扩散影响为研究核心，将低碳治理领域规范构建视为一种独特的规范演化过程。本书进一步丰富国际规范研究的理论成果，提出国际规范竞争机制以解释低碳治理框架内的规制变化，以规范竞争为立足点，实现倒推与延展双重思路，既提出造成规范竞争的原因是规范供给过剩，又提出规范竞争有可能出现规范融合的结果，而提升规范实施的有效性是巩固行为体话语权的重要手段。

第二，本书提出低碳话语权的研究议程，丰富话语研究的类型和视角。结合大数据应用与科学建模，本书对低碳话语体系的战略目标、技术路线与保障机制进行深入分析。低碳话语与环境安全的概念息息相关。在分析环境问题是不是安全问题的时候，国家政府的关注程度与投入力度是判断的要点，尽管有关国家对于环境的具体重视程度有所不同，但整体来说各国政府与联合国等重要国际组织对环境问题表现得越来越关注。环境安全，具体到低碳安全是从安全理论的角度来看待碳排放问题，基于安全的概念要素，将碳排放从纯粹的环境污染问题转化为国家安全问题。这一转化过程也使该问题从"低级政治"成为"高级政治"，即达到对于国家和人民生存十分重要问题的程度。环境及低碳的安全化，使国家政府开始格外注意碳减排，并动用全国的力量减少碳排放，并且在碳减排问题与其他问题发生冲突时，优先保障碳减排方案的落实。

当我们观察安全类型的时候，不难发现环境安全、低碳安全的关注度越来越高，而且"安全"成为低碳政治声明的新标语。是否参与碳减排成为一个安全的关注点，比如要求在以前不受管理的产业进行碳足迹追踪。某个区域二氧化碳排放量大幅增加对所在地人民产生的不利影响也被关注。低碳会议讨论的正式合作协议涉及产业转型和生活方式转换、交通方式改变等方面，以及如何应对全球变暖导致的海平面上升等问题，这些讨论事项与最终达成的方案将各行各业联系起来。在全球低碳议题的探讨中，由各国提出的不同的低碳政策，表达了保护国家利益的决心。国家也是绘制低碳发展蓝图的重要推动力。从这些趋势上来看，低碳议题被归类在了安全目标之下，低碳更多地与国家的安全利益相联系。

第三，本书解析了低碳话语权规范性影响的理论框架，开拓话语权研究新领域。从话语权力、语用策略、影响路径等层面剖析欧盟低碳话语权的运作过程，为今后深入开展话语权专题研究提供理论依据。在分析低碳话语时，我们将现实主义的利益因素也考虑进来。这对于更好地了解目前的形势来说很有价值。从现实主义政治的角度，描述国家低碳话语的发展状况，将国家视为主要行为体，国家利益作为影响国家低碳话语发展的主要动机。目前的全球气候会议实质上是一个调和各方利益的过程，在会议上低碳的概念和范围本身也被界定和重新界定，这就是一种语用策略过程。在这样的会议上，持有某种低碳论点的国家，不仅要根据本国的利益和优势提出低碳议题，而且面对现实竞争者和潜在竞争者同时存在的情况，需要对能源配置、环境演变、碳市场以及各国低碳科技实力对比这几个动态化的指标保持时刻关注，不断改进自身的低碳话语。

第四，本书提出了国际规范演化研究中的"规范融合"路径，即存在竞争关系的国际规范之间，可以通过各自所在的规范体系之间的良性互动与交流，实现规范共存与融合，这突破了传统现实主义理论下的"零和博弈"逻辑，解释了不同规范体系能够在低碳治理领域相互借鉴与良性互动的原因。本书尝试完善国际规范研究的议题领域，超越西方国家坚持以人权、民主、自由贸易等作为主流议题领域的规范设置偏好，尤其是突破不同类型规范之间必然出现零和博弈的思维惯性，挖掘"丝绸之路经济带"沿线国家在低碳治理问题上的共有理念，探寻符合"绿色丝绸之路"治理实践所需的规范理念。

综上所述，本书在"碳政治"背景下研究建构低碳话语权的理论依据，探索制度性话语研究的新维度，提出规范演化机制的衍生价值——"隐性权威"的政治心理学解释，剖析低碳治理领域发展中国家出现了从"被边缘化"到"自核心化"正向移动趋势的深层原因，探寻区域与全球低碳治理的管理体系、科学知识转移、治理观念变迁的内在动力。

（二）现实意义

本书研究欧盟低碳话语权的规范性影响，分析如何提高"绿色丝绸之路"规范对于"丝绸之路经济带"沿线国家参与动力的吸纳与疏导能力，梳理低碳规范制定过程中的政治理性与权威崇拜的关系，从而探寻易于形成低碳治理良好秩序的规范议题与国际法文本。

本书的现实意义主要体现在如下几个方面。第一，本书解析国际低碳话语权的博弈格局与热点议题。从国际话语权博弈视角解析低碳话语权的影响机制。在全球低碳话语格局中，欧盟、美国等占据主导地位，以中国为代表的发展中国家发言权有限。低碳领域的热点议题为"碳关税""碳交易""碳标签""碳足迹""碳盘查""碳储存"与"碳捕获"等，涉及经济、政治、生态、社会各领域。伴随着全球变暖进程，二氧化碳排放量现在正处于管理的中心地带。包括了减少开采石油天然气，以及倡导低碳航运、绿色渔业和低碳旅游业等多方面。倡导低碳的目标也越来越明显，更多的声音在呼吁建立更有力的低碳制度来解决问题，这其中包括建设碳市场、创新碳减排、追踪碳足迹等、解决海岛国家被淹没的困扰，强调碳减排是应对全球变暖和海平面上升等现实与潜在问题的最好方法。目前已经有越来越多对低碳有兴趣的国家更多地参与到了低碳的政策制定和政治博弈当中来。

在碳关税领域，本书有助于中国辨别欧盟的战略图谋与话语构建的内在联系，梳理气候政治领域的各类利益攸关方。结合"丝绸之路经济带"的低碳治理实践，对比分析"丝绸之路经济带"沿线国家在低碳治理领域各自的优势与能力短板，突出低碳规范构建与推广，强调可持续构建"绿色丝绸之路"的重要性。以此为基础，深入剖析欧盟强势低碳话语权力对"丝绸之路经济带"的干涉性，最终构建基于"丝绸之路经济带"沿线国家环境政治背景下的合作模型，以及评估低碳规范有效性的指标体系。

第二，本书有助于深入分析欧盟低碳话语权的规范性影响路径。低碳话语权中"话语"与"权力"是相互影响、相互制约的关系。欧盟借保护环境之名构建自身权力，设置各种低碳话语壁垒，以便在绿色经济转型过程中最大程度地获取利益。自从"低碳"这个概念出现之后，环境、经济与社会之间三方面的矛盾依旧延续，在经济发展模式选择上是否低碳化的争论仍然突出。欧盟把"低碳"与环境、经济和社会的"可持续发展"概念捆绑在一起。"可持续发展"于 1980 年由国际自然保护同盟提出，1987 年在联合国环境与发展委员会上，格罗·哈莱姆·布伦特兰（Gro Harlem Brundtland）在《我们共同的未来》（*Our Common Future*）中对该概念进行了明确的定义，自此之后被广泛地应用。《我们共同的未来》这篇报告中提到了环境、经济和社会关心的问题，并且试图为环境保护和社会经济发展这一已知的矛盾架起一座桥梁。欧盟借保护环境之名，把"低碳"界定为"可持续发展"的国际规范标准，并且分别在 2002 年的联合国可持续发展会议、2012 年召开的"里约 + 20 会议"上强化了"低碳"和"可持续发展"的联系。

第三，本书在生态文明和低碳导向背景下丰富"丝绸之路经济带"的绿色内涵，为"丝绸之路经济带"理论的发展融入生态哲学元素，有助于构建"丝绸之路经济带"领域的生态话语分析模式。近年来，国际政治中最明显的趋势便是全球对于低碳的兴趣正在不断增加。碳排放量高的国家正在降低碳排放，越来越多的国家做了大量的低碳研究，国际气候大会的召开、碳市场的建立标志着国家政府、研究者、利益集团、新闻媒体都参与到了其中。在环境管理的问题上，低碳化的科技指标为环境治理者提供了重要依据。这就是一种"低碳导向"（Low-carbon Direction）。

在"低碳导向"的基础上，讨论了低碳话语的影响，同时关注了低碳话语随着时间变化的问题。"低碳导向"的术语指的是推广低碳并且内化为一种生产生活的模式，从环境特征角度出发得出科学、管理、明确的决定，追求人与自然的和谐发展。它强调了国家或国际组织是如何设计低碳话语特征的，以及这些话语特征所带来的碳责任、碳归属以及碳权力。虽然从资源的管理和全球气候政治问题上来说，低碳环境在很大程度上有着共同的特征，但低碳话语政治的重点是经常改变的。低碳话语的改变不但很大程度上受到全球环境政治发展的影响，还受到低碳话语倡导者的诱导。

第四，本书为"绿色丝绸之路"的建设建言献策。20 世纪 90 年代后，人们从冷战的压力下解脱出来，全球对于环境上进行合作有着共同的兴趣。这其中，关于低碳的探讨引发了众人的关注。许多学者描述了作为国家更广阔发展的一部分，国家对于环境的兴趣以寻求守护地球的政策关注点、确保减少对二氧化碳的排放、提高对于低碳的科学理解以及发展低碳化社会。因此，不仅对保护环境本身是有意义的，低碳政策也有更广阔、更深远、更长久的现实价值。国家的低碳化发展成为重要的国际政治地区政策的组成部分。一方面，中国应该大力推动"绿色丝绸之路"建设；另一方面，中国和欧盟应加大在低碳领域的合作，共建绿色投资银行，提高碳捕获和碳储存等领域技术和商业合作，推动"丝绸之路经济带"的可持续发展。

## 二　创新之处

总体而言，本书旨在剖析低碳治理领域规范性话语权的演化及运作机理。整个研究过程，既有严格基于理论推演逻辑的冷静思考，又饱含对中国持合理利益诉求的拳拳报国之心。以规范性话语权为视角来研究低碳治理的规范化，是国内外学界较为疏于关注的学术空间，因此本书研究的创新之处表现在如下四个方面。

一是创新思路，尝试从话语建构、规范影响、地缘政治经济三维视角，分析低碳经济发展水平、碳减排履约风险、低碳规范有效性之间的互动机制，完整阐述低碳治理领域规范演进的生命周期，提出"绿色丝绸之路"和碳排放交易市场是中国有效获得低碳治理规范性话语权的重要途径。

二是创新方法，结合定性案例研究与定量方法的优势，提出了分析欧盟在低碳治理领域规范演进模式的理论模型，分析低碳治理规范体系之间的互动与具体规范演化结果的内在联系，并整合规范层面与物质层面的参考要素，通过理论分析、个案访谈、文本解读等方法，实现了概念模型的量化。

三是创新视角，将适用于低碳领域的话语权、低碳规范性影响力作为研究对象，分析其对"丝绸之路经济带"建章立制的影响。以欧盟低碳话语权对"丝绸之路经济带"的影响为研究案例，重新思考不同规范体系之间发生的"权威性"梯度转移，验证了国际规范融合对低碳善治的解释力。

四是创新建议，2020年9月22日，习近平同志做出重要指示："中国二氧化碳排放力争于2030年前达到峰值，努力争取2060年前实现碳中和"。2021年6月3日，北京市委书记蔡奇同志指出："北京积极推动碳中和先行示范，构筑绿色低碳全民共同行动格局"。本书借重低碳政治的"国际道义属性"，以碳达峰、碳中和为维度构建综合政策体系，分析"低碳命运共同体"的理念以及中国"绿色丝绸之路"的策略选择，具有较强的理论指导性与实践可操作性。

### 三　研究思路

如下图所示，本书的研究技术路径包括如下几个步骤：第一，提出研究问题、研究假定与研究假设。第二，从低碳规范的理论视角探讨低碳话语权构建的动力与路径。第三，在厘清当前研究的成果与局限之后，借此拟定分析架构，分析低碳领域规范构建的历史经验与不足之处，回顾欧盟在低碳治理问题上话语权的建构历程以及相关利益攸关方之间的权力博弈。第四，补充并综合欧盟低碳话语权的分析路径——概念隐喻、规范设计、规范推广等。为了精细化论证分析框架的运作内涵，以及分析欧盟低碳治理规范的供给，笔者选取了欧盟低碳话语的具体词汇、语句、篇章。第五，解读欧盟低碳话语权对"丝绸之路经济带"的影响。话语权理论对低碳治理的规范构建与演变仍然具有较强的解释力。

如前所述，欧盟在低碳领域表现为一种"规范性力量"，欧盟对"丝绸之路经济带"的影响也是一种规范性影响。这种影响体现为不同规范体系之间的竞合关系。规范之间确实有互相冲突、互相制约，也的确存在相互借鉴、相互学习的良性互动。此部分的案例是欧盟"碳交易""碳关税""碳标识""碳足迹""碳盘查""碳计数"等规范对中国"丝绸之路经济带"建设的规范性影响。最后是分析中国的应对路径，包括提升低碳的国际话语权、倡导"超网络绿色丝绸之路""协同式绿色丝绸之路"等规范，并就具体规范议题建言献策。

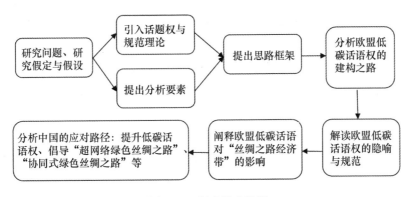

**图1—2 研究技术路径**

资料来源：笔者自绘。

本书采用如下几种研究方法：一是比较分析法。本书通过对欧盟法律、议会文件、国际协定、官方声明等的话语或文本解读，掌握低碳治理规范性话语权的最新研究动态，了解概念隐喻与网络联动等因素对低碳治理的规范构建过程。比较研究是一种基本的学术研发方法，其功能在于帮助研究者考察不同案例之间非预期的差异性与相似性。本书运用此方法来分析低碳治理规范体系建设和话语权的发展情况，对不同时期的低碳治理机制化建设进行纵向比较，解析低碳"软法"向"硬法"演变及话语权获取的趋势。就规范有效性而言，不同低碳治理规范的扩散结果有着较为明显的差异，透过比较研究法能够对比不同案例的异同之处，借此探究何为削弱低碳治理规范传播成效的因素。

二是文献研究法。为了确保文献研究的客观性，本书不仅积极采集国外权威低碳研究智库的相关学术资源，同时也采取多种途径采集不同国家、国际组织的相关文献，通过回顾欧盟低碳治理以及低碳话语权的发展历程，本书获得包括低碳治理规范设计的议题倡议、行为体的互动关系、环境保护、低碳规范的执行效率、全球性国际组织与区域性国际组织进行低碳治理规范的倡导过程等研究素材，评价了在欧盟低碳话语权领域尚有争议的外文资料，尽可能全面地解读低碳治理规范体系的发展过程。

三是调查研究法。本书尽可能获取欧盟和中国出台的低碳治理规范的一手文献资料，真实了解不同行为体在低碳治理中的现状与影响力。因此，笔者多次参加关于低碳治理以及"丝绸之路经济带"建设的国际会议，多次访谈上述低碳事务专家，以及研究"丝绸之路经济带"的官员与学者，尝试近距离了解他们对低碳治理话语权与规范构建，以及对低碳治理规范建设的真实认知。为了尽可能掌握低碳治理研究的国外学术动态，笔者自费赴法国、德国等低碳国家参加多场国际学术会议，并进行实地考察，为深入研究低碳治理的历史与现状积累了宝贵的学术经历、拓展了学术视野。

四是案例分析法。作为一种重要的定性分析方法，案例分析法几乎贯穿本书的整个写作体系。在提出相关论点后，以欧盟低碳话语权的规范性影响为案例作为论据支撑，列举了对低碳治理规范体系影响较大的国际组织及利益攸关方，具有一定的创新性和代表性，观点鲜明，现实感、证明力较强。

总之，低碳治理的议题丰富多彩，而且针对不同议题的规范建构脉络进行研究，能够进一步贴近低碳治理的现状，厘清更多的问题。本书之所以将学术视野聚焦于欧盟低碳话语权对"丝绸之路经济带"的规范性影响过程，不仅是受到时间与资金的限制，更是担心议题选择的面面俱到极易导致泛泛而谈，因此本书难以做到跨议题比较研究，尽可能得出在基于严密论证和翔实资料基础之上的成果，为未来的跨议题研究奠定基础。

本书的使用去向与预期社会效益：（一）本书紧密跟踪国际低碳话语权博弈的最新动态，论证欧盟低碳话语权影响机制及对"丝绸之路经济带"的影响效果，剖析丝绸之路沿线低碳产业发展趋势对中国相关产业的影响以及谋求低碳经济对中国经济可持续发展的带动作用。本书致力于对低碳经济、环境保护、国家安全研究的科研机构，以及语言类、经贸类、国际关系类院校提供新的学术素材，推动跨学科学术交流与成果共享。

（二）本书的研究成果对于政府相关部门了解跨国低碳合作、掌握现阶段主流低碳话语概念信息、提升中国低碳科技实力等，具有较高的政策参考价值，为主管"丝绸之路经济带"建设、绿色经济、外贸、外交等相关工作的政府部门加深对低碳话语权的战略认识、有的放矢地推进中国低碳经济建设进言献策，同时为中国实现产业转型与可持续发展，提供理论思路等相关参考信息。

（三）本书突出低碳领域的科技含量与话语设计，以前瞻性的视角分析低碳经济为"丝绸之路经济带"建设带来的机遇与挑战。通过对欧盟低碳话语权影响过程进行分析，以及对欧盟的低碳主张、国际低碳话语权争夺态势等进行了综合论述，并对上述实践经验进行系统总结，填补国内企业信息盲点，在"丝绸之路经济带"框架下，对于加强中国企业走出去方面，提供可操作性较强的对策建议。

# 第 二 章

# 文献梳理与文献述评

虽然工业化的发展带来了新的经济发展机遇，但同时也为人们带来了二氧化碳治理这一跨国、跨区域性的治理难题，而相关治理规范的不完善，以及在某些特定领域的规范供给竞争问题，使得低碳治理的规范体系仍然处于不断演变的过程。在此趋势下，欧盟作为全球低碳治理的主要规范倡导与扩散力量，已经深度参与了国际低碳治理秩序的构建进程。时至今日，无论是低碳国家还是非低碳国家，都普遍接受"善治"（Good Governance）的概念内涵，并进行低碳相关领域善治的规范构建实践。笔者在第一章提出研究问题的基础上，本章的主要任务是回顾、梳理相关的学术文献。文献梳理是进行社会科学具体研究的基础与前提条件。本章分为三个小节，第一节是介绍话语权研究的渊源、进展与不足；第二节是解读欧盟何以成为国际"规范性力量"；第三节是述评中国、欧盟与"丝绸之路经济带"建设。

## 第一节　话语权研究的渊源、进展与不足

### 一　话语权力、文化霸权与语言游戏

话语权出自米歇尔·福柯等的"话语权力"（Power Discourse）概念，"话语权一般与某一议题领域相关，是斗争的手段和目的，是影响与控制社会舆论的权力"。① 通过福柯等的这一界定，我们可以分解出话语权的

①　Michel Foucault and James Faubion, *Aesthetics*, *Method*, *and Epistemology*, New York：The New Press, 1999, pp. 95 – 96.

三个特征：一是话语权具备议题领域的相关性。任何话语权都跟特定的议题领域相互联系。例如战争话语权、新闻话语权、低碳话语权等。当超出该议题领域时，就要考虑话语权是否具有议题领域外溢的问题。二是行为体进行话语权角逐背后的目标是获取权力。例如，当行为体在战争领域具有话语权，就能够界定武力行为是否具有合理性，就能决定是否裁减军队以及裁减人员的数量或军费开支数量；再如，阿拉伯国家在石油领域具有话语权，就能够影响石油的国际价格，就能在第三次中东战争中以石油为武器要求西方国家改变支持以色列的立场和态度。三是话语权能够引导社会舆论。掌控话语权的行为体，能通过语言美化某个个体、某个集团或某项事物，实现该个体、该集团、该组织行为合理性与合法化的目标。

米歇尔·福柯等的话语权理论为政治学发展提供了新的研究视角。通观政治史的发展过程，政治理论不适合以机械实证主义或狭义描述现象的方式进行经验主义研究。根据米歇尔·福柯等的解读，由于政治理论既是政治又是话语，因此在某种程度上，政治理论不仅必须反映变化中的政治实践，而且还必须为政治实践提供话语指导。话语权研究是一项揭示话语背后的政治意图与政治本质的要求。然而，基于揭示出的政治本质，话语权的解读角度引人深思。话语权理论与政治之间的关系体现在如下三个方面：（1）话语权能准确地反映政治的内涵；（2）话语权能使行为体认识到政治的实质是什么；（3）话语权能塑造用于指导政治实践的规范。然而，政治学领域不同学派的学者对话语权及政治话语研究的关注度和重视度尚未达成一致。

话语与权力之间有着密切的联系。根据话语权理论，一方面，国际行为体拥有了权力，意味着控制了知识与话语。掌权者占据了话语权，可以通过传播特定的语言来控制公众的思想，用界定什么是合法性知识的方式来诱导公众的行为取向。另一方面，话语又会反作用于权力。在行为体话语的传播过程中会产生关于话语权的斗争，这一过程就很可能会出现话语权的新老制衡与交替，最终带来整体权力的迁移。总之，根据福柯等的解读，我们所认识的世界都是掌权者用话语建构的世界。掌权者用话语编造了无数的概念，用话语搭建出各种虚拟的知识结构，描述各种各样的所谓合法化模式，规范了公众的行为。话语斗争的背后实质是权力的交锋与博弈。

文化霸权（Culture Hegemony）理论由安东尼奥·葛兰西（Antonio Gramsci）等提出。他们强调："文化霸权是话语霸权的集中体现，是一种非暴力的思想文化与意识形态的控制手段"。[①] 文化霸权如何构建，葛兰西等认为应该采取"阵地战"的形式，实施"分子式入侵"，即，在意识形态领域，不断渗透自身理念，如同"分子"一般，侵蚀对方的文化与价值观。新葛兰西主义分析了文化霸权影响力范围的全球扩张。罗伯特·考克斯（Robert Cox）认为："霸权国的文化霸权正从发达国家扩散到发展中国家，将基于本国文化霸权基础上建立的政治、经济秩序推广到全球"。[②] 史蒂文·韦伯（Steven Weber）和布鲁斯·詹特森（Bruce Jentleson）认为"文化霸权的扩张过程离不开话语实践的身份塑造与观念建构功能"。

教育就是典型的话语实践与观念建构。批判理论者对文化霸权的全球扩展进行了尖锐批判。玛利亚·罗斯格德（Marie Roesgaard）以西方国家倡导"全球公民教育"为案例，揭示了上述国家实施所谓的全球公民教育是基于文化霸权的考虑。她深刻地指出："近年来，全球公民教育迅速成为教育的一个新兴理念，但大多数人都忽略了其背后的文化霸权倾向"。[③] 根据文化霸权的理论观点，在西方国家，意识形态、文化方面的话语霸权发挥至关重要的作用。在经济上占上层地位的统治阶级不仅依赖于军队与暴力，在很大程度上还依靠他们在公民社会中广为宣传从而被普遍接受的文化话语霸权来维持统治、推广影响。

路德维希·维特根斯坦（Ludwig Wittgenstein）提出了语言游戏理论（language game theory）的观点。语言游戏理论的观点颠覆了他早年坚持的语言镜像理论的主张。语言镜像理论是指语言就像镜子一样如实地、被动地、机械地反映世界，语言的意义由客观世界所决定，即客观世界是什么样，语言就反映成什么样，语言只是一个纯粹的简单工具；然而，语言

---

① Antonio Gramsci, David Forgacs, "An Antonio Gramsci Reader: Selected Writings", *Journal of Medical Screening*, Vol. 12, No. 3, 2000, pp. 125 – 127.

② Robert Cox, "Social States, and World Orders: Beyond International Relations Theory", *Mil-Lenninm*, Vol. 10, No. 2, 1986, pp. 126 – 132.

③ Marie Roesgaard, "Global Citizenship Education: A Biased Field", *Foreign Languages Research*, Vol. 6, No. 6, 2017, p. 49.

游戏理论认为语言本身就是一场游戏，语言的意义由游戏的规则来决定，即游戏的规则是什么样，语言的内涵就是什么样。①

语言游戏理论的"游戏"概念远比我们中文的"游戏"内涵要大，更接近于西方哲学中对于"游戏"的定义，包括人类一切的语言活动。例如，"黑"这个词在不同的游戏规则里有不同的语言意义，可以是指某人的人品问题（这人做事太黑了!）；也可以是一种色彩（与白色相对应的，黑白分明）；还可以是指黑暗（天黑了、房间里黑暗了）；同样可以说是夜晚（起早贪黑、摸黑儿）；或者可以是指非法的、非公开的（黑社会、黑话、黑户、黑市）；甚至可以是指某人的内心狠毒阴暗（心太黑了）等。

维特根斯坦的语言游戏理论深刻揭示了语言意义本身具有极大的变化性，通过一系列的丰富案例阐释了语言游戏的定义，表明了语言的价值在于它的使用，认为语言意义的多样性在于语言游戏规则的多元化，打破了客观存在体对语言意义的镜像约束，启发学术界研究人类社会活动中不断变化的、鲜活具体的、丰富多彩的语言而不是书本上呆板的、单调乏味的、一成不变的语言，认为哲学问题不是来自现实世界而是来自语言本身，即我们的概念定义了我们的经验，而我们只能通过语言来理解这个世界，成为引领 20 世纪"西方哲学的语言学转向"领域标志性成果之一。

即让·弗朗索瓦·利奥塔（Jean Francois Lyotard）进一步深化研究了语言游戏理论的具体细节，并且用维特根斯坦的游戏规则来定义每种类型的话语。利奥塔认为维特根斯坦研究的游戏规则本身并没有合法性，是施动者通过语言力来推动规则的合法化。此处的语言游戏规则可以被视为是参与对象之间的契约，可能是明确的也可能不是明确的，明确的表现为契约或者协议的正式形式，不明确的表现为默契或者惯例的非正式形式。语言游戏规则是一种语言方式，施动者试图通过采用他们支持或衍生的语言描述来获得权力与声望。游戏规则因此在话语权力博弈中表现得一波三折、起伏不定、不断变化。施动者理想的语言游戏规则不仅能够为自身的行为提供合法性依据，塑造自身和平友好的正面形象，得到更多的盟友与伙伴，获得较高的国际声望，占据道德制高点，而且还能通过对他者使用

---

① Ludwig Wittgenstein, *Philosophical Investigations*, Oxford：Blackwell, 1953, p. 11.

"不遵守规则的""不友善的""消极的"等语言描述，来打击他者的竞争性想法。"这样的结果展现出令人震惊的场景，那就是国际关系越来越多地表现为施动者的语言力博弈。"① 语言力的强者都想制定更加有利的游戏规则且取得语言游戏的胜利。

利奥塔主要研究了四种语言游戏的类型和规则，包括：第一，对错类语言游戏及语言游戏规则。对错类语言游戏的重点是判断是非对错。相比其他三种语言游戏的类型，对错类语言游戏是一种较为直白的语言游戏，其语言游戏规则十分简单，即定义何为正确的客观事实至为重要。第二，指示性语言游戏及语言游戏规则。指示性语言游戏与对错类语言游戏相比，相对更加复杂，指示性语言游戏规则更加具有个性化特征，可操作性更强。第三，说明性语言游戏及语言游戏规则。说明性语言游戏规则要点放在说明某项事物的好与坏，公正与不公正上。这意味着强调了使用价值，这些价值比说明性事实更具研究意义。第四，技术类语言游戏及语言游戏规则。技术类语言游戏规则重点在于定义有效性或无效性。因此，通过上述分析可知，普通说话者甚至没有意识到自己的日常语言与上述语言游戏类型和规则有关，但这些游戏规则却在发挥作用。

话语权理论、文化霸权理论、语言游戏理论生动地揭示了文化与话语的权力指向。通过上述理论，我们就可以解释国际行为体为何如此热衷于输出自身理念，所谓"顺应民意"幕后的意识形态取向，以及语言游戏幕后的文化霸权目标。上述理论对笔者开展国际低碳话语权研究的贡献在于，它指明了在国际低碳议题领域，话语规范竞争背后的权力争夺，也启发了笔者的后续探究。但是，具体到国际低碳话语权博弈领域，国家或国际组织究竟是如何通过具体的建构过程或案例来实现与扩张自身权力，上述理论的研究成果没有给出答案，更未曾涉及作者的研究主题，即欧盟低碳话语权对"丝绸之路经济带"的影响及中国应对之路。

## 二　言语行为、议题设置与有效声音

言语行为理论（Speech Act Theory）由约翰·奥斯丁（John Austin）

---

① Jean Francois Lyotard, *The Postmodern Condition: A Report on Knowledge*, Harmondsworth: Penguin, 1984, p. 12.

提出，由约翰·罗杰斯·塞尔（John Rogers Searle）发展完善。① 约翰·奥斯丁总结了言语指导行为的三个基本行为，即：言说行为（locutionary Act）、施事行为（Illocutionary Art）、取效行为（Perlocutionarty Act）又被称之为"言内行为""言外行为"和"言后行为"，以达到"以言指事""以言行事""以言取效"。② 其中，"以言指事"是指以言语来指代事物；例如："这是一个桌子""那是一把椅子""这是大门""这是讲台""这是红色的门""那是蓝色的书桌""那是白色的本子""那是沙发""那是行李箱""那是我的家乡""那是我家""那是我的床""那边是超市""这边是货架"等。

"以言行事"是指以言语来实施行为。塞尔将言语行为区分为表达类言语行为（expressives）、承诺性言语行为（commisives）、宣告类言语行为（declarations）、阐述类言语行为（representatives）与指令性言语行为（directives）等类型。③ 其中，指令性言语行为包括如下案例："请您帮我打开门""请您帮我关门""请您帮我开锁""请您给我一把钥匙""请您帮我打开抽屉""请您帮我拿东西""请您帮我邮寄一封信""请您帮我买东西""请您帮我关灯""请您帮我收作业""请您递给我一杯水""请您递给我一个碗""请您给我买一件衣服""请您帮我关窗户"。

承诺性言语行为包括如下案例："我承诺您一个星期以后交论文""我承诺您一个星期以后交作业""我答应帮您打开门""我答应帮您关门""我答应帮您开锁""我答应给您一把钥匙""我答应让您打开并且检查我的抽屉""我答应帮您拿东西""我答应帮您邮寄一封信""我答应帮您买东西""我答应帮您关灯""我承诺您收作业""我承诺给您一杯水""我承诺给您一个碗""我答应给你买一件衣服""我答应您关窗户"等。

宣告类言语行为包括如下案例："我宣布大家一个星期以后交论文""我宣布大家一个星期以后交作业""每天早上 8：00 图书馆开门""每天晚上 10：00 图书馆关门""10 分钟以后开会""大会现在开始""10 分钟

---

① Jane Austen, *How to Do Things with Words*, Oxford：Clarendon Press, 1962, p. 1.

② 李勤：《言语行为理论》，《文教资料》2006 年第 14 期。

③ John Rogers Searle, *Speech Acts*, Cambridge：Cambridge University Press, 1969, pp. 49 – 50.

以后会议结束""10 分钟以后上课""现在开始上课""10 分钟以后这节课结束""20 分钟以后开会""20 分钟以后会议结束""课间休息 15 分钟""5 分钟以后这节课结束""3 分钟以后下课铃打响""5 分钟以后我在教室门口等您"等。

表达类言语行为主要涉及行为体在情感上的表达。包括如下案例："我感谢您对于我的一切帮助""我谢谢您对于我家庭的资助和支持""我感谢您的这一次帮助""我感谢您对于学生的奉献""我感谢您对于贫困家庭的援助""我感谢您对于学生的关心""我感谢你对于队友的理解""我感谢您给予了我这一次难得可贵的机遇""我向您的成功表示衷心的祝贺""我祝福您能取得成功""我欢迎您的到来""我欢迎大家的到来""我欢迎同学们表演的新节目""我向奋战在第一线的抗疫人员表示致敬""我向革命英雄表示致敬""我向医护人员表示我的致敬""我真心同情那些由于自然灾害受苦受难的农民""我无比同情留守儿童""我真心同情空巢老人"等。

"以言取效"是指以言语行为来取得言外效果。比如通过行为体的言语行为来取得公众的钦慕、感谢、震惊、赞同、认可等。这种言语行为的效果是一种掌控言语的力量,当将这种力量灵活使用得心应手之时,不知不觉地感染了他者的思想,左右了他者的行为,影响了他者的判断,塑造了他者的意识,从而渗透到他者行为的方方面面,改变他者的行为习惯。通过语言的言外效果,最终将自我的意识塑造成自我与他者的共识。

议题设置最早见于沃尔特·李普曼(Walter Lippmann)的研究,他早在《舆论学》中就曾经感叹议题设置对于信息传播的重要性与必要性。正如李普曼所说,我们对世界的了解何其间接,我们总是把新闻报道所描述的情景当成事实本身,它们告诉我们什么是事实,我们就相信了什么是事实。麦克斯威尔·麦库姆斯(Maxwell McCombs)和唐纳德·肖(Donald Shaw)以总统选举为案例,实证分析了议题设置过程对塑造的最终投票结果有高度相关性,[①] 即议题设置里关于哪位总统候选人的讨论越多,使用的赞美性语言描述越多,采用的亲民性议题框架越多,最终能引导人

---

① Maxwell McCombs, Donald Shaw, "The Agenda-Setting Function of Mass Media", *The Public Opinion Quarterly*, 1972, Vol. 36, No. 2, p. 176.

们投票支持该位总统候选人。

罗伯特·基欧汉与约瑟夫·奈在《权力与相互依赖：转变中的世界政治》一书中提出了要重视议题设置的观点。① 约瑟夫·奈认为设置议题能够塑造新的世界结构，能够让他者做你希望他做的事，即让行为体拥有"软实力"。"这种能力不是源自军事实力或武力威胁，而是依赖议题选择与议题框定"。② 史蒂芬·利文斯顿（Steven Livingston）更是直接指出"议题设置是行为体掌控与巩固权力的首要工具"。③

约翰·金登（John Kingdon）分析了议题设置的选择与控制问题，即为什么某些议题能进入讨论的中心被重点关注，而另外一些议题却被束之高阁且逐渐被遗忘？他将议题界定为"在特定时期内行为体着重关注的主题或问题清单"，④ 而行为体议题设置的过程就是选择研讨主题与聚焦问题的过程。此后，杰夫·耶茨（Jeff Yates）、杰弗里·皮克（Jeffrey Peake）等学者研究了国外各类机构进行议题设置的能力差异。⑤ 上述成果为笔者进行低碳话语权研究奠定了基础。

"有效性声音"源自尤尔根·哈贝马斯的研究。哈贝马斯认为，行为体通过交往实践产生了对"理想的话语情境"的需求，⑥ 继而提出了构建"有效性声音"的四个要素：一是命题事实性，是从命题内容考察话语是否符合逻辑事实，是否有据可循；二是话语正确性，是从话语关系视角考察话语是否有利于行为体之间建构良好的关系；三是内心真诚性，是从话语动机考察话语是否出自内心，是否是真诚的肺腑之言；四是话语可理解

---

① Robert Keohane and Joseph Nye, *Power and Interdependence：World Politics in Transition*, Boston：Little, Brown and Company, 1977, p. 23.

② Joseph Nye, "The Changing Nature of World Power", *Political Science Quarterly*, Vol. 105, No. 2, 1990, p. 181.

③ Steven Livingston, "The Politics of International Agenda-Setting：Reagan and North-South", *International Studies Quarterly*, 1992, Vol. 36, No. 3, p. 313.

④ John Kingdon, *Agendas, Alternatives, and Public Policies*, New York：Addison-Wesley Educational Publishers, 2003, p. 5.

⑤ Jeff Yates, Andrew Whitford and William Gillespie, "Agenda Setting. Issue Priorities and Organizational Maintenance：The US Supreme Court, 1955 to 1994", *British Journal of Political Science*, 2005, Vol. 35, No. 1, p. 369；Jeffrey S. Peake and Matthew Eshbaugh Soha, "The Agenda-Setting Impact of Major Presidential TV Address", *Political Communication*, 2008, Vol. 25, No. 1, p. 113.

⑥ Jürgen Habermas, *Legitimation Crisis*, London：Heinemann, 1976, pp. 18 – 19.

性，是从话语效果考察话语能否让对方充分理解，要求禁止各种隐晦表达的反语或话语陷阱。哈贝马斯继提出四个有效性声音之后，又着重分析了四个"有效性条件"：① 一是所有参与者都享有同等话语权；二是所有参与者可以随时建议、解释、支持或反对他人的观点；三是所有参与者可以随时表达愿望，并且内心真诚；四是所有参与者可以随时发出或拒绝指令，享有同等的许诺权或拒绝权。基于哈贝马斯的理论，正是在这些要素、条件的作用下，有效性声音得以实现，理想话语情境的目标随之达成。

从上述研究可知，哈贝马斯结合交往实践与话语情境的塑造要求，创造性地提出了有效性声音与有效性条件。其研究固然具有启发意义，但明显过于理想化，与现实世界脱节。国家或国际组织在现实世界中，基于自身的权力和利益考虑，往往积极主动地争夺话语权，且想方设法阻碍其他参与者享有同等话语权。具体到国际低碳话语权领域，哈贝马斯的研究成果为我们提供了建构低碳话语权可能的有效性要素与有效性条件，突出了交往实践与话语实践的重要性，但掩盖了国际低碳治理规则输出背后的权力动机，忽视了国家或国际组织在国际低碳议题领域的博弈态势。

由上可知，学界已经分别对言语行为理论、议题设置理论与有效性声音理论进行了前期探索，有一定的学术积累，也具有启发意义，但缺乏整合性与综合性的研究，忽视了"言语行为""议题设置""有效性声音"之间的联系，尤其是对欧盟低碳话语权这一新趋向很少关注。在此基础上，笔者积极思考欧盟低碳话语权对"丝绸之路经济带"的影响这一新课题，将欧盟低碳话语权与"丝绸之路经济带"进行结合，进行调查研究，搜集并统计数据，为中国构建并参与"绿色丝绸之路"建言献策。

### 三 话语安全、话语建构、规范劝服

话语安全化理论可以追溯到哥本哈根学派的研究成果。正如迈克尔·威廉姆斯（Michael Williams）所说，"话语或话题的安全化是人为操控的

---

① Ralph Nelson, "Theory and Practice By Jürgen Habermas," *Dialogue*, Vol. 17, No. 4, 2010, pp. 710 – 713.

战略选择"。[①]　杰夫·海斯曼（Jef Huysmans）与奥利·维夫（Ole Waver）指出："我们将某个话题安全化，不仅说明将它上升为一个关乎生死存亡的安全问题，贴上了安全标签，更是一个政治选择"。[②]　话语安全化是"文本性的操控"（Textual Manipulation）过程。它不仅是一种特殊的修辞方式与界定模式，还是国家或国际组织影响他人、实施以言取效的战略过程。国家或国际组织进行话语安全化的过程不是客观的描述，而是"主观的施动过程，是通过话语的影响力来改变目标群体的行为取向"。[③]

以此推之，根据哥本哈根学派的话语安全化理论，在国际低碳议题领域，国家或国际组织通过话语安全化进程，建构了全球变暖威胁的迫切性和必要性，凸显二氧化碳威胁的严重性，以自身优势设置各种低碳标准或门槛，并将之合法化与合理化。国家或国际组织能够把"低碳"这一原本并非安全化的议题成功塑造为"低碳安全"议题，不是基于客观实际的气候威胁，而是取决于瑞尔森·克里斯蒂（Ryerson Christie）提出的"安全困境对话过程"，[④]　是一种人为的操作，最终依靠其话语建构的高超能力。

此外，国内学者也对话语建构课题进行了前期探索，对笔者的研究具有重要启发意义。例如，孙吉胜从语篇、句式、词汇三个层次分析了美国的伊拉克战争；[⑤]　甘均先从西方话语霸权的压制与东方话语权的反抗两个视角，解读了东西方的话语权争夺态势。[⑥]　阮建平认为，掌控话语权是建

---

① Michael Williams, "Words, Images, Enemies: Securitization and International Politics", *International Studies Quarterly*, Vol. 47, No. 4, 2003, pp. 511 –512.

② Jef Huysmans and OleWaver, "International Political Sociology Beyond European and North American Traditions of Social and Political Thought Introduction", *International Political Sociology*, Vol. 3, No. 3, 2009, p. 327.

③ Barry Buzan, Ole Waver and Jaap De Wilde, *Security: A New Framework for Analysis*, Boulder, CO: Lynne Rienner, 1998, p. 46.

④ Ryerson Christie, *The Human Security Dilemma*, *Lost Opportunities*, *Appropriated Concepts*, *or Actual Change?* Berlin: *Springer Netherlands*, 2008, pp. 253 –254.

⑤ 孙吉胜：《国际关系中语言与意义的建构——伊拉克战争解析》，《世界经济与政治》2009 年第 3 期。

⑥ 甘均先：《压制还是对话——国际政治中的霸权话语分析》，《国际政治研究》2008 年第 1 期。

构国际秩序与参与国际政治的重要方面。① 袁罗牙认为，助推中国国际话语权提升依赖于核心价值观。② 张国祚思考了"话语权"的相关内涵。③ 张志洲研究了金砖机制建设中的话语建构课题。④ 梁凯音、张忠军分别研究了中国拓展国际话语权的新思路。⑤ 金灿荣从话语建构视角，分析了中国正在走近世界舞台中央。⑥ 胡宗山解读了中国国际话语权的现实挑战与能力提升。⑦ 张新平、庄宏韬探究了中国国际话语权的发展历程。⑧ 上述文章着重分析了话语建构与话语权，但没有涉及本书的欧盟低碳话语权视角。

建构主义的"规范劝服"研究可以参见玛莎·芬尼莫尔等人的成果。他们认为国际组织的教化过程可分为三个战略步骤："一是战略权衡，二是角色扮演，三是规范劝服"。⑨ 在战略权衡阶段，国际组织的教化借助对国家的利益引导。在角色扮演阶段，国际组织的教化依靠国家的角色定位与模仿。在规范劝服阶段，国际组织的教化使国家最终接受并内化该规范。

## 第二节 欧盟"规范性力量"与低碳政策

### 一 国际组织作为"规范性力量"

在全球无政府状态的背景下，国际政治语境中的国际组织，特指由两个及以上主权国家，通过缔结某项国际条约而建立的政府间组织。国际组

---

① 阮建平：《话语权与国际秩序的建构》，《现代国际关系》2003 年第 5 期。

② 袁罗牙：《核心价值观助推中国国际话语权提升》，《人民论坛》2016 年第 12 期。

③ 张国祚：《关于"话语权"的几点思考》，《求是》2009 年第 9 期。

④ 张志洲：《金砖机制建设与中国的国际话语权》，《当代世界》2017 年第 10 期。

⑤ 梁凯音：《论中国拓展国际话语权的新思路》，《国际论坛》2009 年第 5 期；张忠军：《增强中国国际话语权的思考》，《理论视野》2012 年第 4 期。

⑥ 金灿荣：《中国正在走近世界舞台中央》，《人民日报》2017 年 1 月 3 日第 7 版。

⑦ 胡宗山：《中国国际话语权刍议：现实挑战与能力提升》，《社会主义研究》2014 年第 5 期。

⑧ 张新平、庄宏韬：《中国国际话语权：历程、挑战及提升策略》，《南开学报》2017 年第 6 期。

⑨ Martha Finnemore and Kathryn Sikkink, "International Norm Dynamics and Political Change", *International Organization*, Vol. 52, No. 4, 1998, pp. 913–914.

织在全球治理中的勃兴，始于二战结束之后。① 尤其是联合国的诞生，标志着国际组织和主权国家共同成为全球治理的两大行为体。然而，在冷战时期，虽然各国决策层都开始重视国际组织的作用，但关于国际组织的发展及运行效率等学术研究，都受到国际关系现实主义权力理论的较大影响，相关研究成果较少。之所以国际关系学界对国际组织的研究滞后于民族国家的实践需要，是因为大多数学者认为国际组织是大国利益的代言人，或者是大国进行利益妥协的平台。② 事实上，国际组织能否具备"规范性力量"，取决于国际社会是否认同其具有独立性的倾向。根据伊恩·曼纳斯（Ian Manners）的定义，"规范性力量是一种界定什么行为符合正当行为规范的能力"，③ 即国际规范的倡导与扩散能力。以下逐一梳理三大主流国际关系理论——现实主义、自由制度主义、建构主义对国际组织独立性及规范推广的相关文献。

国际关系现实主义理论认为：国际组织完全没有独立性，其建构规范的行为，不过是遵循强国的权力意志，或者说，是在特定国家权力胁迫下的顺势而为，其仅仅具有"橡皮章"的功能。民族国家是最能有效影响国际体系的国际行为体，国际组织仅是国家间权力博弈的衍生品。霍华德·劳温（Howard Loewen）认为：霸权国出于维护本国利益和展示超强权力的动因，才建立国际组织和其他国际制度。④ 约翰·伊肯博里（John Ikenberry）也持相同观点：国际组织就是霸权国对其他国家进行政治控制的工具。⑤

麦克·班尼特（Marc Bennett）也认为：国际组织倡导的规范影响力

① Christer Jonsson, "Interorganization Theory and International Organization", *International Studies Quarterly*, Vol. 30, No. 1, 1986, p. 40.

② Astley, W. Graham and ZajacEdward, "Intraorganizational Power and Organizational Design: Reconciling Rational and Coalitional Models of Organization", *Organization Science*, Vol. 2, No. 4, 1991, pp. 399 – 411.

③ Ian Manners, "Normative Power Europe: A Contradiction in Terms?" *Journal of Common Market Studies*, Vol. 40, No. 2, 2002, p. 253.

④ Howard Loewen, "Towards a Dynamic Model of the Interplay Between International Institutions", GIGA Working Papers, (February 2006), http://www.files.ethz.ch/isn/47021/wp17.pdf.

⑤ John Ikenberry, "Institutions, Strategic Restraint, and the Persistence of American Postwar Order", *International Security*, Vol. 23, No. 3, 1998, pp. 43 – 78.

大小与霸权国的国力消长存在正相关关系。[1] 以约翰·米尔斯海默为代表的新现实主义学者认为：国际组织不能离开国家的支持，否则连正常运行都难以为继，更遑论有效供给国际规范。[2] 斯蒂芬·克拉斯纳（Stephen Krasner）指出：国际组织能够放大或缩小国家权力，从而对国际政治产生有限的影响力。[3] 理查德·斯威德伯格（Richard Swedberg）以国际货币基金组织和世界银行为研究对象，犀利地指出：所谓的国际组织"中立性"是极其虚伪的，不过是西方大国干涉第三世界国家的意识形态工具。[4] 阎学通总结了国家对国际规范的三种遵约情境，即：各国普遍遵守那些不会严重损害各国共同利益的规范，小国出于对来自大国的制裁恐惧而不得不遵守国际规范，大国通过权衡利益得失而决定是否遵守国际规范。[5] 杰克·施耐德（Jack Snyder）认为：国际政治秩序的稳定需要国际组织的辅助，但必须建立在竞争性国家集团的利益交易和权力较量的基础上，且国际组织的正常运行及其规范的有效推广，都需要得到规范实施的国际战略环境中的主导性国家联盟的支持。[6]

在上述现实主义学者眼里，国际组织由霸权国和核心大国建立的，这些国家之所以主导国际组织的规范倡导过程，是因为这些规范能够保证它们的国家利益、推广它们的价值观。同理，弱小国家在国际组织中的发言权与影响力极为有限，只能选择被动接受这些规范。可以说，在上述现实主义理论语境中：国际组织不过是强权政治的附庸，难以客观、公正、独立地进行规范建构与扩散。国际组织及其规范倡导过程，不过是大国利益的制度化、合法化的过程。按照现实主义权力理论的逻辑，国家集团在国际组织框架下进行的规范博弈，受到国际权力竞争的影响，国家间的权力

① Marc Bennett, "The Superpowers and International Institutions", *The Western Political Quartrly*, Vol. 44, No. 3, 1991, p. 750.

② John Mearsheimer, "The False Promise of International Institutions", *International Security*, Vol. 19, No. 3, 1994, pp. 5 – 49.

③ Stephen Krasner, "Structural Causes and Regime Consequences: Regimes as Intervening Variables", *International Organization*, Vol. 36, No. 2, 1982, pp. 3 – 10.

④ Richard Swedberg, "The Doctrine of Economic Neutrality of the IMF and the World Bank", *Journal of Peace Research*, Vol. 23, No. 4, 1986, pp. 377 – 390.

⑤ 阎学通、杨原：《国际关系分析》，北京大学出版社 2013 年版，第 288 页。

⑥ Jack Snyder, "One World, Rival Theories", *Foreign Policy*, No. 145, 2004, p. 52.

竞争往往是零和博弈，国际组织最终推广的规范，必定是由权力更大的国家集团所倡导的规范。然而，现实主义理论的缺陷在于：未能与时俱进地根据二战后国际关系发生的巨大变革而进行理论更新，也未能深入理解"合法性"也是国家权力、特别是军事权力的重要来源，而国际组织正是能够给国家施展权力披上"合法性"外衣的最佳选择。

国际关系自由制度主义理论认为，国际组织是国际制度的最高表现，具有部分独立性，并能通过规范倡导来防止国际冲突。芭芭拉·凯里迈诺斯（Barbara Koremenos）等人认为：主权国家不可能允许国际组织具有完全自主性，更不可能使之成为与主权国家平起平坐的国际行为体。[①] 米查勒·巴尼特（Michael Barnett）等抨击国际制度学者将"国际组织视为贯彻国家意志的政策机器，是国家间互动的副产品，缺乏独立的法律人格"。[②] 国际制度主义者认为，国家及国家集团建立国际组织的基本原因并非出于权力展示或权力压服，而是出于维护国家利益的需要，因为国际组织能够减少国家间因信息不透明所带来的交易成本过高、不确定性等风险。可以说，国家建立国际组织是建立在利己而非利他的基础之上。[③] 国际组织的存在具有工具性，为了满足国家间的共同利益需求而提供功能服务。肯尼斯·艾伯特（Kenneth Abbott）等将这些功能总结为相对独立地进行规范设计和集中化国家的集体行动。[④]

新自由制度主义学派普遍将国际组织视为实施世界治理规则的工具或平台。[⑤] 丽萨·马汀（Lisa Martin）认为：国际组织不过是国家间进行谈判与磋商的场馆和论坛。[⑥] 然而，新自由制度主义者不希望国际组织具有

---

① Barbara Koremenos, Charles Lipson and Duncan Snidal, "The Rational Design of International Institutions", *International Organization*, Vol. 44, No. 4, 2001, pp. 761 – 799.

② Michael Barnett and Martha Fennimore, "The Politics, Power, and Pathologies of International Organizations", *International Organization*, Vol. 53, No. 4, 1999, pp. 699 – 732.

③ Robert O. Keohane, "International Institutions: Two Approaches", *International Studies Quarterly*, Vol. 32, No. 4, 1988, pp. 379 – 396.

④ Kenneth Abbott and Duncan Snidal, "Why States Act Through Formal International Organizations", *The Journal of Conflict Resolution*, Vol. 42, No. 1, 1998, pp. 3 – 12.

⑤ Thomas Bernauer, "The Effect of International Environmental Institutions: How We Might Learn More", *International Organization*, Vol. 49, No. 2, 1995, pp. 351 – 377.

⑥ Lisa Martin, "Interests, Power, and Multilateralism", *International Organization*, Vol. 46, No. 4, 1992, pp. 765 – 792.

太多的自主性，因为这必然推动国际组织的官僚化和阶层化，最终丧失其原本应有的治理功能。[1] 约翰·S. 杜菲尔德（John S. Duffield）以北约为研究对象，认为：北约利用自身稳定的规范体系维护了欧美战略信息合作，保障了欧洲和平。[2]

总体而言，新自由制度主义强调国际组织具有规范性的作用，但仍然是服务于国家利益的需要，无法推动国家身份的解构与重构。在此逻辑框架下，国际组织的规范倡导，是强权成员国或成员国集团，出于维护自身利益的需要，通过国际组织的决策机制与国际法框架，来促使国际组织行使规范倡导功能的过程。托马斯·D. 兹韦费尔（Thomas D. Zweifel）一针见血地指出："国家让渡给国际组织的，不过是特定议题领域的管理权，而非主权"。[3] 刘宏松认为："国际组织受到国家的委托，代理行使某些功能，因此是被动倡导国际规范，但由于国际组织具有一定的独立性，这有可能导致国家对国际组织的监管失灵。"[4] 国际组织在规范构建的过程中，扮演的是工具型角色，因为国家只会遵循符合其国家利益的规范。[5] 这也从侧面回答了国际组织得以存在的原因——基于国家的集体共识、出台符合国家间共同利益的规范。陈志敏认为："全球治理是个多层体系，因此将国际组织分为规制型国际组织、推广型国际组织两大类。"[6]

需要说明的是，新自由制度主义认为国际组织一旦被建立起来，其生存与发展和霸权国或强权国家的国力消长，并没有同步关系，霸权国的衰落并不必然带来国际组织的消亡。可以这样认为，如果国际现实主义权力论者坚持国际组织的存在，源于霸权国或强权国家集体的权力供给，那么

---

[1]　Akinbode Fasakin, "Gatekeepersor Gatecrashers? Rethinking the Roles of International Institutions in Global Politics", *International Affairs and Global Strategy*, 2016, Vol. 45, p. 21.

[2]　John S. Duffield, *Power Rules: the Evolution of NATO's Conventional Force Posture*, Stanford: Stanford University Press, 1995, p. 386.

[3]　Thomas D. Zweifel, *International Organization and Democracy: Accountability, Politics, and Power*, Boulder, Colorado: Lynne Rienner Publishers, 2005, p. 49.

[4]　刘宏松：《国际组织的自主性行为：两种理论视角及其比较》，《外交评论》2006 年第 3 期。

[5]　James G. March and Johan P. Olsen, "The New Institutionalism: Organizational Factors in Political Life", *American Political Science Review*, Vol. 78, No. 3, 1984, pp. 734 – 749.

[6]　陈志敏：《全球多层治理中地方政府与国际组织的相互关系研究》，《国际观察》2008 年第 6 期。

新自由制度主义则从国际实践的需求角度，来佐证国际组织的规范推广会被越来越多的国家所接受的现实。然而，只有霸权国有能力在全世界范围内倡导规范。换句话说，由霸权国认可和倡导的规范才是国际规范，其他则不是。被霸权国或强国集团认可的国际组织，能够较为顺畅地实现规范的全球推广。因此，这就为建构主义研究国际组织在规范倡导与推广等方面的能力差异，留下了学术空间。

建构主义学派坚持认为行政组织体系是国际组织自主性的基石，使之有能力进行规范倡导与推广。迈克尔·巴尼特（Michael Barnett）等认为，行政组织体系具有权威性和行为理性，能够推动国际组织参与国际治理的规范建构实践。① 亚历山大·格修（Alexandra Gheciu）虽然没有明确指出北约是一个国际组织，但默认北约作为一种西方国家集体认同的安全制度表达，能在苏联解体之后仍然发挥着改进成员国关系、提升成员国军事互信度、协调集体行动的功能，并承担其战略协同与社会化的双重功能。② 秦亚青认为："格修的研究推动了西方自由制度主义理论从理性主义假定，向实践主义的知识转型"。③ 事实上，在全球环境治理的实践中，国际组织的行政组织体系、尤其是以科学家为主体的专家团队，成为推动国际环保规范扩散的重要力量。④ I. M. 戴斯勒（I. M. Destler）认为，无论是全球性或地区性国际组织，其人员选拔都具有自主性，组织机构成员的背景迥异，很难达成广泛的利益共识，因此霸权国或强权国家难以通过人事职位的获取来干涉或控制国际组织的规范设置过程。⑤

建构主义学派认为，国际组织是独立的国际行为体，并具备规范建构

---

① Michael Barnett and Martha Finnemore, *Rules for the World: International Organizations in Global Politics*, New York: Cornell University Press, 2004, p. 28.

② Alexandra Gheciu, "Security Institutions as Agents of Socialization? NATO and the 'New Europe'", *International Organization*, Vol. 59, No. 4, 2005, pp. 973 – 1012.

③ 秦亚青：《行动的逻辑：西方国际关系理论"知识转向"的意义》，《中国社会科学》2013 年第 12 期。

④ Steffen Bauer, "The Secretariat of the United Nations Environment Programme: Tangled up in Blue", in Frank Biermann and Bernd Siebenhuner. eds., *Managers of Global Change: the Influence of International Environmental Bureaucracies*, London: The MIT Press, 2009, p. 177.

⑤ I. M. Destler, *Presidents, Bureaucrats and Foreign Policy: the Politics of Organizational Reform*, Princeton: Princeton University Press, 2015, p. 154.

的能力。建构主义学派将研究视角转向国际组织的行政结构与管理规范，关注国际组织的内源性发展动力。J. 塞缪尔·巴尔金（J. Samuel Barkin）认为，所有具备规范倡导与扩散能力的国际组织，都必然会设置一套完整的行政组织体系，这就使得国际组织一方面要履行服务国际社会的职责，另一方面也要重视内部管理程序与规章制度的有效运行。① 正是因为行政组织体系的相对独立性、职责规范化和分工细化，使得任何大国都无力完全控制国际组织的行政组织体系，这就赋予了国际组织自我生存与发展的使命。格雷厄姆·阿利森（Graham Allison）等指出："由于行政组织体系的架构一旦形成，就会产生相应的利益诉求，从而推动国际组织不断发展壮大"。② 马修·佩特森等指出："国际组织的行政结构，由来自成员国的专家组成，他们能够影响国际组织的规范倡导体系"。③ 吴文成认为："官僚机构的文化差异导致国际组织的规范倡导差异，应对联合国教科文组织、世界贸易组织、世界知识产权组织对知识产权国际保护相关规范的倡导行为进行比较研究"。④

综上所知，三大主流国际关系理论对国际组织的研究，基本是遵循"工具理性"和"非工具理性"两种思路。坚持权力论的现实主义和坚持利益论的自由制度主义，都将国际组织看成是国家间政治的副产品，独立性极其有限，认为国际组织是国家的战略工具、制度工具，其规范倡导符合霸权国的规范偏好，或是某一强国集团的集体认同。建构主义理论坚持国际组织的独立性，认为即使没有强权国家的支持，国际组织的"求生本能"和相对独立的内部管理体系，都会推动国际组织的内源性发展。

笔者认为国际组织作为全球治理规范的重要倡导者，在实践层面已经证实了其具有独立性和自主性。现今面临的问题是在低碳议题领域，不同

① J. Samuel Barkin, *International Organization*: *Theories and Institutions*, New York: Palgrave Macmillan, 2006, p. 18.

② Graham Allison and Morton H. Halperin, "Bureaucratic Politics: A Paradigm and Some Policy Implication", *World Politics*, Vol. 24, 1972, p. 44.

③ Mattew Paterson, David Humphreys and Lloyd Pettiford, "Conceptualizing Global Environmental Governance: From Interstate Regimes to Counter-Hegemonic Struggles", *Global Environmental Politics*, Vol. 3, No. 2, 2003, pp. 1 – 10.

④ 吴文成：《组织文化与国际官僚组织的规范倡导》，《世界经济与政治》2013 年第 11 期。

的国际组织之间的规范倡导是否具有竞争性？国际低碳规范是否会因为供给过剩而面临有效性危机？国际低碳组织秉承何种价值观来进行低碳规范倡导？在低碳治理的过程中，判断国际组织是否成功地推广国际规范，不仅要看该组织在规范倡导阶段是否具有竞争力，更要看该组织在规范推广阶段是否具有吸引力。毕竟国际社会在选择、遵循、内化何种国际规范时，不仅要看该规范背后的低碳国际组织的权威性，更要看该规范所传递出的观念感召力，以及遵约和违约成本等问题，这应该是权力、制度、观念三重因素共同起作用的决策过程。

### 二　欧盟"规范性力量"与低碳政策

欧盟及其成员国是制定低碳政策的先驱，其碳排放交易体系影响全球。2003 年，英国政府公布的能源白皮书——《我们能源的未来：创建低碳经济》，首次提出了"低碳经济"的概念。[①] 此后，欧盟公布《能源效率行动计划》等进一步深化了这一概念。卓伊塔·古普塔（Joyeeta Gupta）等合编的《气候变化与欧洲的领导地位：欧洲的可持续性角色？》（Climate Change and European Leadership：A Sustainable Role for Europe？），分析了欧盟气候政策的发展历程以及欧盟在国际气候谈判中发挥领导作用的经验，同时为欧盟领导下一阶段的全球气候谈判提供建议。此外，欧盟在气候议题上的领导作用分为三类：一是结构型领导力（structural leadership），二是工具型领导力（instrumental leadership），三是方向型领导力（directional leadership）。[②] 麦金·皮特斯（Marjan Peeters）等主要考察了欧盟为实现京都目标以及准备更大程度的减排温室气体而实施的政策措施，较高评价了欧盟气候领域的概念标准及其成效。[③]

保罗·哈里斯（Paul Harris）从不同分析层面运用了多种分析变量阐述了欧洲部分国家和欧盟的环境政策，通过这些研究揭示了观念、利益和

---

① 英国在 2003 年是欧盟成员国，2020 年 1 月 31 日正式脱欧。

② Joyeeta Gupta and Lasse Ringuis, "The EU's Climate Leadership：Reconciling Ambition and Reality, International Environmental Agreements：Politics ", *Law and Economics*, Vol. 1, No. 2, 2001. p. 2.

③ Marjan Peeters and Kurt Deketelaere, *EU Climate Change Policy：the Challenge of New Regulatory Initiatives*, Cornwall Edard Elgar Publishing Limited, 2006, pp. 51 – 52.

权力在不同的欧洲国家和欧盟层面上发挥了不同程度的影响，试图把欧洲或欧盟气候变化政策的不同层次和变量结合起来，进行多层次综合分析。[①] 塞巴斯蒂·奥波斯赫（Sebastian Oberthür）把欧盟界定为"规范性力量"（Normative Power）中的"绿色规范力量"（Green Normative Power）。[②] 作为一种"绿色规范力量"，欧盟在国际气候变化问题上发挥领导作用是其展示规范力量的重要表现，而这种领导作用的显示，一方面可以进一步加强其外部认同；另一方面，由于积极的气候立场受到广大公众的接受和广泛支持，也加强了欧盟内部认同和合法性，有力地推动欧盟一体化进程，加强欧盟的共同体化。乔恩·郝伟（Jon Hovi）等认为：欧盟主导气候政治的领导雄心（leadership ambition）促使欧盟即便在美国退出《议定书》之后依然采取积极的政治立场。[③]

　　欧盟话语权与"规范性力量"研究相互交织逐步深入。欧盟委员会前主席若泽·曼努埃尔·杜朗·巴罗佐（Jose Manuel Durao Barroso）指出，欧盟的比较优势在于其话语权与"规范性力量"。[④] "规范性力量"也是一种权力，欧盟通过话语运用成为国际体系的规范塑造者，通过传播规范来影响其他行为体的行为。托马斯·迪兹（Thomas Diez）将"规范性力量"视为对社会现实具有建构力量的"话语表达"，行为体通过话语建构完成规范传播。[⑤] 海伦·舒尔森（Helene Sjursen）从话语沟通行动理论视角出发对欧盟"规范性力量"的判断标准进行深入解析。[⑥] 费德丽

---

① Paul Harris, "Explaining European Responses to Global Climate Change: Power, Interests and Ideas in Dom estics and International Politics", in Paul Harris ed, *Europe and Global Climate Change: Politics, Foreign Policy and Regional Cooperation*, Cheltenham: Edward Elgar Publishing Limited, 2007, pp. 393 –401.

② Sebastian Oberthür, "The European Union's Performance in the International Climate Change Regime", *Journal of European Integration*, Vol. 33, No. 6, 2011, pp. 667 –682.

③ Jon Hovi, Tora Skodvin and Steinar Andresen, "The Persistence of the Kyoto Protocol: Why Other Annex Ⅰ Countries Move on Without the United States", *Global Environmental Politics*, 2003, Vol. 3, No. 4, pp. 1 –23.

④ 赵晨：《也谈"规范性力量"》，《人民日报》2011 年 4 月 16 日第 13 版。

⑤ Thomas Diez, "Constructing the Self and Changing Others: Reconsidering Normative Power Europe", *Millennium Journal of International Studies*, Vol. 33, No. 3, 2005, pp. 613 –615.

⑥ Helene Sjursen, "The EU as a 'Normative' Power: How Can This Be?" *Journal of European Public Policy*, 2006, Vol. 13, No. 2, p. 235.

卡·比奇（Federica Bicchi）提出"规范性力量"的两大标准：包含性和回馈性。① 迈克尔·史密斯（Michael Smith）总结了"规范性力量"的三个特征：一是现实性和批判性，二是侧重于规范的扩散、输出和谈判，三是超越主权特征。② 斯塔夫罗斯·阿菲尼斯（Stavros Afionis）与林赛·斯特林格（Lindsay Stringer）研究"规范性力量"对欧盟话语权的影响。③ 卡特琳娜·卡尔塔（Caterina Carta）以话语工具来分析欧盟的"规范性力量"。④

在当前国际气候治理领域，欧盟及欧盟成员国占据优势和主导权。傅聪指出："欧盟环境领域的政策与措施值得其他国家学习。"⑤ 王伟男认为："气候变化是人类当前与未来面临的最严峻挑战之一，欧盟作为一个整体在应对这个挑战方面取得了很大成绩，为其他国家和地区提供了宝贵经验。"⑥ 李慧明强调："欧盟是国际气候谈判的最初发起者，是事实上的京都进程国际气候谈判的领导者，也是京都模式的坚定支持者。"⑦ 薄燕认为："欧盟在国际气候谈判领域占有重要地位，虽然其谈判策略与政策有所区别，但其重要地位不可或缺。"⑧

周弘认为欧盟力量不是各个成员国力量的简单加总。⑨ 秦亚青以观

---

① Federica Bicchi, "Our Size Fits All&Rsquo: Normative Power Europe and the Mediterranean", *Journal of European Public Policy*, 2006, Vol. 13, No. 2, p. 286.

② Michael Smith, "Normative Power Europe and the Case for Goliath: The EU, The US and The Pursuit of The Good World", *The Case for Goliath*, (September 2007), https://www.researchgate.net/publication/239558431_Normative_Power_Europe_and_the_'Case_for_Goliath'_The_EU_the_US_and_the_pursuit_of_the_'good_world.

③ Stavros Afionis and Lindsay Stringer, "The Environment As a Strategic Priority in the European Union-Brazil Partnership: Is The EU Behaving As a Normative Power or Soft Imperialist?", *International Environmental Agreements: Politics, Law and Economics*, Vol. 14, No. 1, pp. 47–64.

④ Derek Hawes, "EU Foreign Policy through the Lens of Discourse Analysis: Making Sense of Diversity", *Journal of Contemporary European Studies*, Vol. 23, No. 1, pp. 141–142.

⑤ 傅聪：《欧盟气候变化治理模式研究：实践、转型与影响》，中国人民大学出版社2014年版，第11页。

⑥ 王伟男：《中国环境科学出版社》，中国环境科学出版社2011年版，第25页。

⑦ 李慧明：《欧盟在国际气候谈判中的政策立场分析》，《世界经济与政治》2010年第2期。

⑧ 薄燕：《全球气候变化治理中的中美欧三边关系》，上海人民出版社2012年版，第250页。

⑨ 周弘：《欧盟是怎样的力量》，社会科学文献出版社2008年版，第5—10页。

念、制度与政策为视角，解读了欧盟软权力。① 张茗从理论和现实结合分析欧盟的话语权与"规范性力量"。② 宋黎磊以欧盟特性为基点解读欧盟的"规范性力量"。③ 贾文华从多维视角阐释欧盟权力组成。④ 吉磊从话语行动与身份建构视角解读欧盟的"规范性力量"。⑤ 夏立萍提出了基于欧盟"规范性力量"解读之上的北极政策。⑥ 曾向红将"规范性力量"适用于欧盟民主推广的案例。⑦

## 第三节　中欧与"丝绸之路经济带"建设

### 一　中国与"丝绸之路经济带"建设

中国是提出建设"丝绸之路经济带"倡议的发起国。2013 年 9 月，习近平发表重要演讲，呼吁共建"丝绸之路经济带"。⑧ 2015 年 3 月，国家发展改革委、外交部、商务部联合发文推进共建"丝绸之路经济带"与"21 世纪海上丝绸之路"。⑨ 胡鞍钢、马伟、鄢一龙从实现路径、定位、战略内涵角度分析"丝绸之路经济带"。⑩ 白永秀、王颂吉从地缘战略与纵深背景视角解读"丝绸之路经济带"。⑪ 袁胜育、汪伟民探讨了在"丝绸之路经济带"倡议下中国的中亚政策。⑫ 董银果、吴秀云研究了

---

①　秦亚青：《观念、制度与政策：欧盟软权力研究》，世界知识出版社 2008 年版，第 3 页。

②　张茗：《规范性力量欧洲：理论、现实或"欧托邦"》，《欧洲研究》2008 年第 5 期。

③　宋黎磊：《欧盟特性研究：作为一种规范性力量的欧盟》，《国际论坛》2008 年第 2 期。

④　贾文华：《欧盟权力属性的多维解读》，《欧洲研究》2010 年第 2 期。

⑤　吉磊：《话语行动与身份建构："规范性力量欧洲"的反思》，《欧洲研究》2010 年第 2 期。

⑥　夏立平：《规范性力量理论视阈下的欧盟北极政策》，《社会科学》2014 年第 1 期。

⑦　曾向红：《"规范性力量"遭遇"新大博弈"：欧盟在中亚推进民主的三重困境》，《欧洲研究》2020 年第 2 期。

⑧　中国新闻网：《习近平发表重要演讲，呼吁共建"丝绸之路经济带"》，2013 年 9 月 7 日，http://www.chinanews.com/gn/2013/09-07/5257748.shtml，2021 年 6 月 1 日。

⑨　人民出版社编：《推动共建丝绸之路经济带和 21 世纪海上丝绸之路的愿景与行动（经国务院授权发布"一带一路"文件单行本）》，人民出版社 2015 年版，第 1 页。

⑩　胡鞍钢、马伟、鄢一龙：《"丝绸之路经济带"：战略内涵、定位和实现路径》，《新疆师范大学学报》2014 年第 2 期。

⑪　白永秀、王颂吉：《丝绸之路经济带的纵深背景与地缘战略》，《改革》2014 年第 3 期。

⑫　袁胜育、汪伟民：《丝绸之路经济带与中国的中亚政策》，《世界经济与政治》2015 年第 5 期。

"丝绸之路经济带"倡议下的中国出口问题。[①] 李建军、孙慧、田原分析
"丝绸之路经济带"沿线国家的产品内分工问题。[②] 郑玉雯、薛伟贤解析
了"丝绸之路经济带"沿线国家如何协同发展。[③]

## 二 欧盟与"丝绸之路经济带"建设

欧盟与"丝绸之路经济带"建设有着至关重要的关系。近年来，欧
盟成为中国外交的重点之一。张骥、陈志敏从双层欧盟的视角分析了
"一带一路"的中欧对接。[④] 冯仲平、黄静分析欧亚大市场的打通、"丝绸
之路经济带"的发掘推动中欧关系发展，并认为中欧"一带一路"合作
前景广阔。[⑤] 宋新宁、刘华认为新时期欧洲将成为中国的外交重点。[⑥] 李
玉、张君荣认为"一带一路"的提出将拓宽中欧合作。[⑦] 中欧关系与"丝
绸之路经济带"建设密切相关。戴炳然解读中欧关系在后冷战时代的扩
展。[⑧] 郑春荣从德国视角解析中欧构建"丝绸之路经济带"。[⑨] 邢广程认
为构建"丝绸之路经济带"能促进欧亚空间深度整合。[⑩] 李永全分析中国
"丝绸之路经济带"建设中的大欧亚伙伴关系理念。[⑪] 李佳峰分析了"丝

---

① 董银果、吴秀云：《贸易便利化对中国出口的影响——以丝绸之路经济带为例》，《国际
商务》2017年第2期。

② 李建军、孙慧、田原：《产品内分工如何影响发展中国家全球价值链攀升——以"丝绸
之路经济带"沿线国家为例》，《国际贸易问题》2019年第12期。

③ 郑玉雯、薛伟贤：《丝绸之路经济带沿线国家协同发展的驱动因素——基于哈肯模型的
分阶段研究》，《中国软科学》2019年第2期。

④ 张骥、陈志敏：《"一带一路"倡议的中欧对接：双层欧盟的视角》，《中国社会科学院
国际研究学部集刊》2017年第4期。

⑤ 冯仲平、黄静：《中欧"一带一路"合作的动力、现状与前景》，《现代国际关系》2016
年第2期。

⑥ 宋新宁、刘华：《中国欧盟关系40年——新型战略伙伴关系的建构》，中国政法大学出
版社2017年版，第8页。

⑦ 李玉、张君荣：《战略对接助推中国欧盟关系再升级》，《中国社会科学报》2015年10
月9日第1版。

⑧ 戴炳然：《对欧洲一体化历史进程的再认识》，《社会科学文摘》2017年第7期。

⑨ 郑春荣：《"一带一路"倡议视域下的中德关系：潜力与挑战》，《同济大学学报》2016
年第6期。

⑩ 邢广程：《"丝路经济带"与欧亚大陆地缘格局》，《光明日报》2014年6月29日第6
版。

⑪ 李永全：《大欧亚伙伴关系与"一带一路"》，《俄罗斯学刊》2018年第4期。

绸之路经济带"建设中的中欧班列优化对策研究。①

　　综上所述，学术界对于相关研究课题已有一定积累，其中不少成果对笔者富有启发意义，但在以下三方面仍留有学术机遇：一是较少从话语权视角探讨国际低碳领域的争端，低碳问题背后体现的是权力角逐，欧盟在低碳领域具备全球影响力与话语权。话语权是指说话权、发言权，即就某一问题发表看法的资格与权利，往往同行为体争取经济、政治、文化、社会等领域的话语权益表达密切相关。欧盟低碳话语权就是欧盟立足于自身利益，对低碳领域的相关国际标准、规范、模式、程序等方面的制定权、解释权或主导权，表现为一种"规范性力量"。二是对"欧盟低碳政策"—"欧盟话语权"—"丝绸之路经济带"三者之间的互动关系缺乏深入解析。欧盟以低于区域碳排放标准为由将别国产品排斥在欧盟市场之外，而丝绸之路沿线的众多发展中国家则成为排斥对象。三是现有研究侧重单方面论证中欧共建"丝绸之路经济带"的利好前景，却较少关注欧盟对中国低碳政策负面评判的不利影响。不少西方学者和媒体使用了以下术语："防守的（Defensive）""保守的（Conservative）""不合作的（Uncooperative）"等。笔者运用大量一手文献，对欧盟低碳话语权的影响机制进行系统分析，同时为中欧在"丝绸之路经济带"背景下如何开展合作提供参考。

---

　　① 李佳峰：《"一带一路"战略下中欧班列优化对策研究》，《铁路运输与经济》2016 年第5 期。

# 第 三 章

# 欧盟低碳话语权的建构之路

冷战后的低碳议题成为国际话语权的角斗场，建立对己有利的全球低碳话语规则和制度成为权力的重要来源。行为体在低碳话语权争夺战中占据强势地位恰恰是软实力的最佳标记。正是基于此认识，从 20 世纪 90 年代初的"京都进程"到 2015 年底的《巴黎气候协定》，欧盟通过输出自身的低碳治理标准，凭借其独特的话语建构能力，占据了全球低碳话语权领域的引领地位。笔者从逻辑预设、语义预设、语用预设与推广策略等理论与实践层面，解读了欧盟低碳话语权的建构历程，分析了其独特的话语建构与传播之路。

低碳政策与环境安全的概念密切相关。环境安全定义为避免或减轻侵犯国家及人民，特别是人民利益的环境破坏或恶化行为，强调了需要保持区域的环境完整性来面对增长的环境活动。环境保护与合理开发当地的资源息息相关，也是建立在可持续发展概念的基础上的。在全球气候协议的推动下，减少温室气体排放的共同举措虽然未能完全缓解气候变化的问题。但各国低碳合作的兴趣明显增加，领域也在不断扩大，例如新推出的"低碳生活适应行动""零碳生活适应行动""低碳弹性报告"虽没有直接定义全球变暖的趋势，但是更好地适应了环境变化本身和避免了风险。

国际低碳经济委员会是经国家批准提供低碳资讯与信息的机构。与更广阔、更稳定的低碳发展日程相比，低碳发展战略着重强调了环境，尤其是排放问题（有机污染物、重金属、酸性物质和放射性物质）和动植物群的保护问题。这些环境问题的关注点当中，有芬兰对于俄罗斯冶炼厂的跨国污染问题的关注，也有对于 1986 年切尔诺贝利核污染事件的结果的关注，还有北美国家关心的油气产品的环境后果，以及在中国、印度、巴西等新兴大国如何发展低碳产业的发现。

在国家层面上，国际社会对于气候问题的关注使得国家的关注点从军队安全、政治斗争上转移到了低碳合作上。越来越多的国家安全报告开始关注到环境污染对人类的威胁。与冷战时期相比，国际政治开始聚焦于低碳与环保领域，并且有理由相信这类非传统安全问题从低级政治向高级政治转变的趋势仍将继续下去。气候安全问题具有明显的非传统安全特性，关乎世界人民的健康与全人类的发展。除了在国家安全报告中，这个转变在国家政策中同样可见。曾经的国家政策重点是领土的完整与军队的发展，但目前已经被包括气候低碳等焦点在内的非传统安全因素所替代，这也为各国进行充斥着竞争与合作的国际气候谈判进程铺平了道路。

在低碳话语融入世界各国国家政策的过程中，欧洲国家扮演了急先锋的角色。典型事例就是英国 2003 年把"低碳经济"列入《英国能源白皮书》。英国也就成为世界上首个把"低碳经济"写入一国政策文件中的国家。在此背景之下，越来越多的国家意识到，应对全球变暖是一个关乎全球共同利益的领域，使得世界各国的合作比传统国家安全利益因素更加可行。低碳技术发展与世界科技革新同样为国家去落实低碳发展提供了条件。因此，可以这样认为，国家发展框架应该被扩展到低碳问题。当然，低碳战略发展过程中也存在阻碍和困扰，如能源输出国的阻扰以及发展中国家接受产业转移的阵痛。然而，低碳发展是大势所趋，是对全人类有利的大业。

关于低碳的表述往往和保护环境的文本相联系。比如，在评估全球与地区变暖的过程当中，二氧化碳对气温上升的影响被着重强调。目前低碳发展的国际论坛，明确地将低碳发展和减缓全球变暖的问题放在了一起。尽管世界上某些国家在政治上不情愿减排，但关于减少二氧化碳排放和减缓全球变暖的国际气候协议进程仍在推进。从《联合国气候变化框架公约》、《京都议定书》、《巴厘路线图》、《哥本哈根协议》到《巴黎协定》，就这些国际气候协议的内容来看，这一点显而易见。除了联合国之外，欧盟也一直在努力达成一项关于持久性减少碳排放的全球公约。在跨国科学合作方面，欧洲科学家的合作目标一开始就是明确的，主要的目标之一就是增加低碳发展的知识与创新，以便于更好地了解全球气候变化、减少环境污染和增进人类发展。

在欧盟看来，发展低碳的目标原本属于环境保护战略的具体组成部分，但在全球可持续发展的理念引导之下，低碳对原本的环保概念又有所超越。从更实际化的角度来看问题，比如低碳社会、低碳经济发展、碳储存利用和管理、运输、低碳旅游和低碳安全等，这些内容涉及人类发展的方方面面。环境关注与碳排放的平衡在国际气候谈判大会中毫无疑问是十分重要的议题，并且是长期以来引起发达国家和发展中国家争执的焦点。一方面，发达国家认为发展中国家应该积极推行减排二氧化碳，强烈要求发展中国家承担环境责任；另一方面，发展中国家认为，减少碳排放意味着牺牲自身经济发展。依据碳排放的历史和累计碳排放量来说，发达国家数百年的工业化发展历程已经排放了大量的二氧化碳并造成了环境污染，发达国家应该承担更大的环境责任。上述低碳经济、低碳社会、低碳旅游等可持续发展理念减少了环境关注与经济发展的矛盾，提出了国际低碳合作与经济效益得以兼容的可能性。而且，从更长期的发展目标来看，倡导低碳合作与低碳发展将创造一个不同部门互帮互助、共同合作、协同发展的契机。

低碳发展，特别是当中与人相关的环节，成为了经济发展与社会发展议程中重要的一部分。近年来，越来越多的国家也表现出对发展低碳经济的兴趣，这其中包括原本对气候变化及碳减排问题比较忽视的国家。虽然目前二氧化碳对国际气候影响的评估数据仍然是有争议的，国际气候谈判过程也不是一帆风顺的，但发展经济与倡导低碳生活仍将继续存在下去。同样明显的是，国家产业模式的差异与它们在碳减排谈判方面的各自立场息息相关。国家是否实现产业升级成为它能否完成减排目标的关键。总而言之，只有在经济社会发展与绿水青山之前找到平衡点才能把低碳经济和低碳社会持续下去。

国际气候谈判的关键词是"合作"，而且假设是可以通过建立各国共识来解决利益分歧的问题。事实上，国际气候谈判大会其用意是进一步突出合作，而不是采取冲突。显而易见的是，在国际气候谈判大会过程中，尽管成员国各自有着不同的利益，但努力地去寻找与扩大合作共识是大势所趋。尽管这一过程并非一帆风顺，但在协调国家是否参与碳减排、采取何种形式减排、具体减排量等利益冲突方面有所进展。这一点从《京都议定书》到《巴黎协定》签署国数量的大幅增加上就可见一斑。在《京都议定书》开放签署的一年间共有 84 国签署（1998 年 3 月 16 日至 1999 年 3 月 15 日），而《巴黎协定》仅仅开放签署首日就有 175 个国家签署。

保护资源的动力不仅来自于低碳。整个世界都在经历对自然资源的需求的空前增长。这个需求将会在 10 年到 20 年之间加速，带来潜在的资源缺乏的可能性和不稳定的市场。在 20 世纪 70 年代的时候，与土地、能源、食物、水和矿物有关的报告当中，与某种资源相关的行动将越来越多地影响其他资源，问题领域之间的相互依赖性远比资源短缺的讨论复杂得多。此外，这还与空前的全球生态环境变化、新的具有政治和经济重要性的组织的出现有关系。许多新的成员带着与原先工业社会不同的观点和先后顺序参与到了气候谈判当中来。

新自由主义以市场为导向的全球化趋势也影响到低碳发展。与以前以国家为中心的地缘政治相比，市场经济学的共同意识形态将所有国家以超越领土的方式结合到了一起。正是在这种情况下，低碳作为自然资源的长期供应者的形象和现实正在得到加强。随着全球化进程，环境变化和资源需求之间的联系不再是一个当地或国家的问题，甚至它已经成为所有低碳国家的问题。市场正在以前所未有的方式传递着不同类型的资源和地区之间的影响。先前的低碳政治虽然受到全球事务的影响，但影响范围主要局限在部分国家和地区；但现在，越来越受到全球资源政治的影响。例如全球日益增长的资源需求，使农业经济转变为全球经济，所以，低碳政治正在成为全球政治的一部分。

新的发展对低碳的政治环境有两个方面重要的影响。第一，这将会增加对资源的开发程度、船只对于环境的直接影响、增加泄漏事件以及改变土地利用的方式。第二则是不同的国家越来越多地将环境政治作为一个舞台来处理更广泛的问题，包括安全、资源政治和贸易。低碳环境越被视为一个全球问题，越有可能被引入到更广泛的地缘政治当中。事实上，自 20 世纪 80 年代起，科学发展和低碳的政治合作在事实上已经加剧了低碳政治环境的构想，使低碳问题成为了一个全球性问题。

碳减排是全球最重要也最紧要的公共议题之一。人为因素造成全球变暖影响的证据不断增加，行动的紧迫性日益提高。2014 年 11 月，政府间气候变化委员会（Intergovernmental Panelon Climate Change，IPCC）第五次评估已经在大气和海洋的变暖、全球水循环的变化、积雪和冰的减少、全球平均海平面的上升以及一些极端低碳事件的变化中检测到越来越多的人为影响。自 1992 年签署《联合国气候变化框架公约》（United Nations Framework Convention on Climate Change）以来，国际社会在该公约框架下已走过 20 余年艰辛的碳减排谈判历程。这其中堪称里程碑式的成果：首先是《京都议定书》，这是国际气候谈判的基础性文件，也是唯一一份确定了具有法律效力的量化减排指标和国家集体目标的文件；其次是《巴黎协定》。2015 年，近 200 个国家在巴黎达成历史性协定，确定了"自主提交 + 审查"的减排模式和"2℃警戒线"（Limiting Global Climate Change to 2degrees Celsius）的温控目标，成功为后巴黎进程定调。

欧盟是国际气候谈判的最初发起者，是全球减排最主要的动力，也是从京都大会到巴黎大会的进程中最积极的参与者之一，并希望担当谈判领导者的角色。联合国气候大会谈判从通过《京都议定书》开始，经过起伏波折，经过巴厘路线图、德班平台等京都进程中的重要成果后，终于在 2015 年达成巴黎协定，此后又经历了美国退出《巴黎协定》的挑战。回顾这一演化过程，自上而下的减排方式转变为自下而上的模式，减缓、适应、资金等领域都得到了细化，欧盟是推动这些变化的重要力量。笔者通过考察欧盟从京都气候大会到哥本哈根气候大会再到巴黎气候大会，欧盟取得的成果以及面临的挑战，旨在从低碳话语权建构的角度，一窥欧盟逐步建立国际低碳话语权的过程。

欧盟建立了全球首个碳排放交易体系，积极通过制度和政策创新减少温室气体排放，率先推行市场化减排机制，借示范作用号召更多国家采取行动，并首先将温室气体的减排目标量化为 2℃警戒线。欧盟除了出于对全球变暖的忧虑，也是因为低碳议题可以充当让欧盟一致对外的黏结剂角色，对成员国有凝聚作用，同时也可以帮助欧盟在外交上取得更大话语权。回顾京都第 3 次缔约方大会到巴黎第 21 次缔约方大会，可以发现欧盟和国际低碳谈判的进展联系紧密。低碳谈判并非一蹴而就，而更多是螺旋式的过程。欧盟也曾因激进的减排目标饱受批评，在哥本哈根会议上更是受到重大打击，但在调整低碳政策和谈判策略后，欧盟在坎昆会议、巴黎会议上都取得了明显的胜利，成功按照己方立场建构了会议达成的最终协议。

话语权的国内研究虽多，但鲜有涉及欧盟气候话语权领域的研究成果。如果说美国在人道主义和国际战争类话语上掌握主导，那欧盟则在全球低碳与环境治理类话语上占据先机。"话语"与"权力"往往有相互影响、相互制约的关系。行为体在国际低碳领域的你争我夺，实质上是一场低碳话语权的激烈交锋。话语权是发言权与规则制定权，是影响力的集中体现。[1] 行为体在低碳领域的话语权表现为其在世界气候大会、全球气候规则制定、减排、碳交易、碳关税等领域的发言权、主导权和解读权。各主要谈判代表自1995年"德国柏林世界气候大会"开始，在历次世界气候大会会前与会中围绕低碳问题，开展言辞犀利的话语权之争，各国新闻媒体也纷纷以头版头条竞相报道抢占先机。在此过程中，欧盟制定并推广了大量国际气候话语规则，如"2℃警戒线""欧盟温室气体排放交易机制（ETS）""碳泄漏""航空碳税"等。现如今欧盟的这些低碳话语概念已成为全球科学界、新闻界、学术界乃至国际气候谈判中的主流话语。

欧盟作为"京都进程"的领导者，引领了整个《京都议定书》的谈判过程，为具体协定的最终达成出谋划策，且在美国放弃《京都议定书》后仍然成功推动众多发达国家与发展中国家实施《京都议定书》；欧盟在2011年的"德班世界气候大会"上，因倡导并成功推动了"德班路线图"，再度体现其国际气候谈判中的领导者风范。2015年11—12月，欧盟成员国成功举办"巴黎世界气候大会"并顺利推动了《巴黎协定》的达成。2021年2月19日，美国拜登政府正式宣布重返《巴黎协定》。

话语权的生成需要从话语主体经过传播链条对话语客体产生影响，其中的两个环节——预设机制与推广策略至关重要。"预设"（Presupposition）亦称为"前设"，是话语建构的核心内容。推广是话语传播的重要内容。预设不但关乎语境，且与发话者的动机或意图密切相关，即预设建构的不只是句子与命题的关系，还是发话者与接受者之间的关系。预设可分为逻辑预设、语义预设与语用预设三个研究维度。逻辑预设主要从命题与段落层面开展，语义预设主要在句式层面上进行，而语用预设是在词汇和语境层面上，结合说话人的意图及有效实施言语行为的条件下实施。预设是对话题的加工，欧盟通过预设将自身的认知规律和价值取向融入低碳话语的文本结构之中。

---

① S Price, "Discourse Power Address: The Politics of Public Communication", *Ashgate Publication*, Vol. 11, No. 2, 2007, pp. 253 – 255.

国际关系理论"语言转向"① 后，相关的话语权研究得到迅速发展。笔者在具体研究方法上，使用 Concordance 软件创建相关语料库，收集一手低碳话语文本材料录入。笔者在文本选择方面遵循三个标准：一是话语文本的观点表达清晰，二是话语文本的影响力强，三是话语文本具有代表性。因此，笔者最终挑选了欧盟应对低碳变化的决议、政策与法律文件，作为本文的数据样本。为确保话语文本的准确性、权威性和系统性，笔者从欧盟官方网站直接下载上述文本并用于统计过程。② 笔者收集的文本来源年限从 1999 年 1 月 1 日—2020 年 12 月 31 日，分析这些气候文本的标题、篇章、段落、句式、关键词等。

## 第一节　欧盟低碳话语权的逻辑预设

如前所述，预设的第一个研究维度是逻辑预设。欧盟通过命题与段落叙述方式来实现逻辑预设。逻辑预设是指为文本表述设置一个理所当然的逻辑前提，无论所作出的具体陈述或断言是肯定还是否定，其预设必然需要具有逻辑性。③ 逻辑预设的功能得以存在依赖于两个现实基础：第一，逻辑预设发挥着定位的作用。欧盟通过实施逻辑预设，其气候话语没有必要也不可能面面俱到，只需要强调自身的合理合法之处，以谋求他者的认同。第二，逻辑预设起到舆论引导的效果。欧盟通过逻辑预设与话语诱导，将自身低碳话语的逻辑迎合公众的思维规律，让公众顺理成章地接受。概而言之，欧盟低碳话语权的逻辑预设分为两个层面：一是将低碳议题逻辑预设为安全问题，突出气候话语的安全特性；二是把低碳议题预设为领导者问题，强调国际气候领域需要欧盟作为急先锋发挥表率作用。

（一）欧盟低碳话语权的安全化逻辑预设

欧盟低碳决议的大量命题与段落涉及气候安全问题。欧盟 1999/296/

---

① 孙吉胜：《语言、意义与国际政治》，上海人民出版社 2009 年版，第 7 页。

② European Union Law, "EUR-Lex Access to European Union Law", EU Case-Law, http://eur-lex. europa. eu/homepage. html.

③ Hector J. Levesque and Fiora Pirri, *Logical Foundations for Cognitive Agents*, Springer, Berlin, Heidelberg, 1999, p. 72.

EC 号温室气体监测决议、2001/77/EC 号可再生能源决议、2002/358/EC 号减排责任分摊决议、2003/87/EC 号排放贸易决议、280/2004/EC 号温室气体监测改革决议、2005/32/EC 号能源产品生态标准决议、2006/32/EC 号能源服务国家决议、2009/29/EC 号排放贸易改革决议都有涉及气候安全的大量命题与段落表述。如 1999/296/EC 号决议指出："气候变化的安全问题远远超越人道主义危机，温室气体监测的建立迫在眉睫"。① 2006/32/EC 号能源服务国家决议规定："气候变化是事关全球整体安全与欧盟子孙后代的大事，欧委会为在欧盟范围内的诸多产品，如计算机、冰箱和电灯泡等，制定最低能效标准并以欧盟立法的形式确立下来，确定 2016 年实现能源效率提高 9% 的目标"。② 2009/29/EC 号排放贸易改革决议规定："气候安全是欧盟面对的刻不容缓的重要问题，欧盟将设定统一的温室气体排放上限，具体规定排放贸易的减排目标，以取代各成员各自决定的国家排放许可计划"。③

（二）欧盟低碳话语权的领导者逻辑预设

欧盟除了进行上述安全化预设之外，还将低碳议题逻辑预设为其全球领导者问题，强调国际低碳领域是欧盟展现软实力与规范性力量的重要领域。《欧洲治理白皮书》赋予了欧委会将欧盟低碳领域的善治经验推广到全球治理进程中的任务。2014 年欧盟发布的《2020—2030 气候和能源政策框架》指出："国际低碳领域需要先行者，欧盟可以发挥这样的作用。欧盟积累了发展新能源和节能技术的经验，为国际社会应对气候变化起到

---

① Council of the European Union, *Council Decision of 26 April 1999 Amending Decision 93/389/EEC For A Monitoring Mechanism Of Community $Co_2$ And Other Greenhouse Gas Emissions*, EUR-Lex Document 31999D0296, April 26, 1999.

② Council of the European Union, *Commission Decision Of 16 January 2006 Adjusting The Weightings Applicable From 1 February, 1 March, 1 April, 1 May And 1 June 2005 to The Remuneration of Officials, Temporary Staff and Contract Staff of the European Communities Serving in Third Countries And of Certain Officials Remaining in Post in the 10 New Member States For A Maximum Period of 15 Months After Accession* [*Article 33（4）of The Treaty of Accession of the 10 New Member States*], EUR-Lex Document 32006D0032, January16, 2006.

③ European Parliament, *Directive 2009/29/EC of the European Parliament and of the Council of 23 April 2009 amending Directive 2003/87/EC so as to Improve And Extend the Greenhouse Gas Emission Allowance Trading Scheme of the Community*, EUR-Lex Document32009L0029, April 23, 2009.

了示范效用"。① 欧盟 2013/525 号文件规定："欧盟在温室气体减排方面走在世界前列，更为重要的是，这是欧盟国际低碳领导权的关键支撑，为其主导国际气候谈判提供了有利条件"。② 欧盟 2014/421 号文件指出："排放贸易体系是欧盟应对全球变暖的主要成就之一。欧盟排放贸易规则不断优化，合法性和支持度不断提升，确立了欧盟在国际低碳领域的领先地位"。③ 欧盟 2016/282 号文件规定："欧盟在应对气候变化过程中，尽管其航空碳税等政策面临非议，但欧盟毫无疑问仍然是应对全球变暖的先锋力量"。④ 欧盟 2016/265 号文件指出："欧盟不仅以低碳领域的开拓者对全球气候治理做出了直接贡献，也以话语规则建构的方式间接塑造着国际低碳规则的发展，还是推动其他国际行为体做出减排承诺和行为的重要力量"。⑤

　　总而言之，欧盟通过在命题与段落中实施安全化预设和领导者预设，突出了气候问题的严峻性与国际低碳领域需要领导者的重要性。话语权中的预设研究本是一门研习如何说服他人的技术，在现今语言建构主义研究的影响下，逻辑预设越来越体现为一种"说服行为"，其具有"言后领

　　① European Commission, *Commission Staff Working Document Impact Assessment Accompanying the Document Communication from the Commission to the European Parliament*, *the Council*, *the European Economic And Social Committee And the Committee of the Regions A Policy Framework For Climate And Energy in the Period from* 2020 *up to* 2030, EUR-Lex Document 52014SC0015, January 22, 2014.

　　② European Parliament, *Regulation* (*EU*) *No* 525/2013 *of the European Parliament And of the Council of* 21 *May* 2013 *on A Mechanism for Monitoring And Reporting Greenhouse Gas Emissions And for Reporting Other Information at National And Union Level Relevant to Climate Change And Repealing Decision No* 280/2004/*EC*, EUR-Lex Document 52014DC0689, May 21, 2013.

　　③ European Parliament, *Corrigendum to Regulation* (*EU*) *No* 421/2014 *of the European Parliament And of the Council of* 16 *April* 2014 *Amending Directive* 2003/87/*EC Establishing A Scheme For Greenhouse Gas Emission Allowance Trading Within the Community*, *in View of the Implementation By* 2020 *Of An International Agreement Applying A Single Global Market-Based Measure to International Aviation Emissions*, EUR-Lex Document 421/2014, April 21, 2014.

　　④ European Commission, *Commission Regulation* (*EU*) 2016/282 *of* 26 *February* 2016 *Amending Regulation* (*EC*) *No* 748/2009 *on the List of Aircraft Operators Which Performed An Aviation Activity Listed in Annex* Ⅰ *To Directive* 2003/87/*EC On Or After* 1 *January* 2006 *Specifying The Administering Member State for Each Aircraft Operator*, EUR-Lex Document282/2016, February 26, 2016.

　　⑤ European Commission, *Commission Implementing Decision* (*EU*) 2016/265 *of* 25 *February* 2016 *on the Approval of the MELCO Motor Generator as an Innovative Technology for Reducing* $Co_2$ *Emissions from Passenger Cars Pursuant to Regulation* (*EC*) *No* 443/2009 *of the European Parliament and of the Council*, EUR-Lex Document 265/2016, February 25, 2016.

域"（Perlocutionary Realm）① 乃是不言自明的事实。如唐纳德·戴维森（Donald Davidson）所说："逻辑预设不仅是一个语义结构问题，也是一个语用效果问题，需要联系接受者的接受逻辑进行研究。"② 这样欧盟低碳话语权的逻辑预设问题实质上也就是话语技巧和话语效果问题。换言之，欧盟通过在文本叙述中实施安全化预设和领导者预设，将其低碳话语的文本逻辑与公众的认知逻辑相协调，激发公众脑海中对于安全问题与英雄崇拜主义的认知节点。欧盟在话语技巧上突出其低碳文本的合理性与合法性，将公众引入恰当的语境中引发共鸣，打造欧盟与公众的亲和力效果，从而实现自身的战略目标。

## 第二节　欧盟低碳话语权的语义预设

语义预设是通过言语行为和句式选择来设置语言意义，利用人们习惯的语言或句式使用规律，激活公众信息系统中的前期认知，最终形成映射关系。③ 欧盟就是通过使用各种带有明显倾向性的句式排列，来迎合公众交往过程中的类似情感原则，使公众自然产生一种接受其低碳话语内容的顺利感。不难看出，这里所表述的语义预设其实包含了一种以己夺他、循序渐进、化异为同的过程。根据语义预设理论与言语行为理论④，发话者说话是在实施三种行为：言内行为、言外行为和言后行为。其中言内行为是话语的字面意义，言外行为是发话者的意图或目标，言后行为是发话者的话语效果。我们根据这三种言语行为来解读欧盟低碳话语文本，不难发现，欧盟低碳话语文本的言内行为多是节能环保层面的具体解读，欧盟低碳话语的言外行为是要实现其低碳话语领导权，欧盟低碳话语的言后行为是扩张欧盟的规制影响力与软实力。

---

① Robert Con Davis and Ronald Schleifer, *Contemporary Literary Criticism*, London：Longman, 1989, p. 253.

② Donald Davidson, "What Metaphors Mean", *Special Issue on Metaphor*, Vol. 5, No. 1, 1978, p. 31.

③ Asher NLascarides A, "The Semantics and Pragmatics of Presupposition", *Journal of Semantics*, Vol. 15, No. 3, 1998, pp. 239 – 300.

④ 根据奥斯丁提出的言语行为理论，说话的同时就是在实施某种行为。

　　结合发话者选择的句式类型，语义预设又可以分为告知型、假设型、承诺型、认可型等。欧盟通过灵活使用上述四种言语行为，强化其低碳政策的公众接受力，达到了积极的话语效果。如图 3—1 所示，欧盟使用告知型言语行为的目标是让人们了解其低碳政策的进展，告知公众它在国际低碳领域的重要作用。如"欧盟的低碳治理正在稳步推进"①"欧盟的低碳决议得到落实"②"欧盟在低碳治理领域获得众多成就"③。欧盟也频繁使用假设型言语行为，从现在的作为预判言语对象的未来结果。如"现阶段的欧盟低碳治理必将产生长远收益"④"欧盟的低碳治理行动并非仅仅拥有眼前利益，而是为了千千万万子孙后代"⑤。

　　为了增强话语效果，欧盟还频繁使用承诺型言语行为。2007 年 3 月，欧洲理事会通过决议确立中长期低碳政策的"20/20/20 目标"即："2020 年承诺温室气体排放总量在 1990 年基础上减少 20%，能源效率提高 20%，可再生能源在能源供应中的占比达到 20%。"⑥ 此外，欧盟承诺："到 2030 年将温室气体排放量在 1990 年的基础上减少 40%，可再生能源在能源使用总量中的比例提高至 27%，能源使用效率至少提高 27%。"⑦

---

① European Parliament, *Directive 2009/28/EC of the European Parliament and of the Council of 23 April 2009 on the promotion of the Use of Energy from Renewable Sources and Amending and Subsequently Repealing Directives 2001/77/EC and 2003/30/EC*, EUR-Lex Document 28/2009, April 23, 2009.

② European Parliament, *Directive 2014/94/EU of the European Parliament And of the Council of 22 October 2014 on the Deployment of Alternative Fuels Infrastructure*, EUR-Lex Document 94/2014, October 22, 2014.

③ European Parliament, *Directive 2010/75/EU of the European Parliament And of The Council of 24 November 2010 on Industrial Emissions（Integrated Pollution Prevention And Control）*, EUR-Lex Document 75/2010, November 24, 2010.

④ European Parliament, *Decision No 466/2014/EU of the European Parliament And of the Council of 16 April 2014 Granting An EU Guarantee to the European Investment Bank Against Losses Under Financing Operations Supporting Investment Projects Outside the Union*, EUR-Lex Document 466/2014, April 16, 2014.

⑤ European Parliament, *Decision No 1386/2013/EU of the European Parliament and of the Council of 20 November 2013 on a General Union Environment Action Programme to 2020 'Living well, within the Limits of Our Planet, Decision*, EUR-Lex Document 1386/2013, November 20, 2013.

⑥ Panagiotis Liargovas and Nikolaos Apostolopoulos, "A New Europe 2020 Strategy Adopting an Enhanced Regional Aproach", *Planning Theory & Practice*, Vol. 15, No. 4, 2014, p. 603.

⑦ Panagiotis Liargovas and Nikolaos Apostolopoulos, "A New Europe 2020 Strategy Adopting an Enhanced Regional Aproach", *Planning Theory & Practice*, Vol. 15, No. 4, 2014, p. 605.

认可型言语行为主要表现为认可与感谢。如欧盟指出：全球排放总量应在2020 年达到峰值，到 2050 年减少为 1990 年的 50%。[①] "减排离不开每个国家的参与，欧盟感谢成员国的支持"。[②]

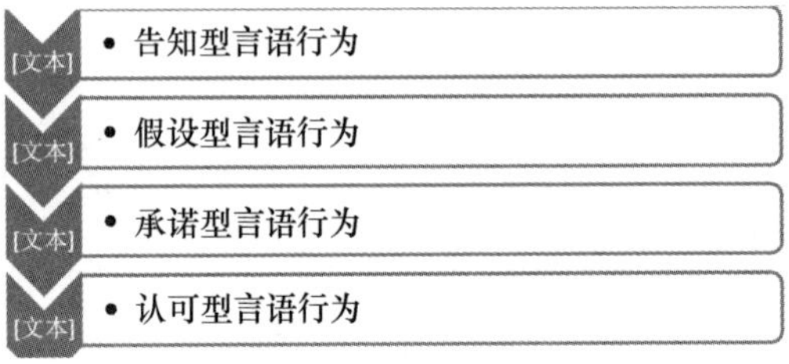

**图 3—1　欧盟低碳话语权的句式选择**

资料来源：笔者自绘。

总体而言，在语义预设上，欧盟的低碳话语权经历了不断发展的过程，由低碳议题推动科技、经贸、政治等全球战略调整，同时低碳政策也从市场经济衍生品的相关解读发展为较为完备的话语体系。从历时性角度看，一是欧盟低碳议题范畴的扩大和深化。欧盟出台多个政策文件阐明其对于发达国家减排、发展中国家适当减排、碳交易及监管、碳核查程序、低碳技术转让的技术支持与管理结构等问题的立场。欧盟在言语行为和句式选择上，将其低碳议题从最初狭义的环保内容，如治理环境污染、保护饮用水健康、处理危险化学品等，逐步扩展为囊括了气候、能源、碳交易、低碳经济、自然资源、野生动植物保护、生产及消费过程中的一切与低碳相关的问题。二是欧盟低碳议题指向目标的演进，从仅仅排列在末端的纯粹治理机制逐步发展为日趋完善的低碳话语规范。欧盟通过语义预设将自身低碳规则融入国际低碳机制的构建中，实现自身低碳规则的向外拓展，获得应对国际低碳变化的先发优势。在此过程中，欧盟的低碳话语影响力不断增强，积极性日趋提高，并将其低碳议题推广到经济、政治、外

---

[①]　Barry Turner, *The Statesman's Yearbook*: *The Politics*, *Cultures and Economies of the World* 2013, Lodon: Palgrave Macmillan, 2013, p. 72.

[②]　European Parliament, *Council of the European Union*, *Directive 2010/75/EU of the European Parliament And of The Council of 24 November 2010 on Industrial Emissions (Integrated Pollution Prevention And Control)*, EUR-Lex Document 75/2010, November 24, 2010.

交等领域，影响着贸易和文化。

## 第三节 欧盟低碳话语权的语用预设

语用预设是发话者在语用环节所做的具体设置，主要是使用词和短语在实际应用过程中进行预设，并借助交际双方所共有的知识背景，设置便于交际的文本概念和特征。[①] 从语用预设的推断来说，预设寓于发话者的词汇和短语之中，从特定词汇短语的形成来看，话语意义又建筑在预设的基础之上。语用预设是一种动态的、开放的话语建构模式，发话者在这一预设行为中具有主导地位，它主要是发话者通过词汇或短语形式对新概念进行提议，其中包含了对交际意图的设计，即发话者通过具体的语用预设来推动社会交往的顺利进行。[②] 欧盟正是在此基础上，进行大量低碳领域的概念创新，实施其低碳话语的语用预设功能。

如前所述，欧盟在语用预设领域，倡导了如下耳熟能详的低碳概念。如"2℃警戒线""2020 峰值年/转折年""欧盟 MRV"等。其中，"2℃警戒线"是人类和地球系统能够避免气候变化的灾难性后果的临界温度变化（1990 年基础上）。"2020 峰值年/转折年"是指全球温室气体排放总量在 2020 年达到峰值后就应调头向下，2050 年降低到 1990 年排放水平的一半左右，到 21 世纪末实现零排放。"欧盟 MRV"（Measurable, Reportable, Verifiable）是欧盟在低碳领域的三可制度，涉及可测量、可报告与可核查三个方面，是欧盟碳交易监测制度的基础，具体包括碳排放的可测量，碳交易行为的可报告与碳排放过程的可核查，涵盖一系列监测量化标准和核查管理指南。如 ISO14064 系列标准。[③]

---

① C Caffi, "Pragmatic Presupposition", *Encyclopedia of Language & Linguistics*, Vol. 17, No. 44, 2006, pp. 17 – 18.

② BKJ Bock, "The Effect of a Pragmatic Presupposition on Syntactic Structure", *Journal of Verbal Learning & Verbal Behavior*, Vol. 16, No. 6, 2010, pp. 723 – 724.

③ ISO 14064 其实是一个由三部分共同组成的标准系统，其中包括一整套的 GHG 计算和验证准则。该标准系统规定了国际上最佳的温室气体资料和数据管理、汇报和验证模式。人们可以通过使用该标准系统，计算和验证排放量数值，确保 1 吨二氧化碳的测量结果在全球任何地方都是一样的。

表3—1                          语用预设与欧盟低碳话语权的概念创新

| 语用预设与概念创新 | 1990基准线 | 2℃警戒线 | 2020峰值年 | 欧盟MRV | 低碳经济 | 低碳社会 | 碳交易 | 碳金融 | 碳泄漏 | 碳标签 | 碳捕获 | 碳封存 |
|---|---|---|---|---|---|---|---|---|---|---|---|---|
|  |  |  |  |  |  |  |  |  |  |  |  |  |

资料来源：笔者自制。

欧盟根据语用预设的目标，还积极倡导低碳系列概念。如上表所示，欧盟及其成员国率先提出"低碳经济"（Low-Carbon Economy）的概念。"低碳经济"是经济发展与生态保护双赢的发展形态，实质是提高能源效率且获得更高经济产出。欧盟随后提出包括"碳金融"（Carbon Finance）、"碳标签"（Carbon Labelling）、"碳泄漏"（Carbon Leakage）、"碳捕获"（Carbon Capture）、"碳封存"（Carbon Sequestration）、"航空碳税"（Aviation Carbon Tax）、"海运碳税"（ShippingCarbon Tax）等低碳系列概念。"碳金融"是涉及低碳领域各项金融活动的总称，包括碳交易、碳投资、碳项目开发与合作等。"碳标签"是对各种产品的包装上进行碳信息标注，提醒消费者该产品从生产、运输到消费过程中排放的二氧化碳总量，鼓励消费者购买低碳产品。"碳泄漏"是产品生产与运输过程中泄漏的碳总量，成为航空碳税、海运碳税等多种碳关税的征收依据。"碳捕获"是使用新兴科学技术来捕获各类产品的二氧化碳，降低产品在生产消费过程中的碳排放量。"碳封存"是将捕获的二氧化碳封存起来避免直接向大气排放。"航空碳税"是欧盟通过相关法案对到其机场起落的航空企业征收碳排放税，核心是碳排放权和碳排放额度的量化。"海运碳税"是欧盟根据碳排放标准拟对到达欧盟港口的海运企业征收相应碳税。

总而言之，通过操纵词汇和短语等要素进行语用预设，是进行话语建构的一种重要形式，也是欧盟能够成功塑造其低碳话语权的基础。欧盟通过在低碳话语词汇和短语中灵活使用语用预设，强调其低碳话语的信息结构，突出其低碳概念的信息中心，创新低碳系列概念的表述形式，并利用大众传媒来影响公众舆论，增强其国际低碳话语权。

## 第四节　欧盟低碳话语权的推广策略

低碳话语权的全球推广过程实质上是一种不公平的竞争过程。在全球推广过程中，掌控低碳话语权的强者将会变得更强，弱者稍有不慎便会被同化。有鉴于此，欧盟为了推动其低碳话语权的全球化拓展，采取了多种推广模式相结合的方式：一是与各主要国家建立"气候合作伙伴"关系（Climate Partnership）；二是与各主要国际组织构建"清洁能源技术网络"（Clean Energy Technology Network）；三是积极利用新媒体引导国际舆论。欧盟低碳话语权的推广过程实质上也是一种新标准的建立。正是在欧盟的强势推广下，欧盟的低碳话语概念成为默认的国际通用气候类概念，成为各国新闻媒体关注的焦点，成为国际气候谈判中世界各国沟通、商讨、交流的基础。

（一）气候合作伙伴

20 世纪 90 年代初，当其他国家仍在质疑气候变化的真实性时，欧盟率先号召各国应对全球变暖。欧盟在《京都议定书》签订与实施过程中，做出了巨大的努力。欧盟在后京都时代，更是以与各国构建"气候合作伙伴"关系为重要战略目标，出台了多个官方文件倡导碳外交、量化减排、后京都气候条约的法律地位等。相较之下，美国由于克林顿政府、小布什政府任期内对于气候问题的放任，致使它在国际低碳话语权上的影响力明显弱于欧盟，甚至被视为"南非世界气候谈判大会"的"绊脚石"[1]。美国倡导的单位碳强度减排标准、地区性碳市场、地方性碳税等的影响力与好评度也明显难以与欧盟抗衡。中、印、巴等国虽然近年来也在尝试提出低碳领域的新规则，但它们的全球影响力仍然明显不足，短期内难以扭转被动的局面。

欧盟在国家层面，近年来已与美国、中国、日本、加拿大、新西兰、挪威、丹麦、澳大利亚、巴西等国建立了深度合作关系，并且与印度建立了"气候合作伙伴"关系[2]。目前欧盟的"气候合作伙伴"既涵盖主要

---

① Al Gore, "United States an Obstacle to Progress in Global Climate Talks", *World Economic Forum*, Vol. 12, No. 2, 2011, p. 1.

② European Union, "EU-India Clean Energy and Climate Partnership", (May 2020), https://eeas. europa. eu/sites/default/files/cecp_0. pdf.

发达国家又包括主要发展中大国。欧盟通过充当上述国家在国际气候谈判的沟通合作桥梁，推广其低碳话语规范与制度形式。欧盟一方面对美、日、澳、加、挪等发达国家积极争取，对上述国家气候代表进行话语诱导；另一方面对中、印、巴等发展中大国通过清洁发展机制和全球环境基金机制加以援助，还以加强双边贸易合作等作为交换条件，推动上述国家接受欧盟的低碳话语规范。

**图3—2　欧盟低碳话语权的推广策略**

资料来源：笔者自绘。

（二）清洁能源技术网络

欧盟借构建的"清洁能源技术网络"对主要国际组织推广其低碳话语。欧盟与海合会、亚太经合组织、东盟、非盟等共建"清洁技术能源网络"，商讨共同提议的低碳治理方案与低碳话语概念。欧盟气候行动委员在"清洁能源技术网络"举办的能源合作高级别会议上明确指出，欧盟将"清洁能源技术网络"平台的国际合作视为应对全球变暖、面向未来可持续能源发展的重要基础。如图3—2所示，"清洁能源技术网络"是欧盟提议构建的一个包括众多国际组织的整体网络，就这些国际组织感兴趣的低碳议题开展讨论。欧盟通过搭建"清洁能源技术网络"，调研这些国际组织在低碳治理领域的倾向，提高自身与这些组织合作的默契感，推广欧盟的低碳话语理念。

欧盟基于参与"清洁能源技术网络"平台收集的信息，它要保持其在国际低碳话语权领域的有利地位，必须满足两个条件：一是要宣称长期坚持量化减排，二是要大力倡导清洁能源技术。[①] 欧盟以 1990 年为基准年，在《京都议定书》进程中作为一个整体承诺减排 8%，为所有国际行为体中比例最高。[②] 2005 年进入后《京都议定书》国际气候谈判时期，欧盟为了继续保持其在国际低碳领域的领导地位和影响，欧委会相继发布各种决议文件，提出欧盟在后《京都议定书》时代也要继续执行量化减排。此外，欧盟也与上述国际组织积极开展战略对话，借讨论清洁能源开发利用、高能效汽车的机会，推广其低碳话语理念。

（三）新媒体宣传路径

Web3.0 时代的新媒体成为影响公众意见的关键性议题建构力量，这一重要力量为欧盟所用。"推特"和"脸书"的用户群已非常庞大，吸引新用户的能力令人印象深刻。根据《2020 全球数字报告》，现在有超过45 亿人使用互联网，而社交媒体用户已突破 38 亿大关，全球近 60% 的人口已经上网。[③] 欧盟选择低碳话语的推广形式时，不再热衷于开设专题网站或长篇博客等传统模式，而是投身于通过新媒体平台发布信息的热潮中，在"推特"等新媒体平台上拥有固定账号，通过操作这些账号的发帖内容，引导它的低碳话语关键词成为网络热点。

欧盟积极使用"推特""脸书""雅虎网络相册""优图"等平台推广其低碳话语。[④] 欧盟借助上述新媒体平台，通过文字推荐、上传数据图表、添加超级链接等方式，改变政策发布的传统线性模式为环状的信息运作模式，强调"主帖"通过"跟帖"与"转帖"向相关议题延伸，注重"帖主""追随者""转发者"之间的互动，推广其低碳话语的核心理念与关键内容。此外，欧盟还与众网友展开互动。欧盟回帖中的言语行为不但起到发表评论、记录感受的作用，更是维系它与网络追随者之间的情感

①　Lasse Ringius, "Differentiation, Leaders, and Fairness: Negotiating Climate Commitments in the European Community", *International Negotiation*, Vol. 4, No. 2, 2010, pp. 133 – 134.

②　F Eboli, M Davide, "The EU and Kyoto Protocol: Achievements and Future Challenges", *Review of Environment, Energy and Economics*, Vol. 3, No. 3, 2012, pp. 1 – 3.

③　Simon Kemp, *Report of Our new Digital 2020*, We Are Social and HootsuiteDocument 27/01/2020, 27 January, 2020.

④　European Union, "Interested in Checking EU Content on Twitter, Facebook and the Rest? Use This Search Tool to Find Social Media Accounts With EU Input", (July 2017), http://europa.eu/contact/social-networks/.

纽带，通过网络文字、图片、视频等进行"言传身教"与"亲切交流"欧盟的低碳话语理念。

欧盟低碳话语权的推广策略显示它正走上一条雄心勃勃、注重方式、行之有效的话语权力建构与传播之路。欧盟制定了翔实的低碳话语推广计划，包括推广区域、时间、推广方、参与方、推广预期成效等，建立了一系列与全球低碳治理制度相对接的欧盟内部环保机构，将其低碳话语概念与标准规范向世界传播。《联合国气候变化框架公约》《京都议定书》《德班系列协议》《哥本哈根协议》《巴黎气候协定》等国际社会应对气候变化的指导性文献，几乎全盘使用了多个欧盟提议的低碳话语概念与规则，从"1990 年基准年""2℃警戒线""碳金融""碳市场"到"碳捕获与碳封存"，这也再度证明了欧盟对国际低碳规则的塑造力与影响力。

欧盟是碳减排的风向标，其低碳话语权的建构与推广过程对中国有较强的参考价值。由于国情不同，我们不主张完全照搬照抄，而是主张取其精华去其不足。中国低碳话语存在专业技术理念支撑不够，外宣话语过于老旧，推广方式相对单一等问题。中国低碳话语权的弱势地位降低了国际社会对中国低碳话语的认同感。具体来说，中国对于欧盟的借鉴之处包括如下四点：一是学习欧盟大力推进低碳科研，为提升低碳话语权提供科技实力支撑。欧盟提出的低碳规制与其国际一流的低碳科研实力是密不可分的。中国的低碳科研包括不断完善气候系统观测网，加强建设低碳变化基础资料数据平台等。二是推进低碳话语的概念创新，提出带有中国特色的低碳话语。欧盟在低碳话语领域明确的预设目标、灵活的语言策略、不断完善的标准体系以及多样的话语模式等值得中国参考学习。三是构建多样化的推广机制。中国应研究他国公众接受话语信息的心理习惯、思维方式以及审美情趣，充分调动新媒体参与低碳话语信息传播，改善国际气候谈判的手段与方式，增强中国低碳话语的感染力。四是积极开展碳外交。中国应增强与周边国家的气候合作，还应该进一步加强与中国在世界气候大会上谈判立场较为接近的巴西、南非、印度的联系，也应适当援助生态极度脆弱的弱小国家（如海岛国等），赢得国际声望。

# 第 四 章

# 欧盟低碳话语权的概念隐喻及规范效应

## 第一节 欧盟低碳话语权中的概念隐喻及内涵

概念隐喻是解读国际低碳话语权建构的关键，也是欧盟为何能够将抽象晦涩的气候概念成功普及推广的原因。目前学界的理论成果集中于文化霸权、有效性声音、安全话语、规范劝服四个领域，选取的案例为文化渗透、话语实践、话语安全化、国际组织的规范传播，但对气候话语的内容鲜有涉及，对欧盟低碳话语权的建构更是少有关注。此外，国内学者过于关注话语的显性说服效果，对话语隐性或软性说服效果的探讨着墨甚少。作者基于隐性说服中的概念隐喻理论，提出了行为体如何构建低碳话语权的分析框架，即，从"本体隐喻"的具体化映射，"结构隐喻"的结构化思维，"方位隐喻"的引导话语方向三个层面，结合语料库数据进行统计分析，对欧盟低碳话语权的建构路径进行了深入解析。作者旨在结合概念隐喻理论，探究行为体低碳话语权的建构过程，并以欧盟低碳话语权的建构为案例，增进对概念隐喻作用机制与欧盟低碳话语权的理解。

冷战后的国际气候领域已成为话语博弈的角斗场，行为体提出对己有利的气候话语理念成为权力的重要来源，在气候话语争夺战中能成功输出话语概念恰恰是其话语权的最佳体现。由此观之，欧盟倡导且推广的"2℃警戒线"（Limiting Global Climate Change to 2degrees Celsius）、"1990年基准年"（1990 Baseline）、"温室气体排放交易机制"（Greenhouse Gas Emission Trading Scheme）、"碳银行"（carbon bank）、"碳支票"（Carbon Check）、"碳汇"（Carbon Sink）、"碳足迹"（Carbon Footprint）、"碳库"（Carbon Pool）、"碳库迁移"（Carbon Pool Migration）等，已成为国际气候科学领域、新闻界、学术界乃至国际气候谈判中的主导话语，是彰显其国际低碳话语权的现实体现。

在国际社会中，行为体的话语权如何建构？具体来说，在国际气候议题博弈中，欧盟如何建构其低碳话语权？欧盟如何使这些抽象晦涩的气候概念能被公众广泛接受？作者希望从学界的欧盟气候研究中获得答案，却收获甚微。学界积极评价欧盟在国际气候领域领导地位的文献不少，但从低碳话语权建构的视角进行分析解读的文献十分少见。卓伊塔·古普塔（Joyeeta Gupta）和迈克尔·格拉布（Michael Grubb）合编的《气候变化与欧盟的领导地位》，从可持续性视角解析了欧盟凭借其应对气候变化的能力，重回世界领导地位。保罗·戈莱斯基（Paul Gorecki）与西恩·莱昂斯（Sean Lyons）指出："2013 年至 2020 年，欧盟在清洁能源将更加高效，位居世界前列"。[①] 安妮特·弗雷鲍尔（Annette Freibauer）与马克·罗斯维尔（Mark Rounsevell）等从经济可行性、现实操作性、规范领导性三个层面积极评价了欧盟的农业土壤碳封存计划。[②] 罗伯特·福克纳（Robert Falkner）从"绿色规范性力量"视角界定欧盟，高度肯定欧盟在气候与生态技术规则领域的权威地位。[③] 上述研究成果都高度评价了欧盟在气候领域发挥的领导作用，但无一是从低碳话语权的建构视角进行解析。

作者又期望从国内的话语权研究中寻找灵感，但也收获不多。话语权研究已成为国际关系研究的重要领域之一，话语的宣传性、意识形态性、倾向性也越来越被学者认同。任何话语都是以说服受众会主要目标。国内话语权研究的相关领域集中于战争话语与外交话语领域，很少涉及气候话语领域，且过于关注话语权的显性说服因素，即强调使用明确直接的话语方式进行说服，而忽视了隐性说服的研究。所谓隐性说服，也称之为软性

---

① Paul Gorecki and Sean Lyons, "EU Climate Change Policy 2013 – 2020: Using the Clean Development Mechanism More Effectivelyin the Non-EU-ETS Sector", *Energy Policy*, Vol. 38, No. 11, 2010, pp. 7466 – 7475.

② Annette Freibauer, Mark Rounsevell, Pete Smithc and Jan Verhagen, "Carbon Sequestration in the Agricultural Soils of Europe", *Geoderma*, Vol. 122, No. 1, 2004, pp. 1 – 23.

③ Robert Falkner, "The European Union as a 'Green Normative Power'? EU Leadership in International Biotechnology Regulation", *European Studies Working Paper*, Vol. 1, No. 1, 2006, p. 1.

说服，即采用含蓄委婉的形式来进行劝服。概念隐喻就是隐性说服中的一个重要领域，也是可以实现"硬话软说"的重要手段。在国外学术界，概念隐喻被引入了众多学科领域，而在国内学界，相关研究成果并不多见。① 笔者选取的是概念隐喻和低碳话语权的结合，即：概念隐喻与欧盟低碳话语权的建构。

话语权的研究是围绕四条主线展开的，即文化霸权理论、有效性声音、话语安全化、规范劝服理论。由于这四种理论从不同角度揭示了话语权的来源与建构方式，我们有必要分别对其加以讨论，以便从对这些理论的分析过程中总结研究基础。如前所述，话语权出自米歇尔·福柯（Michel Foucault）等的"话语权力"概念，"话语权一般与某一议题领域相关，是斗争的手段和目的，是影响与控制社会舆论的权力"。② 由此推之，国际低碳话语权的定义：国际低碳话语权与气候议题领域相关，是行为体进行国际气候博弈的手段和目的，是影响国际气候谈判，是控制新闻媒体舆论、内外评价的权力。诚如约阿希姆·伍斯特与卡尔·曼海姆所言："赢得公众的竞争是经久不衰的，在话语权的竞争中，一旦不努力，就很难再得到青睐。"③ 因此，国家或国际组织想要建构国际低碳话语权，要从公众感受出发，将抽象晦涩的气候话语转换为贴合公众经历与感受的概念。这一过程就是概念隐喻。

## 第二节　欧盟低碳话语权概念隐喻的结构谱系

正如乔治·莱考夫（George Lakoff）所说，概念隐喻具备如下重要功能："限定我们能看到的，强调想让我们看到的，掩盖不想让我们看到的。"④ 概念隐喻是从人类的互动关系出发，表达超越词语含义本身且基

---

① 傅强、袁正清：《隐喻与对外政策：中美关系的隐喻之战》，《外交评论》2017 年第 2 期。

② Michel Foucault and James Faubion, *Aesthetics*, *Method*, *and Epistemology* (*Essential Works of Foucault*), 1954 – 1984, New York: The New Press, 1999, pp. 95 – 96.

③ Joachim Wurst and Karl Mannheim, *Ideologie und Utopie*, *Cohen*: *Bonn* 1929, 250S, Wiesbaden: Springer Fachmedien Wiesbaden, 2016, pp. 108 – 109.

④ George Lakoff, *Don't Think of an Elephant*!, New York: Chelsea Green Publishing, 2004, p. 69.

于情境关系的隐喻形式，构建"始源域"（Source Domain）向"目的域"（Target Domain）的认知映射关系。概念隐喻至关重要。尤其是对于抽象的话语概念（比如低碳领域的专业术语）来说，如果行为体想要将这些概念推而广之，建立话语权及规范生成，需要借助概念隐喻使之具体化、结构化、生动化。这就与本书涉及的三种概念隐喻：本体隐喻、结构隐喻、方位隐喻密切相关。行为体通过这三种概念隐喻形式，能起到具体化映射、结构化思维、引导话语方向的作用，最终有利于其话语权的建构及规范生成（如图4—1所示）。

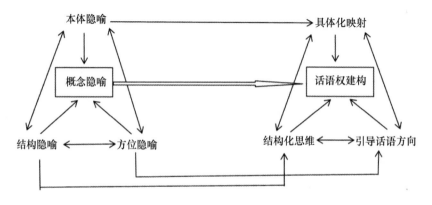

**图4—1　概念隐喻与行为体话语权的建构及规范生成**

资料来源：笔者自绘。

## 一　本体隐喻与话语的具体化映射及规范生成

"本体隐喻"是指人们在表达晦涩难懂的概念时，尝试从客观有形的基本概念（本体）着手来映射这种隐喻。安德雷亚斯·穆索尔夫（Andreas Musolff）分析了欧盟辩论中最常用的四种本体隐喻，分别是："人"（Man）、"家庭"（Family）、"健康躯体"（Healthy Body）、"建筑物"（Building）。[1] 这些本体隐喻的使用，能够轻而易举地使原本晦涩不明的概念变得简明清晰，使枯燥抽象的术语有了日常生活的概念基础，使复杂的因果逻辑能够被轻松地解读。在搭建本体隐喻的过程中，不同的行为体

---

[1]　Andreas Musolff, *Metaphor and Political Discourse*, London: Palgrave Macmillan, 2004, p. 173.

会寻求不同的本体相似点，这是基于行为体各自经验总结而主动建构的映射关系，当需要这种映射关系时，可以激活不同的本体概念形成差异化的本体隐喻。

这些本体可以是有生命体，比如气候话语中常用的各色"人物"隐喻。我们最常见的就是"施教者与学习者"（Teacher and Learner）、"英雄与敌人"（Heroes and Foes）、"审判者与犯罪者"（Judge and Offender）三类能产生强烈对比效果的本体隐喻。① "施教者"对"学习者"，即，环保组织通过对国家的"绿色教学过程"（Green Teaching and Learning），实现其气候话语理念的传播。"英雄"对"敌人"，环保组织通过对气候协议破坏者的批判与打击，塑造其低碳话语权的正义感与合理性。"审判者"对"犯罪者"，国际组织（如欧盟）对碳排放大国实施警告与惩罚，创造自身征收碳关税的权威性与合法性。

这些本体也可以是无生命体，如应对气候变化是"战斗"（Battle）的隐喻。② 气候变化问题敲响了"警钟"（Sound the Alarm），谈判过程"火光闪耀"（Flare），减排协议是对某些既得利益国的沉重"打击"（Blow），气候谈判竞争过程"看谁打响第一枪"（Fires Opening Shot），有些国家树立了"大防火墙"（Great Firewall）。气候谈判是"竞赛"（Race）的隐喻。由此延伸，在气候谈判中，各国组成"队伍"（Teams），提出气候谈判方案是"出牌"（Play Cards），互不相让是"权力政治游戏"（Game of Political Power），做出妥协是"抵押、典当"（Pawn）。还有气候谈判结果是"轨道"（Tracks）的隐喻。③ 如巴厘气候大会的成果主要为形成"双轨机制"。"双轨机制"是隐喻"《京都议定书》附件一缔约方进一步承诺的特设工作组"AWG-KP（Ad Hoc Working Group on Further Commitments for Annex Ⅰ Parties Under the Kyoto Protocol）

---

① EuroparlTV, "Climate Judge and Offender", （June 2021）, https：//www. europarltv. europa. eu/en/search/? text = climate% 20judge% 20and% 20offender&sort = date.

② European Parliament, *European Parliament resolution on Winning the Battle Against Global Climate Change*, *EUR-lex Document* 2049/2005, November 16, 2005.

③ European Parliament, *European Parliament Resolution of 31 January 2008 on the Outcome of the Bali Conference on Climate Change*（*COP 13 and COP/MOP 3*）, EUR-lex Document 131/2008, January 31, 2008.

与 "协议下长期合作专设工作组" AWG-LCA（Ad hoc Working Group on Long-term Cooperative Action Under the Convention）等两个工作组。

无论是有生命体，还是无生命体，这些本体隐喻的共同特征是简洁性与基础性。如果我们选择的 "始源域" 本体概念本身就晦涩难懂，当然不能起到映射说明的作用，反而不利于话语理念的传播，也就无益于建构话语权。值得注意的是，除了常规表达，气候话语及规范生成中某些创新性隐喻表达被频繁使用，且日趋广泛传播，如针对二氧化碳排放问题所形成的 "碳银行" "碳支票" "碳汇" "碳足迹" "碳库" "碳库迁移" 等。

## 二　结构隐喻与话语及规范生成

"结构隐喻" 是指为了形象生动地表述 "目的域" 概念 A，使用另一概念体系 "始源域" B 来结构化概念 A，即，使用概念 B 的概念空间以及相关概念群来映射概念 A。结构隐喻能起到结构化思维的作用。在结构隐喻的框架下，我们的思维重心从 "目的域" 转化为 "始源域"，依据 "始源域" 特有的结构特征、目标、过程来理解 "目的域"，遵循 "始源域" 的结构原则来进行认知与行为分析。

结构隐喻具有搭建 "始源域" 与 "目的域" 之间结构联动机制的功能，能产生结构化行为体思维的作用。结构化思维的优点是避免因行为体思维过于发散而难有结果，缺点是过于推崇以结构隐喻作为假设导向，其分析方式与推导过程都带有模式化特征，特别容易受到引导。"结构化思维是以假设为导向的思维方法，是指行为体在认知与行动时，总是习惯于依据一定的假设、顺序、模式来思考问题。"[1]

例如，当我们表述 "全球变暖是威胁"（Global Warming Is A Threat）时，[2] 其实是在使用与 "威胁" 有关的结构性思维来表述 "全球变暖"。在 "威胁" 的假设导向下，"全球变暖" 这一结构既包括 "警惕" "恐

---

[1]　Tom Miller, Volker Rudolf, "Thinking Inside the Box: Community-Level Consequences of Stage-Structured Populations", *Trends in Ecology & Evolution*, Vol. 26, No. 9, 2011, p. 457.

[2]　European Parliament, *Regulation（EU）No 1291/2013 of the European Parliament and of the Council of 11 December 2013 establishing Horizon 2020 – the Framework Programme for Research and Innovation（2014 – 2020）and repealing Decision No 1982/2006/EC*, EUR-lex Document 1291/2013, December 11, 2013.

惧""忧虑"等对"威胁"的认知概念,还涵盖"打击""应对""阻止"等对"威胁"的行动概念,整个"全球变暖"的概念就被"威胁"的概念体系结构化了,这就是一种结构化思维的路径。由此推之,我们在"威胁"概念体系的结构映射下,认知"全球变暖"且付诸行动。即,"警惕"它对世界造成的威胁,"恐惧"我们子孙后代的生存环境,"忧虑"打破国家的可持续发展战略与全球生态平衡,"打击"全球变暖制造者的卑劣行径,积极"应对"全球变暖造成的巨大威胁,全力"阻止"各国增加碳排放的行为。

同样,当我们表述"全球变暖是机遇"(Global Warming Is An Opportunity)时,就会得到一系列与"机遇"有关的概念体系,涉及"期待""希望""盼望"等认知概念,"利用""开发""获得"等行动概念。"全球变暖"的概念就被整个"机遇"的概念体系结构化了,这同样是一种结构化思维。以此观之,我们在"机遇"结构隐喻框架下,认知全球变暖问题且付诸实践。即,"期待"气温上升带来的充沛降水,"希望"非洲北部、亚洲中部,以及我国中西部空气变得湿润,"盼望"气候从暖干性变为暖湿性,从而缩小非洲撒哈拉大沙漠的面积,使幅员辽阔的西伯利亚大荒原变得气候宜人,使我国的戈壁披上绿装,使寒冷的东北能盛产水稻,使全球的植被更加繁茂,使作物生长更加高产。我们如何面对全球变暖问题,为了"利用"此机遇,现在必须行动起来,扩大农作物的播种范围,"开发"冻土资源与气候资源,"获得"参与北冰洋航道建设的权益。

上述"威胁"和"机遇"两个概念体系,分别从不同的视角结构化了"全球变暖",塑造了行为体大相径庭的认知模式,导致了截然不同的行为,这鲜明体现了结构隐喻对于气候话语结构化思维的塑造作用。在气候话语发挥结构化思维的作用中,还有相似的结构隐喻案例,比如"全球变暖是犯罪""全球变暖是灾难"。在"全球变暖是犯罪"的结构隐喻中,实际上使用了"犯罪"的概念体系来结构化"全球变暖"。这一概念体系既包括对"犯罪"的认知,"罪恶""邪恶""不道德""不合法"等,还涵盖对"犯罪"的应对措施,"规劝""警告""惩罚""打击"等。"犯罪"结构隐喻带来的概念体系与思维塑造结果是,制造全球变暖的行为是"罪恶",继续制造全球变暖的国家是"邪恶"的,这些国家的行为是"不道德""不合法"的，因此，我们应该先对其进行有效"规劝"，再实施"警告"，拒不接受警告者坚定实施"惩罚"和无情"打击"。

在"全球变暖是灾难"的结构隐喻中，实际上使用了"灾难"的概念体系来结构化"全球变暖"。这一概念体系既包括对"灾难"的后果认知，"破坏""损失""危害""毁灭"等，还涉及对"灾难"的应对措施，"预警""防范""监控""对抗"等。"灾难"结构隐喻带来的影响是：全球变暖使生态环境被"破坏"，制造了海岛国家的"损失"与大量气候难民，产生了难以估量的"危害"，长此以往必将造成地球与人类的"毁灭"，因此，我们应该先对其进行有效"预警"，做好"防范"，且进行实时"监控"与准备"对抗"。

总而言之，结构隐喻对于塑造行为体的认知、结构化思维及影响行为方面有不容忽视的作用。结构隐喻通过搭建"目的域"与"始源域"之间的转换机制，以"始源域"作为假设导向，用"始源域"的相关概念体系结构来映射"目的域"。上文的案例就是分别从"威胁""机遇""犯罪""灾难"四个"始源域"结构来表达"目的域"（"全球变暖"），不同的"始源域"结构产生了差异化的思维结果。国家或国际组织在掌控低碳话语权的过程中，正是借助了气候话语的结构隐喻，结构化了人们对于气候变化的思维模式，左右了人们对于全球变暖的认知态度，最终影响了公众行为。

### 三　方位隐喻与话语及规范生成

"方位隐喻"是目前跨越概念域的常见使用形式。在话语分析中，方位隐喻是使用"左""右""下""上""低""高""前""后"等基本方位概念，来映射其他概念域的概念。比如使用空间域的基本方位概念，如"左""右""上""下"，映射礼仪概念域的尊卑等级；使用空间域的基本方位概念，如"前""后"等，映射时间概念域的过去、现在、未来。

乔治·莱考夫（George Lakoff）等对"下、上"（Down/Up）这对方位隐喻进行了系统研究。[①] 他认为，"下是更少，上是更多"（Down Is

---

① George Lakoff and Mark Johnson, *Metaphors We Live By*, Chicago：University of Chicago Press, 2003, pp. 16 – 18.

Less，Up Is More）；"下是低位，上是高位"（Down Is Low Status，Up Is High Status）；"下是哀伤，上是快乐"（Down Is Sadness，Up Is Happiness）；"下是堕落，上是美德"（Down Is Depravity，Upisvirtue）；"下是受控，上为掌权"（Down Is Being Subject To Control Or Force，Up Is Having Control）；"下是弱者，上是强者"（Down Is Weakness，Up Is Strength）；"下是感性，上是理性"（Down Is Emotional，Up Is Rational）；"下是糟糕，上是良好"（Down Is Bad，Up Is Nice）；"下是疾病与死亡，上是健康与生命"（Down Are Sickness And Death，Up Are Health And Life）；"下是无意识，上是有意识"（Downisunconscious，Up Is Conscious），将"下、上"这对方位概念域的概念映射到数量、地位、情感、道德、权力、实力、心理、结果、生命、意识等其他概念域。笔者在总结气候话语的文本中发现，国家与国际组织通常使用对己有利的方位隐喻如"上""高""前"等，进行积极话语引导，塑造自身气候话语的积极性与权威性；且使用"下"、"低"、"后"等方位隐喻进行消极话语引导，树立他者气候治理的不作为与乱作为的形象。

总而言之，概念隐喻不应被简单视为一种修辞手段，更应被看作人类认知思维的一种映射方式，它不仅影响话语表述，结构化我们的思维，且作用于我们的行为。作者力求揭示概念隐喻在国家或国际组织掌控低碳话语权中发挥的独特作用：包括本体隐喻的具体化映射，阐释和定义低碳话语权的特殊概念；结构隐喻的结构化思维，体现和建构低碳话语权的认知意向；方位隐喻的引导话语方向，凸显与推广低碳话语权的重要思想。国家或国际组织基于概念隐喻的具体化映射、结构化思维、引导话语方向的共同作用机制，得以成功建构国际低碳话语权。下文中，作者将结合概念隐喻的上述作用机制，以欧盟如何建构国际低碳话语权为案例检验。

## 第三节　欧盟低碳话语权概念隐喻及规范映射

如前所述，欧盟低碳话语权是其进行国际气候博弈的手段和目的，亦是其影响国际气候谈判，控制媒体舆论、内外评价的权力。欧盟低碳话语权的领导力主要体现在三个层面："'工具型领导力'（Instrumental Leadership）、'结构型领导力'（Structural Leadership）、'方向型领导力'（Directional Leadership）"。[①] 这三个层面与作者强调的本体隐喻、结构隐喻、方位隐喻密切相关。

作者以概念隐喻的理论和思想为指导，以欧盟低碳话语权的建构为主要研究对象，使用的语料包括搜集的欧盟领导人的气候演说、欧盟参与国际气候谈判大会的立场声明、欧盟关于低碳问题的决策文件、欧盟媒体的宣传报道。这些语料具有权威性与相关性，共同构成了一个较为系统和全面的语料对象库。作者使用 Wordsmith 软件对语料数据进行了处理，分析其语义特点与概念隐喻的分布趋势，解读欧盟低碳话语权的建构路径，并总结了如下内容：

**一　欧盟借助本体隐喻的具体化映射功能建构欧盟低碳话语权及规范**

欧盟建立本体隐喻的首要条件是找到"始源域"与"目的域"两者之间的相似点，而相似点的寻找则往往是一种建构过程。欧盟首先使用了国际关系中一个十分常见的本体隐喻——国际组织、国家、地球是"人"，具备"人"的行为能力。人们普遍理解三种人物角色——"拯救者"（Rescuer）、"受害者"（Victim）、"破坏者"（Destroyer）。如表4—1所示，欧盟将低碳话语中涉及的本体概念拟人化，也分为"拯救者""受害者""破坏者"。

表4—1　　　　　欧盟低碳话语中本体隐喻的认知投射关系

| 人物本体隐喻 | "始源域" | "目的域" |
| --- | --- | --- |
| | "拯救者" | "欧盟" |
| | "受害者" | "某些国家""地球" |
| | "破坏者" | "某些国家" |

① Joyeeta Gupta and Lasse Ringuis, "The EU's Climate Leadership: Reconciling Ambition and Reality, International Environmental Agreements: Politics", *Law and Economics*, Vol. 1, No. 2, 2001, pp. 281 – 282.

续表

| | | |
|---|---|---|
| 建筑本体<br>隐喻 | "建筑" | "国际气候谈判大会" |
| | "支柱" | "议定书""工作组" |
| | "地基" | "1990 年基准年" |
| 植物/山脉<br>本体隐喻 | "果实" | "低碳谈判的进展" |
| | "山顶" | "峰值年" |

资料来源：笔者自制。

　　欧盟构建自身是应对气候变化"拯救者"的本体隐喻，且借助相应的词汇定义、句式安排、段落描述等，极力推广此隐喻。在此本体隐喻中，"拯救者"为"始源域""欧盟"为"目的域"。欧盟通过建立"拯救者"这一本体隐喻，力求展示其拯救地球危机、援助气候难民、坚定捍卫人类共同利益的形象。从具体界定上，欧盟除了不断提及"拯救者"隐喻，为了强化丰富形象，还频繁使用下列相关概念：应对气候变化的"智力巨人"（An Intellectual Giant）、"拯救未来（Save the Future）"、"勇敢者"（A Brave Man）、"创新者"（An Innovator）、"有远见的人"（A Visionary）、生态环境的"出色捍卫者"（A Great Defender）等。[①] 欧盟各成员国"一直是开拓者"（Are Still Pioneers）、是"将来的赢家"（Future Winners）。

　　在上述本体隐喻的作用下，国际组织、国家、地球被赋予了人性。国际组织、国家、地球被贴上了各类人群的不同人物标签。从修辞表述上，欧盟对自身"拯救者"使用了"正义的力量"（Righteous Might）、意志力"无限的"（Unbounded）、"绝对胜利"（Absolute Victory）、"无尽的决心"（Unbounded Determination），欧盟的意志是"人民的意志"（Will Of People）、"我们人民"（Our People）等描述。欧盟对"破坏者"使用了"自私的"（Selfish）、"野蛮的"（Brutal）、"肤浅的"（Superficial）、"短视的"（Shortsighted）、"专横的"（Autocratic）等表达，对"受害者"使用

---

　　① Voxeurop, "Us Withdrawal From The Paris Agreement：Europe Can Take The Lead In Defending The Planet", （June 2017）, http：//www. voxeurop. eu/en/2017/us-withdrawal-paris-agreement – 5121140.

了"可怜的"（So Pitiful）、"无助的"（Helpless）、"可悲的"（Sad）等形容词。欧盟对不同本体隐喻采用了差异化的句式选择，使用肯定句、陈述句等句式描述其应对全球气候变化的"拯救者"角色，使用否定句、疑问句等分析某些国家"破坏者"的角色，使用感叹句、陈述句等句式来解读某些国家、地球"受害者"的角色。由此观之，国际关系被视为不同人群组成的世界社区（World Community）关系，欧盟作为"拯救者"在其中发挥领导各国、国际组织的作用，孤立与惩罚"破坏者"，拯救"受害者"，树立自身权威。

其次，欧盟在其低碳话语中还频繁使用建筑（Architecture）隐喻。低碳话语的建筑隐喻是基于人们对建筑这一物质实体的普遍认知。人们通常认为，建筑拥有比较夯实的结构：如地基（Foundation）、支柱（Pillar）等组成要素。建筑配置结构也层次分明，是满足人们基本生存生活需要的必需品。"国际碳减排的谈判大会"显然不是一个具体有形的"建筑"，但欧盟使用"建筑"这一基本概念对"国际碳减排的谈判大会"进行隐喻，就意味着欧盟将如何进行碳减排的谈判大会映射为囊括各机构、议定书及组织关系的一座整体建筑。这座建筑为解决各国代表间的矛盾纷争和协调利益分配提供了场所，支撑这座建筑（"国际碳减排的谈判大会"）的"支柱"为减少碳排放的议定书与工作组，是这些"支柱"增强了各国代表的信心，减少了各国间的误解、摩擦，甚至冲突。此外，既然是"建筑"，必然有"地基"，因此，欧盟顺势提出了"1990年基准年"作为"建筑地基"的概念隐喻，即各国温室气体排放评价标准应以1990年该国的温室气体排放量为基本参照线，作为谈判大会"建筑"的基础。

最后，欧盟还积极使用植物、山脉本体隐喻表述其在低碳领域的主张。植物是地球上种类最多、数量巨大的生命体之一，也时常给人类生活带来美好感受。植物隐喻是将植物视为"始源域"，把植物的生命特征映射到"目的域"上，借助本来表述植物的一系列简单易懂的词汇，来定义生僻复杂的事物。比如，欧盟使用"果实"（Fruit）来隐喻它在谈判大会取得的进展，该隐喻凸显了欧盟对谈判获得进展的喜悦，也表达了谈判过程就像是植物发芽、生长、开花和结果的过程，这能使人们感到播种、栽培和收获的重要性，展示了欧盟辛勤耕耘者的形象。自然界的山脉，是指沿一定方向延伸、包括若干条山岭和山谷组成的山体。在山脉本体的隐喻映射下，欧盟提出了 2020 年"峰值年"（Peak Year）这一具体化的概念，即"全球温室气体排放总量将在 2020 年达到峰值"。① 此后就应该调头向下，如同山脉一般波澜起伏。这类隐喻通常具有积极意义，有利于激发人们对未来的憧憬与投身于气候治理的热情，在增强人们对欧盟信心的同时，也教育人们要同欧盟保持一致。

**二　欧盟依靠结构隐喻的结构化思维机制建构低碳话语权及规范**

在欧盟低碳话语权建构过程中，最为成功的结构隐喻形式为"旅途隐喻"（Journey Metaphor）。旅途是人们旅行所经历的路途，其蕴涵的要素为人们熟知接受。当欧盟把"减少碳排放"隐喻为一场漫长而艰难的"旅途"结构时，实际上原本的"减少碳排放"概念就被旅途结构替换了，与旅途相关的概念体系也就结构化了公众的思维。旅途工具是低碳环保汽车，旅途的指南是欧盟"迈向具有竞争力的低碳经济路线图"（A Road Map for Moving to a Competitive Low Carbon Economy）。

如下图 4—2 所示，"低碳经济路线图"作为"旅途隐喻"的指南，是涵盖"碳交易""碳支票""碳足迹""碳汇""碳库"等概念体系的整体方案设计。"碳交易"是对二氧化碳排放权开展交易。"碳支票"是二氧化碳交易支付过程的虚拟票据。"碳足迹"是指个人、企业、国家在生产、消费、运输、生活中排放的二氧化碳总量集合。"碳汇"是指为了降低二氧化碳在大气中的浓度，使用森林植物吸收大气中的二氧化碳并将其固定在泥土或植被中。"碳库"是二氧化碳的储存库，可分为陆地生态系统碳库、海洋碳库、大气碳库三类。欧盟通过旅途结构的隐喻，将气候话语转换为上述低碳路线图及其相关概念，且对旅途结构进行积极话语建构，以影响公众认知。

"旅途隐喻"蕴含着系统性的认知映射关系："始源域"（旅途）与"目的域"（减少碳排放）中的过程、起点、阻碍、终点都形成一一对应

---

① European Parliament, *Regulation（EU）No 1291/2013 of the European Parliament and of the Council of 11 December 2013 Establishing Horizon 2020 – the Framework Programme for Research and Innovation（2014 – 2020）and Repealing Decision No 1982/2006/EC*，EUR-Lex Document 1291/2013，December11，2013.

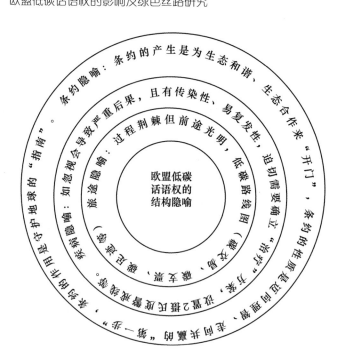

**图4—2 欧盟低碳话语权的结构隐喻及规范生成**

资料来源：笔者自绘。

的结构性认知投射。在旅途结构隐喻的框架下，我们的思考重心从"减少碳排放"转化为"旅途"，依据"旅途"特有的结构过程来理解"减少碳排放"，遵循"旅途"的结构原则，秉持"旅途"结构所倡导的目标。从结构化思维的角度来说，旅途的过程一般包括由起点与终点组成的空间距离，大多数旅途都不是两点间的直线距离，而是曲折蜿蜒的，而受制于人力、物力、天气等多种因素的影响，旅程的路面也很难是一马平川，也许荆棘遍地、杂草丛生，甚至是泥泞难行，旅程也常遇到各种偶发因素与障碍因素而陷入瓶颈，因此需要依靠前文提到的"路线图"（旅途指南），才能最终顺利前行。减少碳排放的过程亦是如此，过程中会遭遇各种难题与阻碍，为克服各类难题，实现低碳治理的目标，欧盟就倡导了"低碳路线图"且积极呼吁各国按该路线图行事。

旅途的目标是到达终点，减少碳排放也是为达到预期的目标，具体包括减少二氧化碳排放量、实现低碳经济、可持续发展等。此外，行走在旅途上的人必定会有前后之分，就如在国际低碳治理领域中有领先者也有暂时落后者。欧盟进行旅途隐喻，也是彰显其领先者的地位。总之，欧盟通过旅途结构隐喻，将减少碳排放量与公众对旅途的体验感知对应起来，从结构化公众思维的角度，加强其国际低碳话语权的说服力与感染力，增强公众对其低碳话语权的认同，影响公众的行为。

"疫病隐喻"（Disease Metaphor）也是欧盟低碳话语权塑造中较为常见的隐喻形式。疫病隐喻通俗易懂，凸显了人类面对全球气候问题的紧迫性，号召各国积极投身于低碳治理的重要事业中。在这场结构隐喻里，碳排放量过大是疾病，深受碳排放量过大问题困扰的地球与国家是患病者，低碳治理是医疗行动，治理成功就是治愈疫病。欧盟的科学家认为，为了防止疾病带来的严重影响，必须随时对患病者的体温进行把控，这就有了"2℃警戒线"的由来。"2℃警戒线"是指全球变暖的幅度不能超过工业革命前全球平均气温2℃，否则人类将难以承受。[①]

在欧盟参与国际气候谈判的早期（1990—2000年），它开始使用疫病隐喻，达到使用隐喻总量的40％左右，这一阶段它成功推动《联合国气候变化框架公约》与《京都议定书》达成。到2001—2007年，在美国2001年单方面放弃实施《京都议定书》后，欧盟成为全球低碳话语的唯一主导者，它使用疫病隐喻的比例大幅攀升，接近60％，成为它使用频率第一位的隐喻形式。2008年至2011年，随着低碳经济及其理念的全球推广，欧盟低碳话语中"旅途隐喻"的比例超过"疫病隐喻"，把"疫病隐喻"变为使用频率第二位的隐喻形式。2011年至今，随着国际格局的变化，国际低碳话语权的争夺形势更趋激烈，欧盟也开始灵活运用各类结构隐喻，使用下文中的条约隐喻形式，疫病隐喻的比例也就自然下降。

"条约隐喻"（Treaty Metaphor）是近年来欧盟借助结构隐喻掌控低碳话语权的常用形式之一。在条约隐喻里，条约的产生、目标、作用等要素都被一一结构化了，也影响了公众的思维与行为。欧盟指出：低碳条约的产生是为了生态和谐、生态合作、可持续发展来"开门"（Opening Door），打开这扇门需要各国的勇气和智慧，更需要欧盟这个"开拓者"

---

① European Parliament, *European Parliament Resolution of 15 November 2007 On Limiting Global Climate Change To 2degrees Celsius-the Way Ahead For the Bali Conference On Climate Change And Beyond* (*COP 13 And COP/MOP 3*), EUR-Lex Document52007IP053, November15, 2007.

（Pioneer）的存在。① 低碳条约的目标是迈向理智、走向共赢的"第一步"（The First Step）。② 既然有了第一步，欧盟当然希望有更多的后续步骤，这也与我们中文的"不积跬步，无以至千里"的思维一致。低碳条约的作用被欧盟解读为守护地球的"指南"（Guide）。③ 欧盟是这一指南的倡导者与捍卫者。欧盟通过对上述条约的结构隐喻，以"开门""开拓者""第一步""指南"等生活化的概念，将条约的形象进行了生动的解读，树立了自身在低碳领域的话语权，有利于使公众理解条约这一抽象书面化的事物，从而影响了公众的认知结构与行为取向。

总体而言，结构隐喻是欧盟将"始源域"的旅途、疾病等结构及概念体系与原本"目的域"的减少碳排放量、碳污染等概念建立结构化联系的过程，是通过隐喻表述与信息节点互联，借助成套的"始源域"概念来结构化公众的思维与行为。欧盟在上述建构过程中，选择的结构隐喻概念与公众生活感受的契合度越高，越容易推广其气候理念，建构其低碳话语权；反之，如果欧盟选择的结构隐喻概念越脱离公众生活，就越不利于其低碳话语权的塑造。这是从公众心理引导的操作化视角进行解读，为结构化公众思维提供心理学依据，也是在更加深入的层面界定结构隐喻的设置标准，即，与公众的关联度越高，越容易获得公众的支持。结合上述分析，我们不难理解，为何欧盟选择了与公众关联度较高的"旅途隐喻"与"疾病隐喻"等，并借助结构隐喻建构低碳话语权。

---

① European Parliament, Council of the European Union, *Decision No 1386/2013/EU of the European Parliament And of the Council of 20 November 2013 On A General Union Environment Action Programme to 2020 Living Well, Within The Limits of Our Planet*, EUR-Lex Document32013D1386, November 20, 2013.

② Council of the European Union, *Regulation (EU) No 525/2013 of The European Parliament And of the Council Of 21 May 2013 On A Mechanism For Monitoring And Reporting Greenhouse Gas Emissions And For Reporting Other Information At National And Union Level Relevant to Climate Change And Repealing Decision No 280/2004/EC*, EUR-Lex Document32013R0525, May 21, 2013.

③ European Parliament, Council Of The European Union, *Directive 1999/94/EC of the European Parliament And of the Council of 13 December 1999 Relating To the Availability of Consumer Information On Fuel Economy And Emissions In Respect of The Marketing of New Passenger Cars*, EUR-Lex Document31999L0094, December 13, 1999.

### 三　欧盟借助方位隐喻的话语导向作用建构低碳话语权及规范

如前所述，方位隐喻的使用既突显了欧盟在保护气候与应对全球变暖方面的贡献，又映射了他国在低碳治理中消极保守的态度。下文中，笔者拟对欧盟气候话语中的"上""下"方位隐喻进行系统分析。欧盟低碳话语的"上"（Up）隐喻是自我隐喻，采用积极话语进行肯定方向引导；欧盟低碳话语的"下"（Down）隐喻是他者隐喻，采用消极话语进行否定方向引导。基于资料的限制，笔者统计的范围是 1994 年 1 月至 2020 年 7 月欧盟的法律、决议、政策。通过对数据库的检索笔者发现，在 1994 年 1 月至 2017 年 12 月的欧盟低碳话语中，"上""下"隐喻的词条总计达到 30589 条。其中，"上"隐喻是 18709 条，占比 61.2%；"下"隐喻为 11880 条，占比 38.8%。此外，从 2018 年 1 月到 2020 年 7 月，在欧盟低碳话语中，"上"隐喻为 2555 条，"下"隐喻为 1837 条。

（一）"上"隐喻与欧盟引导低碳话语方向及规范生成

表4—2　　　　　欧盟低碳话语文本中的"上"隐喻分布频率
（1994—2020 年 7 月）

| 年份 | 词条数 | 年份 | 词条数 | 年份 | 词条数 | 年份 | 词条数 |
| --- | --- | --- | --- | --- | --- | --- | --- |
| 1994 | 302 | 2002 | 561 | 2010 | 1205 | 2018 | 1162 |
| 1995 | 333 | 2003 | 635 | 2011 | 1419 | 2019 | 1045 |
| 1996 | 368 | 2004 | 477 | 2012 | 1254 | 2020.1—7 | 348 |
| 1997 | 455 | 2005 | 496 | 2013 | 1442 | | |
| 1998 | 393 | 2006 | 683 | 2014 | 1181 | | |
| 1999 | 318 | 2007 | 840 | 2015 | 891 | | |
| 2000 | 480 | 2008 | 1029 | 2016 | 1176 | | |
| 2001 | 583 | 2009 | 985 | 2017 | 1203 | | |

资料来源：笔者自制。

如表4—2 所示，在 1994 年 1 月至 12 月，欧盟低碳话语中使用了 302 条"上"隐喻。其中，欧盟在 1 月使用 18 条"上"隐喻，2 月使用 20 条，3 月使用 25 条，4 月使用 21 条，5 月使用 20 条，6 月使用 38 条，7

月使用 32 条，8 月使用 7 条，9 月使用 33 条，10 月使用 9 条，11 月使用 26 条，12 月使用 53 条。1994—1998 年，欧盟低碳话语中使用"上"隐喻的频率保持稳健增长，第一次高峰出现在 1997 年。该年份与欧盟推动《京都议定书》签署的年份一致。在 1997 年中 1 月至 12 月，欧盟在低碳话语中共使用了 455 条"上"隐喻，分别是 1 月使用 39 条，2 月使用 33 条，3 月使用 31 条，4 月使用 46 条，5 月使用 26 条，6 月使用 43 条，7 月使用 45 条，8 月使用 3 条，9 月使用 42 条，10 月使用 64 条，11 月使用 48 条，12 月使用 35 条。

1999—2003 年，欧盟低碳话语中使用"上"隐喻的频率从 318 条增长至 635 条。这与欧盟在美国退出后，想方设法地挽救《京都议定书》且试图建构其国际低碳话语权的历程有关。由于该议定书必须获得占二氧化碳排放量 55% 的国家同意后方能生效。"当占 36.1% 的美国于 2001 年声明退出后，只占 24.2% 的欧盟必须说服包括日本、俄罗斯在内的其他国家同意签署"。[①] 欧盟由此展开为了《京都议定书》的艰难游说过程。欧盟代表团多次访问日本、俄罗斯等国，最终成功说服了这些国家，成功挽救了该议定书，在美国放弃后成为京都进程的唯一主导者，奠定其建构国际低碳话语权的基础。

2004—2007 年，欧盟低碳话语中使用"上"隐喻的频率从 477 条增长至 840 条。这一时间段是欧盟为推动"巴厘气候大会"谈判及其前期磋商，最终成功联合发展中国家 2007 年达成《巴厘路线图》，巩固其国际低碳话语权。这一点在 2007 年 1 月至 12 月的"上"隐喻方面表现得尤为明显，欧盟 1 月使用 74 条"上"隐喻，2 月使用 42 条，3 月使用 51 条，4 月使用 73 条，5 月使用 61 条，6 月使用 71 条，7 月使用 75 条，8 月使用 18 条，9 月使用 73 条，10 月使用 100 条，11 月使用 99 条，12 月（《巴厘路线图》的达成月份）使用 103 条。

2008—2013 年，除了 2009 年 1 月至 12 月欧盟使用"上"隐喻的频率低于 1000 条，在其他年份 1 月至 12 月，它使用"上"隐喻始终保持在

---

① Miranda A. Schreurs and Yves Tiberghien, "Multi-Level Reinforcement: Explaining European Union Leadership in Climate Change Mitigation", *Global Environmental Politics*, Vol. 7, No. 4, 2007, p. 1.

1000 条以上，尤其是在 2011 年 1 月至 12 月达到 1419 条，在 2013 年 1 月至 12 月达到 1442 条。2009 年是欧盟在"哥本哈根气候大会"上被严重边缘化的一年，因为美国避开欧盟同基础四国私下达成《哥本哈根协议》，它在国际低碳话语权方面受到严重挑战。对欧盟而言，这一局面在 2010 年获得好转，2011 年它重掌低碳话语权。2011 年，欧盟成功说服了最不发达国家、小岛屿国家集团等 120 个国家，于 2011 年 12 月最终形成了基于欧盟蓝本的《德班路线图》。2013 年是欧盟夯实其低碳话语权的年份。2013 年召开了"联合国气候变化大会华沙会议"，欧盟在此次大会中督促各国代表达成最终合作方案，把《德班路线图》继续细化。

2014—2017 年，欧盟低碳话语中使用"上"隐喻的词条始终维持在 1 月至 12 月的 1000 条左右，但明显不及 2011 年和 2013 年。这体现在国际低碳议题领域，是欧盟面临的国际低碳话语权争夺出现了复杂化的新趋势。欧盟尽管成功促成近 200 个国家签署了《巴黎协定》，但又遭遇美国退出的挑战，且面临其他国家参与话语权争夺的现实，其低碳话语权的建构之路是新机遇与新挑战并存。2018 年"上"隐喻为 1162 条，2019 年"上"隐喻为 1045 条，2020 年 1 月至 7 月"上"隐喻为 348 条。

（二）"下"隐喻与欧盟引导低碳话语方向及规范生成

表4—3　　　　欧盟低碳话语文本中的"下"隐喻分布频率
（1994—2020 年 7 月）

| 年份 | 词条数 | 年份 | 词条数 | 年份 | 词条数 | 年份 | 词条数 |
|---|---|---|---|---|---|---|---|
| 1994 | 232 | 2002 | 389 | 2010 | 574 | 2018 | 833 |
| 1995 | 232 | 2003 | 430 | 2011 | 722 | 2019 | 757 |
| 1996 | 261 | 2004 | 372 | 2012 | 653 | 2020.1—7 | 247 |
| 1997 | 302 | 2005 | 358 | 2013 | 861 | | |
| 1998 | 270 | 2006 | 491 | 2014 | 779 | | |
| 1999 | 224 | 2007 | 537 | 2015 | 573 | | |
| 2000 | 313 | 2008 | 669 | 2016 | 812 | | |
| 2001 | 401 | 2009 | 581 | 2017 | 844 | | |

资料来源：笔者自制。

欧盟低碳话语的"下"隐喻是他者隐喻，它通过"下"隐喻建构了他者消极被动、拒不合作、唯利是图、目光短浅的形象。如上表所示，1994—1998年，欧盟使用的"下"隐喻条数在232条至270条之间徘徊，除了在1997年达到第一个高峰302条。这是因为在1997年，欧盟为达成《京都议定书》，希望通过揭示他国参与谈判的消极态度，鞭策各国参与其倡导的京都进程。1999—2003年，欧盟低碳话语的"下"隐喻从224条增长至430条，增幅1.92倍。两个高峰点分别出现在2001年（401条）与2003年（430条）。在2001年，由于美国放弃《京都议定书》，欧盟就此进行了多层面的否定性"下"隐喻解读。2003年，欧盟为挽救《京都议定书》，再度对美国的退出行为及少数国家的不参与行为进行了"下"隐喻批评。

2004—2007年，欧盟低碳话语的"下"隐喻从372条增长至537条，2008年更是达到669条。此阶段欧盟使用"下"隐喻主要是为了瓦解美国率领的"伞形气候集团"（Umbrella Climate Group）的话语权。2009—2013年，欧盟使用"下"隐喻频率继续增多（从581条增长至861条），主要是出于参加"联合国气候变化大会德班会议"、"气候变化大会华沙会议"进行低碳话语权博弈的需要。2014—2017年，欧盟继续使用"下"隐喻，2017年"下"隐喻的主要内容是批评美国退出《巴黎协定》。

"上""下"这一对方位隐喻概念还可以不断延伸。欧盟把"上"隐喻扩展为"向上"（Upward）、"上升"（Go Up）、"上涨"（Rising）、"上浮"（Floating）、"进步"（Progress）；把"下"隐喻延伸为"向下"（Downward）、"下降"（Go Down）、"下跌"（Falling）、"下沉"（Sinking）、"退步"（Regress）。总而言之，欧盟通过综合使用"上""下"隐喻，对自身进行了积极话语方向引导，塑造了自身奋斗进取的形象，对他者进行了消极话语方向引导，建构了他者自私短视的形象。欧盟借助"上""下"隐喻概念，在话语对比中建构了国际低碳话语权。

冷战后国际低碳话语权争夺形势日趋激烈，行为体能够获得低碳话语权标志着成为新的权威中心，成功输出对己有利的气候话语概念与规范成为权力的重要来源。欧盟是当前世界第一大经济体，是国际低碳话语权的领导者，其建构低碳话语权的能力引人关注，其气候话语概念的隐性说服方式让人深思。20 世纪 90 年代，欧盟借助本体隐喻及其具体化映射的功能，成功推出"2020 年峰值年""1990 年基准年""双轨安排"等气候话语概念，从议程设置视角引领京都进程，且在美国放弃之后成功挽救《京都议定书》，奠定其低碳话语权的领导者地位。2001—2007 年，欧盟依靠结构隐喻及其结构化思维的作用，又提出"低碳路线图""2℃警戒线"等气候话语机制，成功瓦解美国率领的"伞形气候集团"，削弱美国的低碳话语权，顺利达成符合欧盟主张的"巴厘路线图"，巩固其低碳话语权。

2007—2013 年，欧盟重视发挥方位隐喻的效用，对自我气候话语进行积极方向引导，对他者气候话语进行消极方向引导，且在保持"2℃警戒线"等核心目标的同时，还加入了"环境完整性"（Environmental Integrity）的新概念，说服了小岛屿国家、最不发达国家集团等 120 个国家与其一致，促成了以欧盟蓝本为基础的"德班路线图"与"华沙会议"成果。2013—2017 年，欧盟综合运用本体隐喻、结构隐喻、方位隐喻，又提出"2050 年减 50%"（50% Cut Of Greenhouse Gas By 2050）、"2100 年零排放年"（Zero-Emission Society By The Year 2100）等气候话语概念，推动近 200 个国家签署了《巴黎协定》，且在美国退出留下权力真空之后迅速说服其他大国落实该协定，彰显其低碳话语权。2018 年 1 月至 2020 年 7 月，"下"隐喻为 1837 条。2018 年"下"隐喻为 833 条，2019 年"下"隐喻为 757 条，2020 年 1 月至 7 月"下"隐喻为 247 条。

欧盟建构其低碳话语权的过程体现了概念隐喻的运作机制。欧盟借助本体隐喻、结构隐喻、方位隐喻及其功能，将身份建构为应对国际气候变化的"拯救者"，使其低碳话语概念影响了《联合国气候变化公约》等国际规范的设置，在纷繁复杂的国际低碳话语竞争格局中，输出自身的低碳治理标准，推动国际谈判，建构国际低碳话语权。笔者旨在使用概念隐喻这一理论，以欧盟低碳话语权的建构及规范生成为主要研究对象，分析其中的本体隐喻、结构隐喻、方位隐喻的表现形式、集中态势、分布特点、作用机制。这对于学界进一步认识概念隐喻和解读欧盟低碳话语权规范，深入了解和掌握概念隐喻的巧妙作用有所帮助，也对学界更好地借助概念隐喻，解读低碳文本的规范说服、主题凸显、形象塑造、意向建构有所助益。总而言之，无论是概念隐喻的功能作用，还是欧盟低碳话语权的建构与规范生成路径，在国内都是方兴未艾、有待探索的新领域，笔者期望深入推动上述研究过程。

# 第五章

# 欧盟低碳话语权对"丝绸之路经济带"建设的影响

　　欧盟低碳话语权的有效性基础取决于实力支撑、传统优势与议题选择三个层面。首先是欧盟低碳发展的实力支撑，具体包括五点：一是欧盟具备众所周知的低碳科技实力，欧盟成员国是众多低碳科学家与低碳科研团队的聚集地。二是欧盟的低碳经济实力，欧盟及其成员国是最早发展与推广低碳经济的地区和国家，对其他国家和地区产生示范效应。三是欧盟具备低碳产业的先发优势，已有十几年的发展历史。四是欧盟已经多年执行较为严格的环境保护标准，这为欧盟低碳产业发展提供了良好的环境保障。五是欧盟已经形成低碳行业的发展规则并深入人心。

　　其次是欧盟低碳话语权的传统优势。结合欧盟低碳话语权的建构之路可知，欧盟是《联合国气候变化框架公约》《京都议定书》的推动者，在美国 2001 年宣布放弃《京都议定书》后，欧盟联合日本、俄罗斯等国挽救了《京都议定书》，成为全球低碳议题的主导者。欧盟是"德班路线图"的倡导者，是《巴黎协定》的推广者。在 2017 年特朗普政府退出《巴黎协定》之后，欧盟仍是协定的坚定拥护者，并携手中国就《巴黎协定》发表联合声明，称这是一件比以往任何时候都重要且必须去做的事。2021 年 1 月，拜登政府宣布重返《巴黎协定》。欧盟后续将继续采取行动，推动更进一步的政策措施，来实施国家的二氧化碳减排计划。

　　最后是欧盟低碳话语权的议题覆盖范围与议题设计能力具有示范效应。欧盟的低碳政策已经从经济发展的衍生品发展为较完备的独立体系。主要包括如下五个层面：一是低碳能源供给，包括新能源开发、节能减排、碳捕捉和碳封存等；二是低碳生产，包括低碳生产过程，开发低碳产品等；三是低碳经济，包括低碳经济发展模式选择、低碳经济发展趋势、低碳经济发展挑战等；四是低碳消费，包括公众低碳消费和政府低碳消费等；五是低碳社会，包括建立"低碳社会"（Low-Carbon Society）与"零碳社会"（Zero-Carbon Society）。

## 第一节　欧盟低碳话语权对"丝绸之路经济带"建设的规范影响

　　欧盟低碳话语权对"丝绸之路经济带"建设的影响体现在规范性力量层面，该种影响以一种规范性影响的形式呈现。"丝绸之路经济带"被认为是世界上最长、最具有发展潜力的经济大走廊。在"丝绸之路经济带"建设的过程中，有着对国际规范的需求分析，符合学术界研究治理过程中需求研究建章立制进程的重要特征。其理论假设可概述为：在"丝绸之路经济带"建设过程中，规范变迁源于规范供给，规范供给取决于"丝绸之路经济带"建设对规范创新的需求，这种需求则源于规范变革的预期收益高于预期成本。按照该理论假设的逻辑，可以做出如下延伸，若"丝绸之路经济带"建设对新规范存有需求，规范供给不仅成为必然，而且具有广泛的选择性。然而，当前区域治理存在由多个权力中心（尤其是各级国际组织）决定国际规范安排的基本框架，并遵循多种规范多向选择与同时变迁的原则。因此，"丝绸之路经济带"建设规范供给的基本事实受到多种因素的共同作用。

　　如前所述，中国提出的西系欧洲经济圈、东牵亚太经济圈，连接欧亚大陆的"丝绸之路经济带"建设受到欧盟低碳话语权的影响。即，在"丝绸之路经济带"沿线国家建设方案中，存在低碳话语权的竞争与低碳规范的选择。"丝绸之路经济带"建设对低碳等相应议题领域的规范产生需求，但从低碳治理的大背景来看，取决于不同权力中心在当前低碳治理格局中进行规范供给的意愿与能力，从这个视角来看，研究欧盟低碳话语权对"丝绸之路经济带"治理规范供给的影响与联系，更具理论与现实意义。

### 一　欧盟与规范供给

全球治理的本质是推广一套具有约束力的国际规范以应对人类社会发展所面临的全球性政治、经济、安全挑战，国际规范供给是国际社会有序化运转的基础。① 国际规范供给是指：为了规范国家行为而提供的各类议题领域的国际规范。国际规范常被看作是"公共产品"，要理解国际规范供给的理论内核，就必须明确为何全球治理选择"规范"而非"权力"来作为替代"主权治理"的途径。

自威斯特伐利亚体系建立以来，民族国家是国际社会最为重要的行为体，并兼具治理单元的身份，由于"国家主权"神圣不可侵犯，因此全球治理的主导性力量是民族国家主权治理的有机整合。② 然而，主权治理存在明显的局限性与暴力性，这体现在两个方面。一方面，民族国家的主权治理范围局限在本国国土之内，本质上属于自助型治理，一国政府无力也不愿参与跨境治理事务。这种具有明显利己主义色彩的治理理念，极易导致以邻为壑的孤立主义。由于国家间存在治理能力与治理意愿的差异，这就造成国际社会的治理成效良莠不齐，治理成效良好的极少数发达国家，成为"漂浮"在绝大多数治理成效低下的发展中国家汪洋中的"榜样孤岛"，这种失衡的治理结构难以应对众多全球性治理议题。另一方面，主权原则从理论层面确定了国家之间是平等关系，任何国家无权干涉他国内政。然而，在国际关系的实践过程中，国家主权的维护依赖于强有力的国家政府与国家实力。在无政府状态下，国家实力差异导致主权维护能力的差异，国家的自私性决定了它会使用权力胁迫或压服来维护本国利益。③ 因此，主权治理不可避免地会存在暴力性。总之，主权治理选择的是一种以权力为基础的区域分割治理模式，遵循的是一种由国内规范外化为国际规范的演进路径。

在应对全球性安全挑战的过程中，全球治理凸显了协调国家利益与国

---

① 俞可平：《全球治理的趋势及中国的战略选择》，《国外理论动态》2012 年第 10 期。

② 全球治理的要义之一是行为体的多元化，除了国家行为体还包括非国家行为体，由于篇幅所限，在此不赘述非国家行为体在全球治理中的作用，但作者高度认同非国家行为体在全球治理进程中的重要地位。

③ 李晓燕：《中国国际组织外交的历史发展与自主创新》，《东北亚论坛》2020 年第 2 期。

际公共利益的时代价值。国家的私利行为可能导致国际社会公共利益的损毁。随着国家间复合式相互依赖日益加深，摈弃权力政治的丛林法则，通过谈判与合作、而非对抗与压服来应对全球性安全问题，必然推动全球治理的思路转型。概言之，全球治理的基本理念是"合作治理"，实现途径是"规范约束"。前者颠覆了主权治理的"孤立治理"理念，后者落实了规范能够塑造国家行为。由此可见，全球治理是由多个治理主体参与的共济型治理模式，全球治理的有效性不仅需要国家间存在共有危机感知与合作期望，还依赖于良好的规范设计与规范供给。① 全球治理选择的是一种以规范为基础的区域整合治理模式，遵循的是一种由国际规范内化为国家规范的演进路径。

由此可见，国际规范供给的理论内核脱胎于全球治理的实践需要，可以概述为"理念机制化"。所谓理念机制化是指：在规范设计与推广的过程中融入全球治理的"合作共济"理念，依靠国际规范的可持续供给与更新，来促使国家内化该理念，从而构建善治型的国际社会。国际规范供给的基本理论假设是国家都具有理性，能够在既有约束条件中追求国家利益最大化，这里所说的约束条件就是各国共同认可和遵循的国际规范，即国家间的契约关系。国际规范供给之所以重要，是因为国际规范能够为国家间的互动提供一个框架，减少因不确定性带来的互动成本，从而确立无政府状态下的国际秩序。"制度是一系列被制定出来的规则、遵约程序和行为规范，旨在实现主体的利益最大化。"②

国际规范供给是为了约束国家行为来建立有序的国际社会，进而凝聚力量应对全球性挑战。然而，国际规范的约束力存在明显差异。有的国际规范对整个国际社会都具有约束力，有的则局限在特定实施环境或特定议题领域；有的国际规范较易更新，有的则相对稳定。概而言之，根据国际规范约束力的强弱，我们将其构建的国际秩序分为三类。一是全球性秩序。全球性秩序是界定国家权利的基本结构，它依赖于一整套全球政治的

---

① ［美］奥兰·扬：《世界事务中的治理》，陈玉刚、薄燕译，上海人民出版社 2007 年版，第 2 页。

② Douglass C. North, "Institutions and Credible Commitment", *Social Science Electronic Publishing*, Vol. 149, No. 1, 1994, pp. 11–23.

基本规范。全球性秩序对国家具有普遍约束力，其倡导的基本理念是制定其他国际规范的依据与底线。二是专门性规范安排。这里的专门性规范安排是指用于约束国家特定行为模式、或在特定环境下国家间关系的一系列规范。专门性规范安排是在全球性秩序下，界定国家间互动条件的一系列具体操作原则，包括国际公约、国际习惯法和自愿型承诺。三是国家行为的国际伦理规范。这是国际规范约束力的重要组成部分，来源于国际社会对国际关系实践的整体认知。国际主流价值观念与国家间契约关系的公正性与适当性有关，是全球秩序及其制度安排的合法性依据。一致的国际伦理观念可以替代国际规范及其实施程序，降低国家间互动的成本。

全球性秩序与国际伦理规范一旦形成，将在相当长时间内保持稳定，因此可将其视为影响国际规范供给的外界变量，而将专门性规范安排视作内生变量。本书所述的国际规范供给专指具体的国际规范安排，研究焦点是考察在现有全球秩序和国际伦理规范下，支撑国际社会发展的权力中心进行国际规范供给的意愿与能力，包括它们进行规范供给的原则依据，以及新的国际规范对全球治理成效的影响。在此，笔者将国际规范供给视为全球治理进程的关键一环，对于深入研析低碳区域治理的规范供需态势具有重要的学术价值。

### 二　欧盟作为国际规范供给的重要主体之一

规范供给经典理论将国内公共事务治理作为研究预设，因此认为国家是规范供给的唯一主体，政府具有构建规范体系的合法性与权威性。然而在全球化时代，国际公共议题的复杂性远超国家政府的能力范围，任何国家都无法置身于全球化的浪潮之外。为了应对全球性非传统安全挑战，大多数国家认识到集体行动的重要性。欧盟等国际组织不仅成为国家间利益协调的平台，更成为规范输出的重要主体。以欧盟等国际组织为代表的非国家行为体，能在不同的议题领域发挥治理功能，这不仅能够满足其成员国家在国际层面进行利益表达的需要，而且在某些专业事务领域，也能通过制定出被广泛认可的国际规范，来影响国家行为。

事实上，随着欧盟等国际组织作为国际规范供给的主体得到国际社会的广泛支持，全球治理也发生了革命性的变革，主要表现为治理模式从等级型向网络型发展，治理目标从宏大型向精准型转变。① 因此，在国家间相互依赖的国际社会中，国际规范供给的主体已经从国家单一主体，向多元主体演变。既包括国家又包括国际组织，并且欧盟等国际组织和国家一样，在世界政治变动中努力争取权威性。② 随着国际组织的权威性与公信力不断提升，国际规范供给的语义内涵已经发生根本性改变，即：国际规范供给不再是霸权国为了维持霸权体系的工具，而成为各类国际行为主体共同处理国际公共事务的行为方式。国家日益倾向于接纳由国际组织制定的国际规范，这也进一步促进欧盟等国际组织建章立制的能力与意愿。

合作理论、相互依赖理论和国际道义理论构成了规范变迁的三块基石。由于欧盟等国际组织具有制度上的比较优势，能够倡导和制定集体行动的规范，因此欧盟等国际组织最终对全球性或区域性的公共问题治理成效负责。在当前全球治理实践中，欧盟等国际组织不仅在国际协商的平台搭建中具有绝对优势，而且它还具备较强的资源配置权力，通过规范、通则等国际文件，对国家行为进行不同程度的约束。由此，我们可得出这样的逻辑结论：在后冷战时代，国际组织是重要的国际规范供给主体之一，而欧盟更是国际规范供给的核心主体之一。这可从提供公共产品与约束国家行为两方面进行思考，以厘清全球治理与欧盟等国际组织功能转型之间的内在联系。

全球治理是在缺乏中央权威的全球范围内构建某种公共秩序，这就要求国际组织发挥作为国际协商平台的功能属性，提供必要的规范类公共产品。国际规范是一种国际公共产品。国际组织是全球治理网络最积极的推动者和建设者，其治理功能几乎覆盖了所有的全球性公共议题领域，具有国家难以比拟的专业性与权威性。③ 为了解决全球性议题相关治理规范的缺失问题，国际组织充分发挥自身作为多边合作机构的功能属性，力促国家间通过平等协商、求同存异，在国际组织层面达成规范倡议共识，最终由国际组织提供国际规范这一国际公共产品。

---

① ［美］约瑟夫·奈：《全球化世界的治理》，王勇译，世界知识出版社 2003 年版，第 33 页。

② 霍强：《世界大变局与中国新位势》，《经济研究参考》2020 年第 3 期。

③ 苏长河：《全球公共问题与国际合作：一种制度的分析》，上海人民出版社 2009 年版，第 305 页。

在欧盟成员国家间相互依赖程度日益加深的背景下，公共安全问题在欧盟范围内的扩展速度不断加快，欧盟作为治理主体的角色日益重要。新自由制度主义的一个重要研究问题就是：在霸权国和强国不愿意提供全球性或区域性公共产品的情况下，国际社会如何应对全球性挑战？答案是：国家间的合作依赖于国际规范的调节功能，欧盟作为国际组织能够有效推动成员国家之间的合作行为。① 欧盟通过协商一致的国际规范安排来促进各国合作应对全球性挑战。由于国际规范能够降低国家间合作成本，尤其是能够框定国家行为的合法性边界，这就有效减少了成员国国家行为的不确定性。有助于提升国家间的互信程度与合作意愿，从而融入全球治理进程。总而言之，欧盟之所以能够获得大多数成员国的信任，主要是因为它能够提供较为透明的信息，减少国家间的猜忌，同时为集体性行动提供纲领与框架，提升了国家的违约成本。在冷战后的国际社会，"丝绸之路经济带"建设是重要的研究课题。"丝绸之路经济带"依靠多边平台来促进成员间合作，成为各国在应对公共问题时的必然选择，逐渐从完全自助的主权管理，逐渐融合到他助、甚至是共济的治理进程。

### 三　欧盟低碳话语权对"丝绸之路经济带"建设供给国际规范的动力基础

这个时代已经被定义为一个执行低碳标准的时代。关于低碳发展与节能环保，与之有关联主要国际组织有联合国环境规划署、国际环境情报系统、绿色和平组织、世界气象组织、联合国政府间气候变化专门委员会、欧洲各国的绿党、国际低碳经济委员会等机构。在联合国政府间气候变化专门委员会当中，一个重要的关注点就是大多数国家的代表都是来自各个国家的环境部门。联合国政府间气候变化专门委员会组织了来自100个国家约450名科学家共同撰写的《气候变迁研究报告》获得了2007年的诺贝尔和平奖。

既然国际规范可以被视为国际社会无政府状态下的一种"国际公共产品"，那么出于利己主义逻辑，国家必然会成为具有高度理性的行为

---

① Robert Keohane, *After Hegemony： Cooperation and Discord in the World Political Economy*, Princeton：Princeton University Press, 2005, p. 145.

体，在全球政治经济格局中，这种类似于"经济人"的身份，决定了国家行为必然遵循"最大化逐利"的原则，这就会产生"免费搭车"与"自由毁约"行为。① 从而导致国际制度供给不足和运行效果低下等结果。然而，国际社会中仍然存在众多运行效果良好的国际规范，具备话语权的国际组织通过供给国际规范来推动实践的成功案例也比比皆是，这就说明国际规范供给是有保障的。欧盟等国际组织在某些激励因素的推动下，其低碳话语权与低碳规范，影响到"丝绸之路经济带"建设规范的供给进程之中。研究这些激励因素，就能洞悉欧盟等国际组织热衷于建章立制的动力基础。

"丝绸之路经济带"沿线国家对国际规范的需求转型，决定了"丝绸之路经济带"建设的国际规范供给模式的变迁。

首先，传统国际规范供给模式已无法应对"丝绸之路经济带"建设大范围的跨国事务，尤其是跨国性低碳事务。传统上以国家为主体的分散型建设体系，其动力基础是国家利益，表现为由一个国家为了本国的利益而自发倡导和推动规范变迁。这种规范供给模式源于国家为了谋求在自助型国际体系中难以获得的利益需求。因此，这种"私利型"的国际规范体系必然导致其供给的国际规范覆盖范围往往较为有限，并存在明显的针对性和排他性。弊端在于过度强调国家的个体利益，而刻意忽视各国共存于地球之上的基本事实，以及各国共有的公共利益诉求，而这些公共利益更多地表现为发展利益、环境利益等非传统安全利益。

其次，随着"丝绸之路经济带"议题的外延不断扩大，中欧之间的联系越来越紧密，"丝绸之路经济带"沿线国家对具有非传统安全特性的低碳类国际规范存在巨大的需求。当"丝绸之路经济带"沿线国家发现不得不受到欧盟越来越多的低碳规范影响时，则会产生国际规范供给体系从个别国家供给向国际组织供给转型的趋势。这种需求是否能诱导出新的国际规范和秩序安排，取决赞同、支持这种国际规范供给体系转型的国家集合，能否在与其他利益攸关方的实力博弈中处于优势地位。如果在"丝绸之路经济带"沿线国家中，支持欧盟作为"丝绸之路经济带"低碳

---

① 李波、刘昌明：《人类命运共同体视域下的全球气候治理：中国方案与实践路径》，《当代世界与社会主义》2019 年第 5 期。

规范供给主体的国家优势明显，则先前由个别国家维持的国际规范安排与权力分配体系将会瓦解，欧盟通过低碳话语权与低碳规范等影响形式，确立有利于维护欧盟利益的低碳规范并在"丝绸之路经济带"规范供给中能够获得合法性，从而导致欧盟能够分享"丝绸之路经济带"建设规范的供给权。

再次，"丝绸之路经济带"沿线国家为了防止被他国攻击在全球环境议题上"搭便车"，如被他国攻击"先污染、后治理"，更倾向于低碳规范在"丝绸之路经济带"建设框架规范中的重要地位之一，这为欧盟低碳话语权与低碳类规范提供了介入条件。在错综复杂的国际社会中，国家的逐利本质极易导致国家行为的善变性与投机性。即使是在应对低碳治理的集体行动中，也面临着个别"搭便车"的可能。为了防止国际舆论攻击"丝绸之路经济带"沿线某国的"机会主义行为"所造成"丝绸之路经济带"沿线环境污染成本的攀升，需要在集体行动中存在一定的碳约束型规范，且这些规范能够被大多数国家所遵守。欧盟之所以能够成为全球低碳治理的国际规范供给方，就是因为欧盟具有较高公信力，在各国信息不透明的大背景下，国家间双边互动的成本极高，彼此间的行动预判难度越大，欧盟等国际组织的运作空间就越大，并且欧盟在国际低碳领域的权威性越高，其他国家对其提供的国际规范的遵约度就越高，即使出现个别国家的违约行为，也不会导致其他成员国大幅降低对欧盟相关规范的遵约度。

最后，欧盟能够通过主动影响"丝绸之路经济带"建设的低碳规范供给来提升其国际低碳话语权与影响力。欧盟能够借助影响"丝绸之路经济带"建设的低碳规范的机遇，来增强自身在应对区域或全球性事务方面的权威性，通过创设出有利于自身发展利益的低碳规范，而逐渐获得相对于其他国际组织的规范倡导优势，最终控制围绕低碳类国际治理事务的规范供给权。例如，北约作为一个洲际军事组织，能够通过整合成员国的军事实力来对弱小国家实施军事威慑，并通过出台一系列国际安全规范，实现东扩，从而获得极大的地缘政治空间与资源，左右着欧洲的地区安全事务，这使得北约拥有比欧洲安全组织等欧洲地区性安全组织更大的国际规范供给权。①

---

① 徐海燕：《北约与欧盟：全球化嬗变下的美欧分歧》，《重庆教育学院学报》2007 年第 2 期。

　　事实上，国际规范作为全球治理的权力分配安排，无论是国家还是国际组织，都深知谁控制了国际规范供给权，谁就具有指导国际社会集体行动的权力。最为重要的是，这种权力会随之叠加，并随着后续相关国际规范的供给，而进一步降低国际规范供给方在规范推广领域的难度，这种规范供给的边际效益递增、边际成本递减的规律，导致国际行为体纷纷在各自占优的专业领域，开展国际规范的供给活动，以获得先发优势。由于国际行为体的实力存在差异，欧盟等区域性的政府间国际组织具有更强的国际规范供给能力，可以凭借既有的国际影响力优势，在与其他同类型国际组织的规范供给博弈中逐渐掌握话语主导权，进而保障自身供给的国际规范能够被国际社会所接受；或是进一步增强自身的国际公信力与权威性，最终迫使其他的国际主体放弃与之进行规范供给竞争。正是由于国际规范供给权能够带来可观的"规范红利"，这是促成欧盟等国际组织进行国际规范供给的重要动力。

　　坦言之，在后冷战时代，"丝绸之路经济带"建设过程方兴未艾，其核心就是构建一套具有普遍代表性、且受到区域内外国家共同认可的国际规范。国际规范供给不仅能够降低国家间合作的预期成本，更能够带来丰厚的边际收益，尤其能够增强国际规范供给方的国际声望与权威性，这恰恰是各级国际组织积极开展建章立制工作的根本原因。较早开展国际规范供给的国际组织，例如欧盟，能够获得先发优势，不仅能满足相关国家降低参与成本的现实需求，同时也能够在持续有效供给国际规范的过程中，逐渐获得建章立制的优先权与权威性，最终建立起以该国际组织为核心的国际规范供给体系。

　　综上所述，欧盟的规范性影响力，不仅来自于其能够提供专业且权威的低碳规范安排，更来自于欧盟能够从一个低碳规范议题领域向多个议题领域拓展，最终形成一个能够在多个议题领域进行有效国际规范供给的国际规范体系，而这一规范体系势必影响"丝绸之路经济带"建设的规范供给。从这个视角来看，欧盟在低碳领域的议题与话语权扩展不啻一个极好的例证，从能源与能源领域理事会的规范构建、环境保护逐渐向低碳社会、低碳生活等议题拓展，从单一的低碳环保国际规范供给方，向跨议题国际规范供给方升级。这种演化趋势的最终结果，必将影响"丝绸之路经济带"建设的规范供给与规范选择。

## 第二节　欧盟低碳话语权对"丝绸之路经济带"建设的影响机制

欧盟在中国倡导的"丝绸之路经济带"建设中的地位与作用也十分重要。欧盟是古丝绸之路的西方终点，亦是新丝绸之路的联系对象。在地缘影响上，欧盟辐射"丝绸之路经济带"沿线诸多国家。此外，在丝绸之路经济一体化建设中，中欧已具备多维度合作基础：一是"欧洲设计"＋"中国生产"，二是"欧洲科技"＋"中国市场"，三是"中国生产"＋"欧洲市场"，四是"欧洲投资"＋"中国市场"，五是"中国投资"＋"欧洲科技"＋"欧亚市场"。

欧盟低碳话语权的运作载体包括：碳交易市场、碳金融服务、碳标签、碳足迹、碳关税等。低碳议题中的概念创新，由欧盟及其成员国首先提出，成为全球低碳领域的主流话语。如前述的"低碳经济""碳关税""欧盟温室气体排放交易机制""2℃警戒线""1990基准年""2020峰值年/转折年"等。

欧盟低碳话语权的影响手段包括：征收碳关税与推动碳交易、构建清洁能源合作平台、制定翔实的欧盟低碳标准推广计划、建立与全球对接的欧盟内部低碳机构、通过BBC等媒体引领国际舆论，将欧盟低碳话语概念与标准规范向外传播。欧盟低碳话语权的影响层面包括：国际组织间层面、政府间层面（与区外国家建立"气候合作伙伴关系"）、地区间层面、网络新媒体层面（如欧盟领导人多次在推特上宣传其低碳理念）。

### 一　提出低碳治理的现实图景

基于可持续发展的需要，低碳治理构建了不可替代的人文与自然景观、健康的生态系统，以及具有开创性的联合治理模式，它本身就是理应被珍视的全球治理。如今，国际社会的"低碳印象"由以下几个元素构成：圣洁的海洋与土地、广袤的冰原、纯净的水质、丰富的生物链、零碳社会等，这时刻提醒着人们低碳是一个具有些许梦幻色彩的真实存在。

然而，"丝绸之路经济带"低碳治理的现实图景绝非仅限如此。在"丝绸之路经济带"沿线国家的管辖下，低碳治理的图景仍不明晰，各国的经济发展水平相差甚大，低碳治理的手段与技术千差万别。随着全球化进程在信息化时代里加速发展，越来越多的低碳信息被"丝绸之路经济带"沿线各国公众所知晓，这同时也促进低碳治理的参与方开始抛开惯性思维的禁锢，重新勾勒"丝绸之路经济带"建设的现实图景。

（一）自然资源开发过程造成巨大污染

"丝绸之路经济带"沿线国家拥有储量丰富的常规油气资源与金属矿产资源。然而，自然资源的开发面临着来自勘探科技落后、基础设施薄弱、投资供给不足和自然环境恶劣等多方面的制约。事实上，在恶劣的自然环境下开采资源带来更大污染，这不仅需要巨额投资与专业高科技，而且需要遵守严格的环保标准，同时还需面临来自原住民社区的压力。"丝绸之路经济带"各区域经济发展不均衡，"丝绸之路经济带"沿线不同国家和地区现有的基础设施、人力资源、环境敏感度与交通可达性各不相同，同时陆上与离岸作业环境差异较大，这导致"丝绸之路经济带"地区依靠资源导向型的经济发展模式，面临实施成本居高不下的现实风险。

（二）对话与协商应是低碳治理规范的基本需求

"丝绸之路经济带"建设是国际对话与谈判的议题领域。世界各国大多通过现有国际法体系（如《联合国气候变化框架公约》《京都议定书》等）、地区国际组织（如欧盟能源理事会等）和定期的低碳外交沟通机制来处理争端，欧盟低碳话语权及规范对"丝绸之路经济带"建设造成影响。虽然在"丝绸之路经济带"沿线国家之间的一些跨境污染边界和低碳管辖权问题，已经造成了摩擦，但是"丝绸之路经济带"多数国家仍然致力于让低碳议题领域成为国际谈判与对话的示范议题之一。

（三）气候变化产生全球性影响

由于不断升温，气候变暖对全球气候环境带来巨大的冲击。这些影响包括：格陵兰岛大量冰山融化所造成的海平面加速上升；来自北极的洋流变化也改变了沿线地区的气候模式；冰雪覆盖面积的缩小，导致对阳光的反射率下降，从而进一步提升了地球表面对太阳能的吸收率，增大地球气温调节系统的压力；永冻土解冻后散发出大量甲烷水合物（Methane Hydrate），增大了全球温室气体排放量；北极熊等标志性物种的数目骤减，亚太地区厄尔尼诺现象频发。特别是加拿大、俄罗斯和美国，冬季结冰水面和路面的减少给原住民的迁徙、区域物流网络和商品市场产生了较大影响。气候变化对"丝绸之路经济带"沿线国家同样影响巨大。

综上所述,"丝绸之路经济带"建设拥有着美好的经济愿景,但也面临各类不确定因素,这些因素构成了规范需求。欧盟凭借其低碳话语权与低碳规范优势,从机制上对"丝绸之路经济带"建设实施规范性影响。在欧盟的影响下以及"中欧班列"的开通背景下,虽然在资源开发和运输领域的低碳愿景引起"丝绸之路经济带"沿线各国的高度关注,但在实际操作层面仍然存在许多挑战,需要"丝绸之路经济带"沿线各国加强合作、增进理解、共同应对。

**二　低碳环保规范需求**

全球气候暖化和人类活动日益频繁对独特但极其脆弱的自然和文化景观产生了较为明显的负面影响,这一点"丝绸之路经济带"沿线国家概莫能外,例如石油泄漏和气温上升等威胁着"丝绸之路经济带"建设中生态系统的稳定。虽然全球经济增长能够为"丝绸之路经济带"当地社会提供资源出口型的经济发展机遇,然而,在"丝绸之路经济带"复杂、严酷和脆弱的生态系统下,预防或应对环境问题不仅需要国家间的合作与对话,更需要一套客观公正的环境管理国际规范。在欧盟凭借其低碳话语权与低碳规范优势的背景下,对"丝绸之路经济带"建设而言,在地区和国际层面的规范设置对未来的发展至关重要。

（一）暖化及其安全风险

气候暖化产生了深远的影响,其安全风险表现为以下三个方面:

一是自然环境风险。主要表现为冰川的大规模融化导致全球洋流异常以及北半球夏季洪涝、冬季寒潮频发,尤其是永冻土的消融不但释放出大量温室气体,而且将危及已建成的陆上基础设施。此外,地球上空的臭氧层变薄也是不争的事实。二是人文环境风险。随着海陆环境的变化,原住民和动植物都要适应新的活动模式。例如挪威北部的萨米人被迫到更北的地区放养驯鹿,以躲避因气温上升导致森林蚊虫滋生的困扰;再如格陵兰的因纽特人也需到更靠近北冰洋的海域捕捞鳕鱼,因为来自北冰洋的冷水洋流减弱,导致北大西洋冷水鱼类的集体北迁。虽然很难预测气候持续变暖的生态后果,但这很可能会对北极熊等标志性物种的生存构成挑战。三是跨境环境风险。由于"丝绸之路经济带"沿线各国高度重视本国领土、领海主权，在经济发展、原住民权利、气候变化和环境保护上的制度设置与实施能力不尽相同，在环保合作领域的意见分歧较大，这导致环境问题长期处于国家"自助式治理"的状态，即使达成跨国环保合作，其涵盖范围也较为有限，例如防止船舶漏油的应对措施也只在部分国家中施行。由于"丝绸之路经济带"沿线地区的生态环境极具脆弱性，当前治理环境中存在的这种履约能力失衡状态，将会危及"丝绸之路经济带"沿线所有利益攸关方的共同利益。

（二）构建低碳规范的迫切性

在欧盟低碳话语权及低碳规范的示范作用下，"丝绸之路经济带"建设也面临低碳规范的构建任务。这其中面临着一个核心问题：如何确保环境保护国际规范与经济活动之间的平衡？对于在"丝绸之路经济带"沿线各国进行经济活动的企业来说，最大的风险不在于适应自然环境，而在于遵循何种环保规范——是某些国家的国内低碳规范，还是由国际组织推行的国际规范，特别是强制性规范？如果某些国家的国内环保规范比低碳国际环保规范严格，那么在该国低碳地区作业的企业，是否会因遵循国际规范而受到相关国家的处罚？若真如此，国际环保规范的权威性必将屈服于国家主权。反之，如果低碳地区的国际规范比低碳国家的国内规范严格，那么企业是否会选择遵循东道国的国内规范，以降低环保支出的成本？而东道国为了招商引资，是否会对此采取默许态度？这同样会削弱低碳国际环保规范的权威性，以及低碳环保国际合作的凝聚力。事实上，无论是先污染后治理，还是环保、经济并举，本质上都是青山绿水与金山银山是否能和谐统一的时代之问。然而，无论是经济发展还是环境保护，都离不开低碳领域"丝绸之路经济带"各国的共同参与。因此，在"丝绸之路经济带"建设中，构建一套合理且具有较高操作性与专业性的国际环保规范，是低碳议题领域各利益攸关方的共同需求。

如前所述，欧盟是低碳社会、零碳社会的推广者。"丝绸之路经济带"低碳社会的目标是希望可通过跨国、跨区域，甚至全球性框架下的合作与对话得以解决环保问题。欧盟的低碳治理是一种典型的区域治理模式。"丝绸之路经济带"环境联合治理的可能性表现为两个方面，一是区域层面的联合治理。构建区域层面联合治理的相关条款为裁决相关议题提供一套规范的国际程序，而且该程序被各国接受，对"丝绸之路经济带"

各国的环境、经济和社会的发展至关重要。二是次区域层面的联合治理。随着人类活动的日益频繁，为应对并减轻环境安全压力，相邻国家、地区需要跳出"自助式治理"的惯性思维，加强与相邻国家的合作与对话，以获取共同应对低碳环境危机的治理资源。在低碳拥有利益诉求的国家可以通过能源或低碳领域的理事会等次区域性国际组织，以及其他双边或多边国际机制，来协调相邻各国经济发展和环境保护政策，确保符合共同利益的环保规范能够在此区域得以施行。总而言之，通过对欧盟低碳话语权及规范建构之路可知，任何一个国家都无法独自应对气候暖化带来的挑战，在"丝绸之路经济带"建设中，通过各级国际组织等多边平台，合作保护生态系统的稳定符合国家的共同低碳利益。

（三）构建低碳规范的着力点

欧盟在预防与应对海洋环境污染的议题选择上，至少包含以下五个评估因素：（1）海运船舶因使用重质燃油而产生的"黑碳"（Black Carbon）及其减排措施。黑碳是化石能源不充分燃烧后的产物，是大气气溶胶的重要组成部分，能够强烈吸收太阳辐射，从而导致气温上升。[1]（2）压载水、垃圾和污染物的排放治理。（3）船舶定线制措施（Ship's Routing System）和航速限制。[2]（4）特殊经济敏感区的环境保护。（5）突发性污染事件的应对能力。此外还重视低碳科学信息因素，这能够用来协助各国政府和专家更好地制定低碳开发规划，增强低碳环境与低碳安全的合作成效。通过欧盟的经验可知，在"丝绸之路经济带"规范的构建过程中，塑造合理且能够获得所有国家认同的规范，其着力点既要预防和应对环境污染问题，又要兼顾对民众的人文关怀。

在人文关怀方面，应确保规范能够为"丝绸之路经济带"人民带来机遇与保护。虽然气候暖化可以让寒冷地区具有通达性，但它同样也威胁了海岛国、原住民文化遗产和传统生活方式，尤其是将海冰作为运输工具

---

[1]　S. Solomon, D. Qin, M. Manning, Z. Chen, M. Marquis, K. B. Averyt, M. Tignor and H. L. Miller, eds., *Climate Change* 2007：*thePhysical Science BasisContribution of Working Group I to the Fourth Assessment Report of theIntergovernmental Panel on Climate Change*, Cambridge：Cambridge University Press, 2007, pp. 103 – 133.

[2]　船舶定线制是由岸基部门用法规等形式指定船舶在海上某些区域航行时应遵循或采用的航线、航路或通航分道，以增进船舶的航行安全。

或是狩猎海冰栖息动物（比如海象、髯海豹、北极熊）的因纽特人等原住民群体。同时，许多原住民社会团体正在寻求自主管理地方事务的权利，吸引域外企业来发展当地经济。① 在"丝绸之路经济带"秉持低碳优先的前提下，跨国公司和国家政府需要遵循国际环保规范以确保当地社会的包容性增长（Inclusive Growth）。由于"丝绸之路经济带"各国的低碳的法律认定不一，这导致存在高度不均衡的立法情况。这种情况影响了"丝绸之路经济带"国家对当地决策平台、经济愿景、文化遗产保护的收益期望。为了保证"丝绸之路经济带"低碳发展模式的可持续性，协调共生的发展方式将成为低碳议题领域内建章立制的重要参考依据。

### 三　低碳经贸规范需求

欧盟低碳话语权及规范对低碳经贸和基础建设有相应的要求。同样在"丝绸之路经济带"沿线国家中，基础设施的发展严重不平衡，是制约地区经济发展的主要障碍。除了"丝绸之路经济带"沿线的发达地区具有相对完善的基础设施之外，其他区域的交通、港口、机场等基础设施远远落后于"丝绸之路经济带"经济发展的需要。为了实现"丝绸之路经济带"经济增长和低碳发展，国家和非国家行为体都需要加大对低碳经贸类项目的投资。源于全球地缘经济格局的影响，低碳大型产业项目往往都是跨境实施的，不仅涉及低碳国家，还包括非低碳国家。在"丝绸之路经济带"跨国家、地区构建旨在优化这种跨境合作的经贸规范框架，将会扩大"丝绸之路经济带"跨国家、地区招商引资的规模、加速"丝绸之路经济带"经济发展。

（一）低碳经贸规范的需求现状

在"丝绸之路经济带"建设中，以可持续资源开发和低碳物流运输为导向的基础设施投资，是最重要的经济领域，这亦是在"丝绸之路经济带"建设中，低碳经济能否跻身于全球贸易和工业结构的主要保障。所以，在"丝绸之路经济带"建设中，完善的基础设施是确保可持续发

---

① Jerry McBeath, Carl Edward Shepro, "The Effects of Environmental Change on an Arctic Native Community: Evaluation Using Local Cultural Perception", *American Indian Quarterly*, Vol. 31, No. 1, 2007, pp. 44 – 65.

展的先决条件。

在"丝绸之路经济带"建设中，建立符合低碳标准的大型资源开发与物流基础设施，其工程性质属于资本密集型（Capital-Intensive）项目，其所需资金的额度之大，往往非一国之力可以负担，再加上受到地理、季节、供需市场等要素的影响，大型低碳产业项目通常需要多国合作完成。此外，由于国际社会在跨地区建立基础设施的实践经验较少，且相关项目成本和施工复杂性较高，这使得在"丝绸之路经济带"建设中，作为主要投资方的国家，更希望借助某种适用于普遍性低碳国际经贸的规范体系来降低投资风险。因此，在欧盟低碳话语权与经济发展全球化背景下，"丝绸之路经济带"建设逐渐产生了对优化低碳经贸投资环境的规范需求。

在"丝绸之路经济带"建设中，随着越来越多的国家参与经济事务，使得原住居民面临着更加严峻的竞争压力，例如塔里木盆地地区最早的原住民。人口、技术的匮乏使其很难完成大型复杂的产业项目，这也推动"丝绸之路经济带"国家不得不向拥有资金、技术、劳工优势的国家打开大门。从长远发展来看，低碳必然成为一个能够吸引全球各地专业型人才钻研其中的领域，这不仅需要在宜居的社区进行投资以吸引构建低碳社会，还要推动数据、电话和卫星通信的发展推广低碳理念，这将增强符合低碳标准的工业基础设施建设和地区吸引力。随着欧盟低碳话语权的延伸与低碳经济发展日益全球化，"丝绸之路经济带"沿线国家也会同步推进环境安全和产业布局，尤其是推动服务于低碳的教育模式，比如参与欧盟推动建立的"绿色学校"，是提升低碳经济发展水平的关键因素。

（二）低碳经贸规范需求的议题范围

通过欧盟低碳话语权及规范的示范效应，在"丝绸之路经济带"建设中，低碳经贸规范需求的议题，通常按照低碳经济开发的实践需要进行优先顺序排列，包括"丝绸之路经济带"沿线资源与物流基础设施建设、国际经贸合作、金融保障、原住民经济权益保护等四个方面。

首先，在"丝绸之路经济带"建设中，基础设施的完善程度，决定了"丝绸之路经济带"地区的低碳经济潜力能否转变为现实愿景。在分析欧盟低碳话语权及规范时可知，地区的低碳产业发展对资源开发与物流基础设施建设存有急迫的需求。在"丝绸之路经济带"建设中，这种需求包括交通（港口、海港、道路、飞机场和铁路）、能源供应（发电站、输油管道和钻井平台）、通讯、建筑、供水和污染物治理等是否符合低碳标准。此外，在"丝绸之路经济带"建设中，专业的运输设施也是低碳经贸规范设置的优先权议题，包括大型船舶、飞艇、直升机、飞机、石油泄漏处理船以及路基交通等是否符合环保标准。

其次，在"丝绸之路经济带"建设中，国家间制定高效的合作决策，需要借助低碳经贸规范框架及其沟通平台，这是相关项目实施和地区经济发展的保障条件。通过分析欧盟低碳话语权及低碳规范的案例可知，参与低碳经济开发的利益攸关方，寄希望于全球性、地区性国际组织，能够提供一些共同遵循的国际经贸规范，辅之可靠的经贸与金融政策，以减少参与投资风险。事实上，在"丝绸之路经济带"建设中，清晰的流程、明确的标准要求和工期对于项目批准尤为重要，因为大多数商业活动都经不起长期审批的消耗。在"丝绸之路经济带"建设中，可以通过召开商贸圆桌会议的形式，商讨低碳国家内部贸易和吸引域外国家投资的事宜，促进"丝绸之路经济带"不同国家在低碳经济可持续发展领域的深入合作。总之，在"丝绸之路经济带"建设中，高水平的国际合作需要确立低碳领域国家与区域外利益攸关方之间的协同机制，制定出国际经贸合作的规划与支撑项目。

再次，在"丝绸之路经济带"建设中，低碳可持续发展的金融保障需要国际规范及机制发挥重要作用。如前所述，当前欧盟低碳话语权及规范，背后配套有欧盟金融机构的大力支持。在"丝绸之路经济带"建设中，低碳工程项目的投资会面临某些限制条件，例如它们需要与多边发展银行进行合作投资，这就使得建立跨国规范、进而构建地区金融规范，方能解决投资短缺的情况。低碳可持续发展的金融保障机制或投资媒介，在某种程度上就是一个政府间的区域多边开发机构，该机构和核心业务是：向包括跨境基础设施在内的工程项目提供资金，促进区域内外国家在该机构中的合作。

最后，在"丝绸之路经济带"建设中，低碳商贸规范需要考虑原住民的发展权益。许多原住民族群认为产业投资（例如油气开发、采矿、航运、渔业）不仅会污染自然环境，还会危及原住民传统文化。从欧盟低碳话语权及规范的推广路径可知，如果这些投资能够按照国际经贸规范的相关低碳环保标准，不危害原住民的经济权益，并能产生较好的经济收益，那么在大多数情况下会得到原住民的支持。为此，在"丝绸之路经济带"建设中，围绕原住民发展权益的低碳国际规范建构过程，更需要注重跨国文化沟通，因地制宜地采取适当的方式，既能维护原住民的权益，又能推动低碳国际经贸合作。

**四　低碳交通规范需求**

欧盟有意控制交通业的排放量，并计划将交通业纳入欧盟排放交易体系。欧盟委员会2019年12月11日发布了备受关注的"欧洲绿色协议"（European Green Deal）。该协议概述了欧盟委员会的愿景，即在实现经济增长的同时，削减温室气体排放，交通业也被纳入其中。[①] 在"丝绸之路经济带"建设中，从陆上交通业到海上交通业，面对中欧班列开通等不断增长的交通活动，亟须构建低碳交通规范以更好地确保人类生活、财产和环境安全。

（一）低碳交通规范的需求现状

欧盟低碳话语权及规范具有示范效应。自然资源开发推动了不同地区与全球贸易市场的连接。随着"丝绸之路经济带"建设，不仅吸引了更多的船舶进入海上交通，且催生出连接中国与欧盟的国际交通新航道——中欧班列。"丝绸之路经济带"已经有了大量生活补给、油气开发、采矿和旅游产业相关的陆运与航运交通。随着更优的路上与海洋路径、更短的交通时间、自然资源与全球市场的新联系的出现，低碳陆运与航运规模的需求也将进一步扩大。即使是在最保守的气候变化情况下，中欧铁路运输与船舶的通航频率与技术能力会进一步增强，如何缩短航运路程与减少消耗燃料，降低污染物排放，产生更高效的跨国供应链，是低碳陆运和航运规范需要考虑的关键。

可以说，"丝绸之路经济带"沿线国家人民对人身与财产安全、环境安全的严重关切，都与中欧铁路运输、海洋运输联系起来。随着越来越多的中欧铁路线路开通、普通船舶进入中欧海运，"丝绸之路经济带"构建低碳交通安全、陆运与海洋环境保护、免遭燃油污染、防范物种入侵等国

---

① 中国驻欧盟使团经商参处：《欧委会发布"欧洲绿色协议"》，2019年12月20日，ht-tp：//eu. mofcom. gov. cn/article/jmxw/201912/20191202924153. shtml，2021年6月22日。

际规范具有重要性。

（二）低碳交通规范的议题范围

一是"丝绸之路经济带"低碳交通安全治理。陆地与海上航运仍然面临诸多安全风险。除了众所周知的环境污染、海盗问题，产生不可预测的污染物和障碍物，会对低碳交通造成危害。大量的季节性、年际气候变化将会对海洋运输系统的发展构成挑战，并对后勤供应链产生不可预测的后果。同时，人口数量的不均衡发展和低水平的经济发展水平也制约着低碳交通基础设施建设、路线图和通讯系统的质量与数量。需要指出的是，有许多因素影响着海事活动，例如高质量的水深信息、导航控制、通讯能力和搜救能力的匮乏也会对航运安全产生重要影响。

二是"丝绸之路经济带"运输污染治理。跨国运输带来的车源污染，包括废水、漏油、黑碳、硫化物污染。运输污染治理往往遵循"丝绸之路经济带"沿线国的国内规范或由相关国家间合作治理。例如相邻国家需要共同制定应急计划，以及时清理交通干线的油污，同时也在跨国物流节点地区建立相应的补给站。政府强制推行车源油污清除规范，但负责实施清理油污的却是运输企业经营者。此外，国家对于国内外陆路运输的环保管辖标准并不一致，域外国家的运输企业面临巨大的环保压力，以及来自"丝绸之路经济带"沿线国家的单边管辖压力。因此，越来越多的跨国运输企业，希望能在"丝绸之路经济带"层面推行协调一致、平等互利的低碳运输规范。

三是"丝绸之路经济带"交通测量与运输的低碳化。未来"丝绸之路经济带"交通的发展很大程度上取决于低碳可靠的运输系统。对运输通道进行测量是各国的前期战略投资，对于严重缺乏地理、水文、气象信息的沿线发展中国家与地区来说更是如此。交通测量的主体工作包括：空间数据基础设施建设、地表与水域图表的绘制、综合性陆运与物流管理系统（比如升级设备、提高宽带通讯等），沿线国家普遍要求由具有专业性与权威性的组织来完成上述工作，这不仅能够推动"丝绸之路经济带"跨国合作，还能实现"丝绸之路经济带"各国信息共享。

综上所述，在可预见的未来，随着越来越多的中欧班列开通，"丝绸之路经济带"日益需要一套完整的低碳交通治理框架，以确保铁路与陆路符合低碳安全标准、交通管控制度、环境保护措施能够逐一到位。就目前的低碳交通的实践来看，环保标准的不统一、交通管控和远程通讯能力的薄弱，是低碳交通规范予以重点关注的议题。

## 五　低碳科研规范需求

### （一）低碳科研规范的需求现状

在"丝绸之路经济带"建设中，低碳资源开发、低碳经济可持续增长、生态系统保护、气候变化等低碳治理议题，都有一个共同点——迫切需要更多的科学研究。欧盟就是低碳科研的先驱。尽管低碳科研已经得到"丝绸之路经济带"少数国家的关注，这些国家也开始建立了多支低碳科研专家队伍，但仍任重道远。在"丝绸之路经济带"建设中，自然反馈循环系统对本地和全球气候产生了重要影响。例如，地区与全球温室气体排放的双向联系可能会持续对全球气候产生负面影响。

在"丝绸之路经济带"建设中，国家与非国家行为体，对低碳科学研究的需求变得十分急迫，包括需要长期环境监测和考察项目、提升计算机建模和新兴科技发展——从自动取样平台到卫星监测系统无所不包。此外，在"丝绸之路经济带"中，某一地区气候变化影响着相邻地区的气候，这意味着深入研究地区的气候变化，也会对相邻地区的环境治理与全球环境治理起到积极作用。因此，为了进一步了解综合因素的影响，只能通过加强低碳科学研究力度，有必要加强低碳科学活动在"丝绸之路经济带"建设中的国际协调，从而提升"丝绸之路经济带"沿线国家预测未来气候变化的低碳化建模能力。如前所述，欧盟各国的科学家在低碳科研领域占据优势地位，但在"丝绸之路经济带"建设中，低碳议题尚未得到深入研究。如今，低碳科研规范的供给与需求不匹配，为"丝绸之路经济带"地区的经贸发展和环境保护带来了挑战。

### （二）低碳科研规范的议题类别

一是全球变暖对"丝绸之路经济带"建设中的低碳交通造成的影响。为了维护"丝绸之路经济带"沿线地区的生态系统安全，有必要研究局部地区大气酸化、气候反馈（Climate Feedbacks）、行星能量平衡（Planetary Energy Balance）等议题，这就需要提高各国合作监测和建模能力。例如，铁路运输工程施工可能引发土地塌陷和位移，破坏既有建筑、管道等基础设施，同时释放出大量的二氧化碳和甲烷等温室气体。想要更好地了解和建模这些现象，不仅依赖于跨国仪器实地监测和卫星观测系统，还依赖于综合地质学和地理学研究。

二是"丝绸之路经济带"建设中的气象与温度变化专项研究。大气影响着全球与"丝绸之路经济带"沿线的天气系统。在"丝绸之路经济带"不同地区进行天气系统的全天候监测和预测，既具有研究气候变化趋势的学术价值，又具有造福"丝绸之路经济带"沿线人民社会价值的功能。此外，风运污染物通过长距离运输到达，对生态系统、公众健康和区域气候变暖产生了负面影响（火车和卡车使用重型燃油造成的跨境黑碳粉尘污染）。为了了解这些问题，有必要不断扩大现有跨国气候观测网的气象记录，同时发展像无线卫星仪器、无人机设备和自主漂流平台等新型低成本科技产品。

三是"丝绸之路经济带"生态系统保护。在"丝绸之路经济带"建设中，沿线地区的生态系统不仅需要生命科学研究，也需要公共安全健康研究的支持。科学家已经证实气候变化给生态系统带来了巨大变化和威胁，包括物种范围变化、湿地退化、草原和沙漠食物链破坏和冰层大面积崩塌等一系列问题。[①] 当务之急是准确评估气候变化对"丝绸之路经济带"地区可持续发展的压力，以及"丝绸之路经济带"经济开发在地区和全球层面上影响物种（例如候鸟数量）的路径。这包括严格评估最有可能产生影响的人类活动，包括对动物迁徙及繁殖行为的干扰，以及生态系统对大气、废水污染的敏感度。如果"丝绸之路经济带"建设要负责任、可持续地开发资源，厘清这些问题则是前提条件。

四是"丝绸之路经济带"自然资源勘探低碳化。在"丝绸之路经济带"建设中，低碳经济开发除了需要评估环境风险外，更要对自然资源储量进行低碳化地质勘查与开发。目前各国对地区自然资源的范围、储量和环境敏感度的基础研究有待深入。例如，里海沿岸地区的油气储量十分巨大，但相关的地质勘探工作却滞后于开采需要。此外，还需要花更多的精力去评估沙漠和戈壁地区的贵金属分布和品质。随着全球暖化，可再生能源开发、种植业和生态旅游业正迎来宝贵的发展机遇，从长远看来，

---

① Annika E. Nilsson, *A Changing Arctic Climate: Science and Policy in the Arctic Climate Impact Assessment*, Sweden, Linköping: Linköping University, 2007, pp. 2 – 7.

"丝绸之路经济带"建设对这些新资源的需求在不断攀升。

五是"丝绸之路经济带"低碳科研技术合作。在"丝绸之路经济带"建设的低碳科研和工程应用的众多项目中，与绘测、远程数据获取、能源生产、物流安全、跨国搜救、可持续农业和资源开发密切相关的科技优势是"丝绸之路经济带"各国重点发展领域。"丝绸之路经济带"各国应致力于寻找应对跨国污染问题的措施。通讯、运输和后勤方面的应用研究对未来低碳治理有着极其重要的影响。在"丝绸之路经济带"建设中，借助各个层次的专业性国际组织等多边平台，推动低碳基础科学的国际合作研究，不仅能较快获取重要的数据信息，还能实现低碳自然科学信息的"丝绸之路经济带"共享。

上述这些领域只是低碳科研规范发展途径的组成部分，欧盟在上述领域具有先发优势和规范性影响力，每一个领域都对我们理解"丝绸之路经济带"建设的地区及全球影响具有重要意义。现在"丝绸之路经济带"低碳科研规范的首要目标，就是达成共识。当然，低碳研究对科研的需要不止于此，事实上，"丝绸之路经济带"环境正无时无刻不经历着发展变化，使低碳领域成为"丝绸之路经济带"的关键"实验室"。因此，推动各国在低碳工程项目、建模发展、科技交流等领域的合作，对于"丝绸之路经济带"沿线国家理解快速发展的低碳标准至关重要。

## 第三节　欧盟低碳话语权对"丝绸之路经济带"建设的影响路径

欧盟低碳话语权及规范的组成结构包括："碳关税""碳交易""碳标签""碳足迹""碳盘查"，分别作用于"丝绸之路经济带"建设中的经济贸易、金融市场、生产销售、物流通道、人文交流。

如表5—1所示，首先，经济贸易是"丝绸之路经济带"的关键纽带，欧盟倡导并执意征收的碳关税将为这一纽带设置贸易壁垒。受"碳关税"冲击最大的7个行业分别是：石油冶炼、非金属矿物制品制造、金属冶炼加工、能源化工、机器制造、电气机械器材制造、仪器仪表和办公器材制造。其次，金融市场是"丝绸之路经济带"的重要支点，欧盟极力敦促的"碳交易市场"对此提出了亟待解决的难题。当前中国碳交易制度不完善，碳金融体系及有关配套措施相对滞后，因此中国碳交易议价能力较弱。再次，生产销售是"丝绸之路经济带"的重要环节，欧盟将要求所有公开待售的产品附加"碳标签"，增加额外的绿色壁垒。中国等发展中国家不仅需要向欧盟购买低碳技术，且需要受制于欧洲国家国情的碳标签测算标准，会对整个产品制造与供应链形成巨大压力。又次，欧盟认为运输过程同样造成温室气体排放，是"碳足迹"的组成部分，欧盟将对航空、海运、铁路等物流业单方面征收碳关税，对"丝绸之路经济带"中关键性的通道建设造成阻碍。最后，人文交流是"丝绸之路经济带"的民心工程，欧盟对中国"碳盘查不严格""碳泄漏较突出"等质疑，不利于"丝绸之路经济带"建设中的民心构建。

**表5—1　　　欧盟低碳话语权对"丝绸之路经济带"的影响路径**

| 影响路径 |
| --- |
| 影响"丝绸之路经济带"的经济贸易纽带 |
| ・"碳关税"话语权影响国际贸易格局 |
| ・"碳关税"话语权影响跨国融资 |
| ・"碳关税"话语权影响跨国企业合作 |
| 影响"丝绸之路经济带"的金融支点构建 |
| ・"碳交易"对国际金融市场提出新挑战 |
| ・"碳交易"要求跨国市场交易机制变革 |
| 影响"丝绸之路经济带"的生产销售环节 |
| ・"碳标签"话语权影响产品生产 |
| ・"碳标签"话语权影响产品销售 |
| 影响"丝绸之路经济带"的跨国物流渠道 |
| ・"碳足迹"话语权影响国际海运减排 |
| ・"碳足迹"话语权将体现于跨国航空税 |
| ・"碳足迹"影响亚欧大陆桥跨境运输 |
| 影响"丝绸之路经济带"的民心工程建设 |
| ・"碳盘查"质疑不利于中国政府形象 |
| ・"碳泄漏"批评不利于中国企业形象 |

资料来源：笔者自制。

由上可知，欧盟低碳话语权对"丝绸之路经济带"建设的影响路径可以视为一种国际规范竞争路径。互相竞争的国际规范供给，必然导致国际规范之间、供给国际规范的国际行为体之间进行竞争，这亦是规范体系变迁的核心动力。国际规范的存续，取决于其背后的国际行为体是否能在其中拥有权威地位和物质资源。例如，欧盟低碳治理规范标准和美国低碳治理规范标准的竞争。由于物质资源和权威地位都具有稀缺性，这就使得国际规范之间的激烈竞争，已经超过了国际规范自身的存续范畴，而是上升为供给国际规范的国际行为体制度性参与低碳治理的可持续性问题。从这点来看，欧盟低碳话语规范与原本"丝绸之路经济带"建设规范之间的竞争，必然导致国际行为体面临巨大的选择性压力。换言之，国际规范之间的竞争本质，就是以国际行为体为核心的国际规范体系之间的竞争。在"丝绸之路经济带"建设中，国际规范的竞争是规范治理体系演化的必然要求，随着时间的延展而呈现出非预期性的结果。

### 一　国际规范供给不均衡与规范竞争

后冷战时代相对和平的国际大背景，为国际行为体带来了参与的窗口期，然而无序的规范供给所造成的规范相对过剩，不仅增大了国际行为体对国际规范的选择压力，更使得"丝绸之路经济带"建设的规范建构面临着危机。这一危机是指：在欧盟低碳话语权及规范的影响下，"丝绸之路经济带"成员对规范的认可度与接受度产生分歧，进而削弱了供给该国际规范的国际行为体的权威性与影响力。由此可以看出，规范合法性是国际行为体遵守国际规范的先决条件，而合法性的弱化，则直接影响国际规范的全球推广。[1] 可以说，导致国际规范之间进行竞争的根本原因是来自于合法性危机给国际规范及相关行为体带来的焦虑。在规范供给过剩的现状下，各个国际规范为了获得推广的权力与机遇，就必须高度重视参与行为体对自身的认可度，从而开展争夺国际社会认可度的竞争。

在"丝绸之路经济带"的图景下，国际规范供给不均衡导致国际规范的合法性危机，而国际规范间的竞争不过是源自后者的必然结果。在供

---

[1]　潘亚玲：《国际规范生成：理论反思与模型建构》，《社会科学文摘》2020 年第 3 期。

大于求的现状下，每一个国际规范都将面临"合法性"相对下降的问题，从而最终都将处于一个演进节点：是"再合法化"还是"去合法化"。如果能够在竞争中脱颖而出，则能够获得越来越多的国际行为体的认可，提升该规范推广的效果；如果无法有效管理合法性危机，则很可能进一步失去国际行为体的认同，从而难以推广，最终走向失效。可以说，国际规范之间的竞争，是一场围绕合法性展开的多元博弈，合法性的高低直接关乎规范推广的机遇大小，因此，应对合法性危机的能力强弱，则决定了国际规范的生命轨迹与演进成败。

那么，国际规范之间的竞争，主要表现在哪些方面呢？规范已经历经了自由供给——供给不均与过剩——自由竞争的阶段，要理解国际规范之间的竞争态势，需要思考三个问题：一是国际规范的理念是否符合时代主题？二是国际规范是否具有治理成效？三是国际规范的生成程序是否公正？

（一）规范的理念之争

既然国际规范的合法性来源于国际社会及其成员对其的认可度，那么这就涉及该规范所蕴含的价值理念，在多大程度上能够引起国际行为体的认同。直言之，国际规范的理念之争，就是一场谁的元理念（Source Value）更契合当前国际主流价值观的博弈。如前所述，欧盟低碳规范通过了诸多话语操控与隐喻步骤来贴近国际主流价值观与理念，例如"可持续发展""环境正义"等。

任何一个国际规范通常都有特定的价值结构，价值结构及其叙事方式是国际规范合法性的重要来源。[①] 如果价值结构能够符合国际道义的主流价值观，则无疑会提升国际规范及其相关实施标准的正当性，在规范推广的过程中，易于被国际行为体接受，并融入甚至指导围绕治理议题的集体行动。正是由于国际规范的这种社会属性，使得各个国际规范之间的竞争，就集中在争夺国际道义制高点和全球善治的话语权上。

由此来看，国际行为体要想作为国际规范的主要倡导方，往往需要将原则性的价值理念框定在规范构建的过程之中，以尽可能地符合议题的国际公认伦理向度。换句话说，若想在国际规范竞争中胜出，就必须确保自

---

① Nicole Dubois, *A Sociocognitve Approach to Social Norms*, London：Routledge, 2003, pp. 3 – 4.

身秉持的理念与全球主流价值观相一致。① 从欧盟低碳治理的规范推广过程来看，必须确保自身倡导的国际规范能够获得可持续发展等理念的支持。由于低碳治理的社会资源较为有限，特别是获得来自国家的支持与认可，被视为确保国际规范正常运行的核心社会资源，因此围绕相似议题的国际规范之间，必然展开对社会资源分配的竞争。

在"丝绸之路经济带"建设中，由于行为主体往往也位于全球治理的体系之内，因此，它们认同和接受规范的重要标准之一，就是看规范所秉持的理念，是否与全球治理主流理念相契合。如果规范所蕴含的理念与全球治理主流价值观的差异度越小，则合法性越高，获得的社会资源也就越多，由此进行规范推广的成功率就越高，反之则相反。因此，在与其他国际规范进行竞争的过程中，各个规范倡导方都会竭力宣传本规范所寓涵的国际道义性，尤其是与全球治理主流价值观的相似性，以改变国际行为体对议题的认知框架，最终提升对本规范的相对认可度。

在"丝绸之路经济带"建设中，之所以国际规范倡导方高度重视国际行为体对议题的认知框架，是因为国际规范的理念与国际行为体的认知框架契合度越高，国际行为体对国际规范的认可度就越高，换言之，国际规范的权威地位就越巩固。② 例如，欧盟成功地将环境保护议题塑造为可持续发展的议题。通过提出环境保护关乎各国人民福祉，使得国家不得不承认欧盟是环境保护规范的主要倡议方之一，使之位于国际环境治理的道义制高点。欧盟在获得环境类规范倡导合法性的同时，还将低碳保护的举证责任转移给国家，使它们必须对是否履行低碳环保规范进行道德权衡，以证明认可并履行低碳环保规范，其人道主义收益远大于履约成本。当然，如前所述，欧盟也面临其他大国的挑战，如美国放弃《京都议定书》与退出《巴黎协定》，当然这一情况在拜登上任后得到改变。

（二）规范的成效之争

在"丝绸之路经济带"建设中，成效问题是研究国际规范博弈的重

---

① ［美］沃尔特・W. 鲍威尔、保罗・J. 迪马吉奥主编：《组织分析的制度主义》，姚伟译，上海人民出版社 2008 年版，第 169—170 页。

② John T. Jost and Brenda Major, *The Psychology of Legitimacy—Emerging Perspectives on Ideology, Justice, and Intergroup Relations.* Cambridge：Cambridge University Press，2001，p. 418.

要视角。① 既然国际规范都是围绕特定议题而展开，那么能在多大程度上聚拢国际力量去解决这个治理议题，则是该国际规范的核心功能。国际规范能否提升受其约束的国际行为体的集体收益，则是评价其是否具有合法性的重要指标。② 然而，并非每个国际规范都能够在缺乏合作传统的议题领域，为议题提供行之有效的解决方案。③ 应该承认，在"丝绸之路经济带"建设中，中国所倡导的国际规范，在具体实施过程中的可操作性与预期治理成效方面存在差异。正是由于这种成效的差异性，才导致成效高的国际规范开始渗入。在国际社会中，治理成效低下的国际规范，则难以获得合法性，并最终走向衰败。总之，一个国际规范的治理成效越高，则合法性越高，在规范竞争中就更易胜出。

在"丝绸之路经济带"建设中，理解国际规范的治理成效，可从三个方面思考，一是该规范能否有效解决"丝绸之路经济带"建设中国家间的合作问题？二是能否促进"丝绸之路经济带"国家协调国内政策？三是能否塑造"丝绸之路经济带"国家间的集体行动模式？

首先，国际规范的目标是针对特定议题促进国际行为体之间的合作，这既体现了规范供给方对该议题领域所持的世界观，同时也界定了集体行为的基本逻辑与资源分配的基本原则。在"丝绸之路经济带"建设中，国际规范要能够提供参与主体的相关信息以减少不确定性，以确保各国能够进行国内政策的调适。主体之所以关注国际规范，就是因为后者有可能解决主体普遍面临的主权护持与合作诉求之间的两难困境。由于在"丝绸之路经济带"建设中，不同议题规范之间会出现常态化的竞争和再平衡，④ 不同的国际规范采取不同的均衡路径，对议题的资源分配亦不相同，最终形成规范治理成效上的差异。

---

① Oran R. Young, Leslie A. King and Heike Schroeder. ed. , *Institutions and Environmental Change——Principal Findings*, *Application*, *and Research Frontiers*. Cambridge：MIT Press，2008，pp. 78 – 80.

② Helmut Breitmeier, *The Legitimacy of International Regimes*, Farnham：Ashgate, 2008, pp. 20 – 21.

③ Friedrich V. Kratochwil, *Rules*, *Norms*, *and Decisions——on the Conditions of Practical and Legal Reasoning in International Relations and Domestic Affairs*, Cambridge：Cambridge University Press, 1989, pp. 70 – 71.

④ Masahiko Aoki, *Toward a Comparative Institutional Analysis*, Cambridge：MIT Press, 2001, p. 14.

其次，在"丝绸之路经济带"建设中，国际规范要能引导国家进行政策革新和做出公共承诺，从而实现协调发展的目标。不同地区的物质资源与社会资源严重稀缺，国际行为体参与"丝绸之路经济带"建设的初衷就是为了向外获取所需的社会发展资源。① 因此，国际规范之间的竞争逐渐集中在国际行为体接受、内化国际规范的主动性上。例如，在"丝绸之路经济带"建设中，特定的低碳治理议题上，哪个国际规范能够为之带来上述利益，国际行为体就会主动接受该规范，此举又可能引起其他国际行为体的纷纷效仿，从而进一步增强了该国际规范的合法性。

在"丝绸之路经济带"建设中，对国际规范的成效判断可分为初级、中级、高级三个阶段。在初级阶段，则表现为通过劝服（Persuade）、制裁（Sanction）、激励（Motivate）等方式来诱使国际行为体接受本规范，并做出公共承诺。例如国家公开承诺尊重低碳化标准权威，并批准参与在环境保护、产业发展、低碳科研等方面的国际协定。② 在中级阶段，则表现为促进国际行为体内化国际低碳规范，并在国内政治、经济、安全等方面进行相应的制度革新与政策调整。在高级阶段，则是国际行为体实现国内政策调整与国际低碳规范遵守的协调统一，实现对国际低碳规范的遵约惯例化与常态化。需要指出的是，在"丝绸之路经济带"建设中，国际行为体对国际规范的接受颇具功利性，当国际规范提供的预期社会与物质利益逐渐消失时，国际行为体就有可能选择违约并收回公共承诺，转而寻找其他的替代性国际规范。这也从另一个方面表明，在"丝绸之路经济带"建设中，国际规范的成效之争是个常态化且不断自我提升的过程。

最后，在"丝绸之路经济带"建设中，国际规范的协调功能，可以缓解国家主权理性与合作收益之间的矛盾，从而提高"丝绸之路经济带"沿线国家采取集体行动的意愿与投入。冷战造成的国家间长期缺乏互信的状态，使得各国一方面高度重视捍卫国家主权，另一方面又急切需要国际合作来应对跨国治理问题。在"丝绸之路经济带"建设中，国际规范作

---

① Frank Schimmelfennig, Stefan Engert and Heiko Knobel, *International Socialization in Europe: European Organization, Political Conditionality and Democratic Change*. New York: Palgrave Macmillan, 2006, p. 5.

② Rodger A. Payne, "Persuasion, Frames and Norm Construction", *European Journal of International Relations*, Vol. 7, No. 1, 2001, pp. 47 – 62.

为外部协调机制，能够提供协调国际行动的惯例模式。① 在"丝绸之路经济带"建设中，由于不同国际规范的国际协调能力存在差异，在提升国家间集体行动收益方面自然有所不同，从而不一定都能说服国家采取集体行动。

（三）规范的公正性之争

在"丝绸之路经济带"建设中，公正是规范合法性与公信力的重要来源，亦是国际秩序构建的首要道德标准。② 国际规范公正性的重要组成元素，就是国际行为体是否认为被公平对待。国际行为体、特别是民族国家都希望国际规范能够传递这样一种信息：无论本国是强是弱，是大是小，都能在权力与义务方面被一视同仁。作为国际规范的遵约方，不仅会具有较高的国际地位，同时也能增强国家的自信心。只有那些经历了国际规范构建与履约程序公正的国际行为体，才能认可该规范并自愿遵约。同理，国家通常利用与集体行动成员国资格相联系的国际地位来界定自我价值，且以此作为巩固国家尊严的重要途径。③ 因此，国际规范的公平性有利于国际行为体形成对该规范的良性认知，进而认可该国际规范具有权威性，从而自愿遵循相关的履约义务。

"丝绸之路经济带"规范设置中如何确保公平是关键。在错综复杂的地缘政治格局中，在供给国际规范的同时，难免会受到相关大国的影响。因此，在规范构建与推广过程中，会出现程度不一的歧视性规定。国家对相关规范的公平性进行评估时，它们的关注焦点必然是倡导该类国际规范的构建程序是否公平。因此可以说，能够依据程序公平原则实行规范构建时，其倡导的国际规范就具有较强的合法性。反之，如果主要根据权力原则进行规范构建时，其倡导的国际规范则必然存在歧视性规定，合法性自然下降。由此可见，规范构建仍然受到权力的影响，在程序上存在明显的非公平性。面对域外国家参与经济贸易的利益诉求，区域性国际组织如果

① ［美］玛格丽特·E. 凯克、凯瑟琳·辛金克：《超越国界的活动家：国际政治中的倡议网络》，韩召颖、孙英丽译，北京大学出版社 2005 年版，第 19—20 页。

② ［美］约翰·罗尔斯：《正义论》，何怀宏、何包钢、廖申白译，中国社会科学出版社 2006 年版，第 3—4 页。

③ John T. Jost & Brenda Major, *The Psychology of Legitimacy*: *Emerging Perspectives on Ideology*, *Justice*, *and Intergroup Relations*, Cambridge：Cambridge University Press, 2001, p. 417.

采取提高制度性壁垒的做法，必然削弱其出台的各类规范的合法性和竞争力。

## 二　权威性与规范体系竞争

随着“丝绸之路经济带”建设领域范围不断扩展，精细化的需求日益强烈。在“丝绸之路经济带”建设的实践过程中，不同层次的行为体倡导的各类国际规范，进行着激烈的规范性话语权竞争。规范之间的竞争属于战术层面的竞争，聚焦于具体规范的合法性问题，而规范体系之间的竞争属于战略层面的竞争，聚焦于该规范体系的权威性问题。欧盟作为国际低碳规范倡导的主体之一，以它为核心的低碳治理规范体系，其权威性不仅取决于该体系产出的高合法性国际规范的条款数目，还取决于与其他低碳治理规范体系进行竞争的相对优势。

（一）规范体系的内涵与分级

规范体系是指：在场域内，由国际行为体倡导的规范按其内部联系所组成的有机整体。评估某个规范体系的权威性，通常以国际认可度与“硬法化”作为指标。国际认可度是指：认可该国际规范体系及其倡导的国际规范的国际行为体数目，数目越高，该国际规范体系的国际认可度就越高，对国际治理的引领效应就越强。“硬法化”是指：国际规范体系推广具有约束力并被普遍遵守的国际规范的能力。“硬法化”程度越高，表明国际规范体系的权威性就越高。判断一个国际规范体系是否具有权威性，应该从以下五个方面进行思考，包括：规范体系的内部组织机构是否完整、规范倡导领域是否全面、规范实施是否具有可操作性、决策程序是否公正合理、规避违约风险的惩罚机制是否健全。据此，规范体系大致可分为权威规范体系、准权威规范体系和非权威规范体系三类。

如前所述，权威规范体系是指：以具有高度国际威望的全球性国际组织为核心，能够在全球层面被大多数国际行为体高度认同的规范体系，能够出台具有普遍约束力的国际规范。联合国及其下属的国际组织是权威规范体系的核心。联合国作为全球公认的权威机构，颁布了一系列具有强制约束力，且适用于多方面综合管理的规范，获得全球众多国家的广泛认可。联合国通过推广这些规范，逐渐在全球治理领域树立了较高的权威性。

准权威规范体系是指：以具有较高国际威望的区域性国际组织为核心，能够在特定议题领域或区域治理层面被相关国际行为体认同的规范体系，能够出台具有一定影响力的国际规范。这里的一定影响力是指：规范约束力在特定的治理议题或规范的约束对象限定为特定的国际行为体。欧盟是低碳地区准权威规范体系的代表之一。欧盟作为一体化程度最高的政府间协商平台，颁布了一系列针对低碳议题的规范。欧盟采取了"软法引导＋硬法保障"的低碳治理规范推广模式，构建的规范体系包括三个部分，一是政策导向性规范，二是对国家具有约束力的规范，三是由理事会下属工作组出台的专业性政策建议报告。

非权威规范体系是指以次区域组织为核心，能够在次区域治理层面被认同的规范体系，通常只能出台无约束力的国际规范。低碳领域非权威规范体系相对较多，各种专业型的次区域组织是此类规范体系的核心，包括针对低碳经济开发的经济理事会、论坛等，针对低碳次区域治理的低碳理事会等，以及针对低碳科技研发事务的论坛等。由于地缘政治格局的复杂性，使之在次区域多边合作框架下，常常出现低碳规范构建务虚重于务实的现象。尤其是某些次区域行为体采取非正式平等协商和柔性治理的策略，通常选择出台软法规范，而缺乏能力、甚至无意愿制定有约束力的规范。可以说，低碳领域也存在大量软法规范，反映出各种非权威规范体系对于存在感与合法性的追求。

(二) 规范体系竞争的演化路径

规范之间的竞争和相应规范体系之间的竞争，是相辅相成、紧密相连的关系。国际规范之间的合法性竞争结果，关乎各自背后的国际规范体系权威性的升降。如果某一国际规范体系所倡导的国际规范，总是难以获得有效推广，那么这个规范体系的权威性必然会不断下降，即使是权威规范体系，也会逐步降格为准权威规范体系，甚至是非权威规范体系。反之，如果某一规范体系所倡导的国际规范，总能获得国际行为体的认可和遵守，那么该规范体系就会逐渐具备推行有约束力规范的资源与能力，随之而来的是整体权威性不断上升，即使是非权威规范体系，也会逐步升格为准权威规范体系，甚至权威规范体系。

国际规范倡导者不仅是规范体系的核心，同时也是进行规范推广、监督与惩戒违规行为的重要国际行为体。① 倡导者创建新的规范后，一方面关注规范之间的合法性竞争，另一方面也关注自身与其他倡导者之间的权威性竞争。整体而言，通过规范来影响国家行为，都是参与的各个国际行为体的既定目标。为了践行这个目标，倡导者不仅要明确何种规范能够被尽可能多的国家接受，何种议题更适合规范推广，同时也要考虑如何有效应对违约现象。从这个视角来看，规范体系的竞争，主要集中在以下两个层面。

一种是以地理覆盖面为标志的水平层面竞争，侧重于认可规范体系的国家数目。在这个层面，同一议题领域的倡导者之间的交集较少，竞争的力度较低。这些倡导者的规范推广行为存在侧重点上的差异，为了尽可能吸引国家的关注，往往出台的是无约束力的倡议、宣言、政策建议等虚体规范，因此能够吸引不同类型、不同区域的国家接受国际规范。以此为核心的低碳治理规范体系竞争，还是局限于对规范体系内部的成员国进行规范推广的阶段，规范体系之间的竞争烈度相对较弱，只是在具体规范的倡导问题上存在合法性竞争。

另一种是以强制性规范的体系外推广为标志的垂直层面竞争，侧重于对国家行为的约束能力。当国际规范的推广范围覆盖了绝大多数的参与方，那么倡导者之间的权威性竞争就会围绕着“谁更能约束国家行为”的方向开展，因此逐渐出台国际条约、国际规则等有普遍约束力的实体规范。这时候，各个国际规范体系都将进行内部规范与组织机构的重塑，不仅强化规范倡导的能力建设，巩固体系内成员对本体系所倡导规范的严格遵守，同时也加强对体系外成员的规范吸引。② 在垂直竞争阶段，规范倡导才真正具有体系性意义，相关倡导者不仅围绕同一议题进行高烈度的竞争性引导行为，同时也通过出台有约束力的“硬法”规范来防范体系内成员的违约行为，在稳固既有遵约国家集团的基础上，逐渐实现体系外的规范推广。可以说，各个规范体系都有面临权威性博弈的决策动力。

---

① Sanjeev Khagram, James V. Riker and Kathryn Sikkink, *Restructuring World Politics—Transnational Social Movements, Networks, and Norms*, Minneapolis: University of Minnesota Press, 2002, p. 14.

② Harrison Ewan, "State Socialization, International Norm Dynamics and the Liberal Peace", *International Politics*, Vol. 41, No. 4, 2004, pp. 521–542.

国际规范体系的本质是一个动态系统，其演变路径分为正向演变与反向演变两类，演变结果就是该国际规范体系国际权威地位的升级或降级，其中发生根本性转变的阶段性节点分别是进化点和退化点。进化点标志着非权威国际规范体系向准权威国际规范体系、权威国际规范体系演变，退化点标志着权威国际规范体系向准权威国际规范体系、非权威国际规范体系演变。国际规范体系倡导的新兴规范能够得到体系内大多数成员国或核心国家的认可，则标志着该规范体系临近了进化点，能够从出台不具约束力的咨询性规范，向具有约束力的权威性规范转变。[1] 反之，国际规范体系倡导的新兴规范得不到体系内大多数成员的认可和遵守，且无力应对成员的违约行为，则标志着该规范体系临近退化点，从出台具有较高权威性规范，转向出台非权威性的咨询性规范。

## 第四节　欧盟低碳话语权对 "丝绸之路经济带" 建设的综合影响

欧盟低碳话语权对 "丝绸之路经济带" 建设的综合影响不仅包括规范竞争，还应具有规范互动与规范融合。在欧盟低碳话语权演化与 "丝绸之路经济带" 建设背景下，前文从规范竞争角度对影响路径进行了分析。然而规范竞争并不能囊括全部影响，将视野转向互动领域，学界对参与秩序构建的规范互动研究尚处于起步阶段，尤其是多个国际行为体围绕某一共同议题所展开的规范互动及其最终发展方向方面，为深化国际规范的效果研究带来了宝贵的学术机遇。国际规范体系彼此间的互动模式不仅包括竞争，更应包括合作甚至融合。根据前文分析，在 "丝绸之路经济带" 建设中，规范竞争态势已现实存在，研究这种国际规范体系间的竞争结局问题，其理论价值不仅在于深化国际规范演变的进化与退化之辨，更在于探索一条新兴的辨析思路：在这一过程中，国际规范体系之间的竞争能否规避 "零和博弈" 所导致的规范消亡？规范体系之间的良性互动与规范融合，能否提升理规范发展的整体成效？

---

[1] 尹继武：《中国的国际规范创新：内涵、特性与问题分析》，《人民论坛·学术前沿》2019 年第 3 期。

### 一　规范互动与规范融合

长期以来，国际规范理论的研究对象，都是单个的国际规范，或是作为规范倡导与推广主体的国际组织。国际规范互动研究的出现，是学界结合全球治理的发展趋势，以及多种国际规范、国际规范体系共存的现状，是与时俱进调整研究思路的结果。研究国际规范的互动问题，是对那些局限于个体规范有效性研究的超越，将学术视角更多聚焦在国际规范互动结果所产生的边际效应、以及国际规范参与全球治理所面临的外部性因素之上。① 总体而言，国际规范互动将对相关议题领域、国际政治格局，以及全球治理产生影响。

学界不仅应关注围绕特定议题领域的不同国际规范之间的互动结果，还应关注倡导这些国际规范的国际规范体系之间的互动。比如欧盟低碳规范体系与"丝绸之路经济带"规范体系的互动。事实上，这一互动结果对次区域、区域，甚至全球治理进程产生的影响十分深远。通过厘清国际规范互动的基本模式，有助于分析不同于单一规范效果研究的特点，针对"丝绸之路经济带"建设的现实图景，昭示未来国际规范互动研究的总体方向。

国际规范互动是指：国际规范之间因治理实践所导致的相互影响与关联，包括规范合作与规范冲突两种方式。国际规范竞争属于国际规范冲突的范畴。根据本书的研究需要，我们研究国际规范竞争这种规范互动所导致的可能结果。国际规范互动率攀升的外部条件是国际规范的快速涌现，这对相应议题的治理成效产生积极或消极的影响。国际规范效果是研究国际规范竞争的重要概念。国际规范效果是指国际规范体系完成规范推广的方式与结果。② 在国际规范的演变过程中，国际规范效果研究采取结果导向，是衡量国际规范影响国际行为体行为的重要标准，③ 因此从国际规范的推广结果来看，国际规范的效果研究就是国际规范的有效性研究。

① Arild Underdal and Oran R. Young, *Regime Consequences: Methodological Challenges and Research Strategies*, Dordrecht: Kluwer, 2004, p. 221.

② 王明国：《国际制度互动与制度有效性关系研究》，《国际论坛》2014 年第 1 期。

③ Tamar Gutner and Alexander Thompson, "Special Issue on the Politics of IO Performance", *The Review of International Organizations*, Vol. 5, No. 3, 2010, p. 231.

在"丝绸之路经济带"建设中，国际规范效果评估分为有效、低效与无效三类。有效的国际规范，表现为国际规范能够影响国际行为体的逐利行为，以及与其他国际行为体的互动模式，国际行为体高度遵守国际规范的约束，并通过内部规范推广来实现对国际规范的内化。低效的国际规范，表现为国际规范对国际行为体的逐利行为与互动模式能够产生局部和有限的影响，国际行为体的遵约度较低，且不会进行内化国际规范的行为。无效的国际规范，表现为国际规范无法改变国际行为体的行为，国际行为体没有遵约行为，更没有内化国际规范的行为。

国际规范之间的竞争，本质上是规范推广的效果之争，即有效性之争。竞争成功的国际规范自然成为有效的国际规范，能够顺利推广并被相关国际行为体所内化；竞争失败的国际规范将成为无效或失效的国际规范，最终将被淘汰出全球治理进程。低效的国际规范是规范演变的过渡阶段，既可能通过内部改革和外部支持，逐渐增强自身的推广能力，从而向有效国际规范方向进化；又可能振新乏力，持续弱化规范推广的能力，最终向无效国际规范退化。

如前所述，研究国际规范竞争的后果，可从水平和垂直两个层面进行分析。水平层面的竞争，即多个规范围绕同一议题领域展开的竞争。水平层面的竞争，将产生两类结果：规范合作或规范消亡，规范合作的本质是共存共赢，条件是存在竞争关系的国际规范势均力敌并存在互补性，能够通过合作来提升共同议题的治理效果。规范消亡的本质是自利独赢，条件是存在竞争关系的国际规范存在较大的竞争力差异，这种差异表现为遵约国际行为体的程度强弱与数目多少，遵约国际行为体数目多、程度深的国际规范，属于强势规范，最终成为权威规范；反之，遵约国际行为体数目少、程度浅的国际规范，属于弱势规范，最终走向消亡。

垂直层面的竞争，即全球性国际规范体系与区域性国际规范体系、区域性国际规范体系与次区域国际规范体系之间的竞争。[①] 垂直层面的竞争，将产生三类结果：规范并存、规范交叠、规范融合。规范并存是指：不同的国际规范体系的成立初衷、发展目标、规模大小、国际影响与规范

---

① Oran R Young, *the Institutional Dimensions of Environmental Change*：*Fit*，*Interplay*，*and Scale*，Cambridge：MIT Press，2002，pp. 83 – 138.

推广能力较为相近，输出的国际规范各有所长，可以实现同时存在、独立发展。规范交叠是指：两个存在层次差异与规模差异的国际体系之间，在某些治理议题的规范输出上存在交集，从而推动两个相对独立的国际体系之间，围绕共同的议题领域，开展规范竞争或规范沟通，以冲突或合作的方式提升己方相应规范的实施效果。规范融合是指：存在层次差异与规模差异的国际规范体系之间，围绕共同的治理议题展开相互学习与借鉴，从而构建一种非对抗型的规范互动关系，最终融合成一个兼具双方优势的国际新规范。

规范融合的主要特征可概括如下：规范体系之间互学互尊、管控分歧、合作共赢。规范融合具有较强的功能性特点，它的价值不仅在于尊重不同国际规范体系在各自优势领域的影响力，从低政治敏感度的议题入手，加强规范体系间的沟通与互信，还在于通过结果导向型的具体规范合作来提升总体治理成效，避免因规范恶性竞争导致的规范缺位，更在于通过具体规范的融合化发展所产生的"溢出效应"，来推动围绕其他议题的规范融合，从而将那些在治理规模、地理覆盖面、履约标准皆有限的区域性规范体系，逐渐融入更为宽广的全球性规范体系的框架，最终为解决不同层级规范体系之间的衔接问题打开了新的思路。

## 二　良性国际规范互动关系：从交叠到融合

在"丝绸之路经济带"建设中，当前低碳治理的"规范密度"迅速提升，以至于加速了规范之间、规范体系之间的自由竞争态势。总体而言，在低碳治理领域，低碳治理规范体系彼此之间的议题设置领域已有交界，互动关系兼具合作与冲突。欧盟通过其下设的工作组，将议题设置领域扩展到碳市场、碳交易、碳足迹、碳储存等"绿色经济"领域。整体而言，欧盟在低碳领域具有如前文所述的一定权威性和议题设置领域相对宽泛的特征。从低碳治理建章立制的现实需求与时代发展出发，尽管不同层级、不同规模、不同影响力的国际规范体系彼此相对独立，但从发展趋势来看，二者间的互动模式是竞争与合作并存。学界所需研判的核心议题是：这种竞争与合作将产生何种结果？低碳治理的规范之争，能否超越零和博弈的丛林法则，抑或规避恶性竞争带来的规范缺失，或者，至少不局限于"冷漠并存"的低效运行状态。从长远来看，无论是哪种规范体系的倡导者，都寄希望于通过增强具体规范的效果来提升自身的权威性，不管是通过自助还是他助的方式，获益而非止损是各类国际规范体系竞争的基本底线，唯一的区别就是获益的多寡。从这点来看，获得相对收益——即通过合作来提升规范效果的相对提升，是国际行为体围绕低碳议题建章立制的次优目标。这也为低碳治理的规范之争框定了大致的发展脉络：从规范交叠走向规范融合。

规范交叠源于国际规范体系之间进行的非刻意性规范竞争，正是由于国际规范体系存在异质性和差序化，在具体规范层面的竞争往往具有偶发性和低烈度，这就使得即使面临规范竞争，规范体系之间也存在沟通协调与对冲这两种可能，这取决于规范交叠的区域是议题领域的核心方面还是外围方面，以及交叠的功能是遵约义务还是知识获取。换言之，基础性原则是议题领域的核心方面，规范推广目标是获得成员国的遵约承诺；功能性事务则是议题领域的外围方面，规范推广目标是增强议题领域的知识获取路径，围绕前者的规范竞争存在冲突升级的可能，围绕后者的规范竞争，则存在彼此协调的可能。例如，传统安全类议题是核心方面，围绕传统安全的规范竞争存在冲突升级的可能性；低碳类议题则是议题领域的外围方面，其规范推广目标是增强低碳议题领域的知识推广，围绕低碳议题的规范竞争，则存在协调统一的可能。

此外，研究国际规范交叠还需考虑国际规范体系之间在发展目标和发展方向上是否具有同质性。如果国际规范体系之间的发展目标趋同，则进行规范协调的可能性就较低。例如如果两者都将规范倡导作为获取区域性权威规范体系的重要路径，它们之间进行规范协调的难度就较大，较易形成规范对冲。[①] 又如世界贸易组织和欧盟都围绕推动"绿色经济"的建章立制行为，然而，发展碳交易和碳金融并不是世界贸易组织的核心业务，但这都是欧盟低碳话语的核心关键词。因此，在世界贸易组织的运行框架下，欧盟有可能加强与世界贸易组织就绿色建筑、绿色开发、低碳环保规范设置、绿色金融等议题领域开展对话与合作，倾向于建立宣言或政策建议等软法规范。

---

① Michael Bar Nett and Martha Finnemore, *Rules for the World: International Organizations in Global Politics*, Ithaca and London: Cornell University Press, 2004, p. 12.

　　规范融合源于存在规范交叠的国际规范体系之间所进行的主动沟通与合作。规范融合不是规范合并，一般只发生在具体的规范层面，而规范体系本身仍保持较高的独立性。因此规范融合反映出规范竞争具有明显的功能性偏好和层次性差异，并非是全面融合。理解规范融合的关键，是规范竞争能否实现规范协调的问题。当非权威国际规范体系倡导的新兴国际规范如何与既有国际规范，尤其是那些由权威规范体系倡导的既有国际规范进行良性互动？这种良性互动包括哪些方式？规范交叠之所以有可能向规范融合演化，正是由于议题领域和治理地域存在一定的包容性。

　　在全球治理的实践过程中，规范融合是真实存在的。例如，在国际贸易议题领域，世界贸易组织及其前身关贸总协定是权威性规范体系，其规范输出涉及国际贸易的方方面面，1973 年由 54 个纺织品进出口国签署的《多种纤维协定》（Multifibre Agreement）是纺织品贸易治理的专业国际规范，二者在围绕纺织品进出口贸易领域的规范竞争始终呈现出积极互动的状态，关贸总协定对《多种纤维协定》并没采取竞争性压制，而是始终围绕提升国际纺织品贸易管制成效这一目标，采取指导、建议等温和方式参与《多种纤维协定》的倡导、修订、延期等事务，这种规范间的良性互动状态促进全球纺织品贸易总额不断增长，保证了全球纺织品自由贸易的有序化。

　　在 20 多年的良性互动下，1995 年世界贸易组织以《多种纤维协定》为蓝本出台了《纺织品与服装协议》（Agreement on Textiles and Clothing），完成了全球纺织品贸易规范融合，并上升为该领域的权威规范。此外，世界贸易组织与亚太经济与合作组织作为推动国际贸易发展的全球性与区域性国际组织，在推动跨国贸易、降低经济发展停滞方面，存在规范推广的竞争可能。世贸组织制定多边贸易新规范的多哈世贸谈判（Doha Round of World Trade Talks）于 2005 年陷入僵局，亚太经合组织通过削减主要成员国的农业补贴、创新农业市场准入机制、降低工业制成品关税、开放服务贸易等方式，建立一揽子涉及市场准入、服务贸易便利化等规范，以推动世界贸易组织多哈协议的达成。由此可见，并非总是由全球国际规范体系主导规范融合的进程，而是呈现双向融合的态势。

　　随着治理议题领域的不断发展，时间尺度的长短与规范融合的可行性之间存在正相关的联系。例如，全球暖化对生态环境的影响需要较长时间才能逐渐展现，低碳治理对全球治理的影响也是个长期互动的过程。甚至说，国际行为体围绕低碳治理所进行的建章立制行为，往往更多的是"就事论事"型的规范倡导，存在滞后性。由于很多低碳治理议题存在长期性特征，直接影响了相关国际规范的效果。① 这虽然是国际规范倡导过程中常常面临的困境，但学界也已经从议题设置阶段开始反思国际规范构建的合理性与前瞻性，以避免因缺乏多维沟通和信息储备而导致议题重复设置，最终引起不必要的规范竞争。从当前国际规范互动研究的结果来看，在规范倡导的过程中，重视议题设置阶段与规范倡导阶段的多边协商，能够有效降低规范竞争所导致的内耗风险，并推动规范竞争向规范融合发展。②

规范融合的过程较为复杂，基本按照"认知融合—承诺融合—推广融合—影响融合"这四个阶段逐渐深化，每个阶段的融合都以上一阶段的融合结束为前提，且不存在跨阶段融合的可能。认知融合是指：国际规范体系之间达成避免恶性竞争的基本共识，即避免"零和博弈"的结果，从而通过协商沟通、知识传导等方式来管理竞争关系，尤其是避免规范之间的竞争升级为规范体系之间的竞争。承诺融合是指：国际规范体系之间建立促进规范融合的义务承诺，并将这种双方共同认可的义务以新的规范明确下来。推广融合是指：国际规范体系在推广规范的过程中，尽可能采取共同的原则立场和方式方法，以做到对国际行为体的行为约束具有同效性，避免因规范推广的差异性和非一致性而产生履约漏洞，影响总体的治理成效。影响融合是指：国际规范体系之间就具体议题领域进行功能上的融合，实现规范对国际行为体的影响力从较弱的一方向较强的一方转移，从而实现规范推广效果的集聚和叠加。③

不同国际行为体对规范推广效率的诉求差异，使得低碳治理的规范融合存在合理性与可行性。在低碳领域，国际行为体之间的影响力与规范倡

---

① Regine Andersen, "The Time Dimension in International Regime Interplay", *Global Environmental Politics*, Vol. 2, No. 3, 2002, pp. 97 – 99.

② Vinod K. Aggarwal, *Institutional Designs for a Complex World*, *Bargaining*, *Linkages*, *and Nesting*, Ithaca, NY: Cornell University Press, 1998, pp. 3 – 5.

③ Oran R. Young, Leslie A. King and Heike Schroeder, *Institutions and Environmental Change*: *Principal Findings*, *Applications. and Research Frontier*, Cambridge: MIT Press, 2008, p. 200.

导能力差异较为明显，这使之对规范推广效果的期望与途径各有不同。有的国际组织追求静态效率，更看重规范对国际行为体的约束成效，倾向于制定强制性行为标准，例如欧盟对成员国设置了有约束力的低碳规范，但同时又不断向全球层面进行推广，以不断提升自身的全球影响力。有的国际组织追求动态效率，更看重规范对国际行为体的长期动员成效，更倾向于发挥"软法优势"，对内实施政策协调，对外通过规范倡导吸引更多的国际行为体参与其中，具有一定的灵活性。

低碳治理的规范融合，必将以具体议题领域的规范设置为突破口，进而扩展至国际规范体系之间的互动与合作，这一过程也必将始终伴随着国际规范竞争理念的协调。未来低碳治理的规范融合理念的协调、行动标准的设置、行为规则的构建等，都取决于各国际行为体对"规范推广效率"的认知差异，这将直接决定它们能在多大程度上达成理念妥协与规范融合共识。在低碳规范之间的互动日益频繁的今天，各国际行为体都应反思"规范推广效率优先"这一理念是否符合国际行为体自身的长远发展，以及低碳治理的整体成效。毕竟，合作与沟通是秩序的稳定器。当前，欧盟与"丝绸之路经济带"在规范体系层面尚未发生全面对冲，但两者建章立制的议题领域存在一定的交集，从业务领域来看，两者在低碳议题领域存在交集。

权威国际组织，例如联合国所倡导的国际规范往往具有明显的"基础规范"（Basic Norm）[①] 特征，可用于指导一项或多项常务治理工作，例如：构建知识体系、强化标准规范、提升治理能力、制定履约规则等。每项治理任务构成一个潜在的"利基"议题，在复杂的治理议程体系下，一套专业性规范可以围绕某个"利基"议题而进行深入发展。将这种利基导向方法应用于低碳治理，有助于解释在瞬息万变的议题领域中，区域性国际规范体系与全球性规范体系之间的分工格局与规范融合的发展趋势。当前低碳治理属于利基型治理，必然存在利基型议题，唯有细化研究才能提升治理成效。碳减排领域现存的很多具体规范结构，例如服务结构、法律结构都不够完善，但"丝绸之路经济带"的地缘政治经济价值非常大，

---

[①]　［瑞典］宾德瑞特：《为何是基础规范：凯尔森学说的内涵》，李佳译，知识产权出版社2016年版，第8页。

并能产生宏大的战略愿景。这也促使各国际行为体将目光转移到欧亚大陆的经济整合上，建立适应"丝绸之路经济带"沿线国家和地区独特条件的规范框架，调整规范竞争思路与策略，以提升低碳治理的总体效果。

### 三　低碳治理的规范互动与利基议题选择

学界对规范体系之间的互动研究，往往从内容、操作和结果等角度，关注国家或其他国际行为体对某一具体规范实施效果的影响。相对于通过构建具有法律约束力的综合性规范来推动低碳治理，更应从细微处着手，对规范体系内的某些特征进行观察，分析这些特征如何产生"溢出效应"。在庞杂的国际规范语境下，特定的国际规范可以专攻于单一治理领域。这种以利基为导向的规范形式，有助于解释为什么欧盟会在低碳领域的建章立制过程中，高度关注于知识体系的建立与规范推广能力的提升。

区域性国际规范体系与全球性规范体系之间的互动非常重要，但尚未在低碳治理研究中引起足够的重视。① 区域性国际规范体系是全球性规范体系的组成部分，其核心内涵由《联合国气候变化框架公约》与一些环保类国际公约进行界定。② 此外，包括世界气象组织（World Meteorological Organization）、国际劳工组织（International Labour Organization）所颁布的全球性规范也与碳减排和环境保护有关，而许多"丝绸之路经济带"沿线的区域性国际组织则着重处理类似于基础设施、安全生产以及跨境物流管辖的国际规则等问题。由于这些规范共同治理着全球气候政治的某一议题领域，彼此之间存在功能交叠，这就促使相关国际组织不仅关注规范有效性这一微观问题，即某一规范对目标治理议题领域是否有贡献度？还应关注相应的宏观问题，即围绕同一治理议题领域的相关规范及其规范体系能否实现分工合作？以利基理论来解决这一宏观问题，有助于确定需要强化的治理任务，并且检验给定的规范是否具有能强化该任务的独特之处。

利基（Niche），又被译为"狭缝、壁龛、针尖"，源于生态学中的物

---

① D. Vidas, and P. J. Schei, *The World Ocean in Globalization：Climate Change，Sustainable Fisheries，Biodiversity，Shipping，Regional Issues*，Leiden：Martinus Nijhoff，2011，pp. 345 – 370.

② 肖冰、陈瑶：《论国际规范秩序下国际经济法律体制的变革思路》，《南京大学学报：哲学人文科学・社会科学》2020 年第 1 期。

种竞争，表示一个物种或种群在生态系统中的地位，尤其是在它超过其他本土种群的那一部分资源域（Segment of Resource）。① 如今，利基的概念被广泛应用于市场营销学，特指那些被主导企业所忽视的某些小众市场或服务领域，亦即针对性、专业性极强的产品。那些相对弱势的企业为了避免与强势企业发生正面冲突，而选择被强势企业忽视的小块市场（即利基市场）进行全面且专业化的服务，以最终占领该市场。由此可见，利基理论的关键要素如下：竞争关系、强势方、弱势方、冲突管理。

将"利基"这一概念引入欧盟低碳话语权对"丝绸之路经济带"建设的影响研究，是一种跨学科的学术探索，旨在解决的核心问题是：在竞争关系中，后发弱势规范体系如何在不对抗既有强势规范体系的前提下，获得发展机遇。利基在国际组织研究中被用作暗喻，它强调规范特征与国际组织获取生存资源的能力之间的关系。在此，将治理分为四项任务，每一项都对应着规范利基（Norm Niche）。第一项任务：获取议题领域的相关知识，并且知道处理问题时，不同的选择会造成的影响。第二项任务：为非强制型规范和强制型规范制定详细的实施标准。第三项任务：构建多边平台以加速上述标准的实施，包括设立基金会或者目标明确的能力建设计划等。第四项任务：设置履约监测机制。在低碳治理过程中，由于匮乏行为监测机构、合规审查以及对违规行为的惩戒规范，因此国际行为体对国际规范的遵行效果往往不尽如人意。

在错综复杂的低碳规范体系中，全球性国际组织承担了多项治理任务，就像联合国在气候治理中所做的那样，然而其他地区和次区域国际组织则致力于一个或几个治理任务。联合国致力于建立由五个独立机构和九个小组委员会组成的知识体系，并且向所有的成员国和观察员代表开放。当然，这些成员国和作为观察员的其他国际组织调动了可观的专业技术资源，推动联合国出台了许多具有法律约束力的条约，以及非约束性决议。② 能力

---

① Hannan, M. T. and J. Freeman, "The Population Ecology of Organizations", *American Journal of Sociology*, Vol. 82, No. 1, 1977, pp. 929–964.

② 董亮：《透明度原则的制度化及其影响：以全球气候治理为例》，《外交评论》2018 年第4 期。

建设（Capacity-Enhancement）是技术合作项目的任务，但是规范的落实还要依靠多次举办"联合国气候变化大会"（United Nations Climate Change Conference）来反复协商。相反，联合国政府间气候变化专门委员会（Intergovernmental Panel on Climate Change）是一个研究专项任务的国际机制，它的研究方向更合理，通过定期评估全球气候环境建立相关知识体系，在各国碳减排履约方面提出专家见解和建议。[①]

根据"竞争排斥原则"（Principle of Competitive Exclusion），没有两个物种能够长时间占据同一利基：物种或种群之间的竞争迫使劣势的一方或者开发其他利基，或者灭绝于生态系统。[②] 尽管竞争排斥原则也适用于低碳治理规范领域，但其应用结果与在自然系统中并不一样，原因如下：低碳规范体系之间存在相互支持的可能，每一个规范体系都有其独特性，能够使其在解决整体问题中产生独特的作用，并应用于治理任务。即使这些规范体系专注于不同的方向，但紧密的共存关系也比一个规范体系将另一个完全驱逐出低碳治理进程更为常见，例如联合国与欧盟就围绕低碳规范展开体系间合作。

简而言之，治理利基就是一项治理任务中有待改善、甚至是可以有所作为的部分。利基选择的过程中包括了三个部分：弱势国际规范体系的相对优势、国际社会对低碳治理规范需求的水平、国家对如何合理设置每个规范体系才能提升综合治理效果的认知。

在"丝绸之路经济带"建设中，有效治理利基的选择，要求学界在复杂的治理网络中，思考规范能为解决整体问题做出何种贡献。具备何种特征能让一个规范体系高效完成上文提出的四项治理任务呢？至于知识体系的建构，大多数国际规范体系都包括一个负责鉴定各种风险评估数据的科学主体。规范有效性研究指出：至少有三项因素影响着这些活动的问题解决潜力：可信性（Credibility）、合法性（Legitimacy）和卓越性（Saliency）。[③] 可信性是指：从决策者的问题意识与专业视角来思考治理议题，

---

① 王滢、刘建：《科学推动气候变化适应政策与行动》，《世界环境》2019 年第 1 期。

② Garrett Hardin, "The Competitive Exclusion Principle", *Science*, Vol. 131, No. 3409, 1960, pp. 1292 – 1297.

③ R. B. Mitchell, W. C. Clark, D. W. Cash and N. M. Dickson, *Global Environmental Assessments: Information and Influence*, Cambridge: MIT press, 2006, pp. 314 – 324.

科技投入能够产生最优质的可用知识。① 合法性是指：科技投入反映出国际行为体对价值观、数据提供的利益关切。支持科技投入合法性的重要途径是广泛融入先期的资源投入过程，这也有助于证明科学家团体致力于倡导国际行为标准。卓越性是指：科技投入直接关系到国际行为体对治理政策的认知，对成本与收益的信息公开，以及从规范选择权中所获得的益处。② 因此，在"丝绸之路经济带"建设中，当一种集体决策是基于知识型利基，其所选规范更能为决策产生科技投入，从而将可信性、合法性与卓越性结合起来。

在"丝绸之路经济带"建设中，适用性（Applicability）、行为体覆盖面（Actor Coverage）、实质力量（Substantive Strength），是理解"丝绸之路经济带"建设规范有效性的关键，能够影响一个国际规范体系对有效治理利基的辨识与占据。适用性是指："丝绸之路经济带"建设规范既保持与其他国际公认规范的一致性，又保持规范诠释的文本确定性和交流明晰性。③ "丝绸之路经济带"建设规范的文本确定性能够通过明晰的话语交流来增强规范的实施效果，之所以强调话语交流的明晰性，是基于这样一个原则：不明确、不具有约束力的"丝绸之路经济带"建设规范无法有效指导行动，并且有可能在规范制定群体中产生意见分歧——每一种与治理议题无关的做法都有可能被证明是合理的，从而造成资源分散与浪费。④

行为体覆盖面是指：在"丝绸之路经济带"建设主体中，是否包括了重要的国际行为体，不充分的治理主体范围会严重限制治理成效。⑤ 实质力量是指："丝绸之路经济带"规范推广所必需的能力与实力。那些追求行为体覆盖面最大化的国际行为体往往会为了扩充成员国规模而放弃实质力量，尤其是推广约束性国际规范的能力，从而削弱了国际规范对目标

---

①　李昕蕾：《非国家行为体参与全球气候治理的网络化发展：模式、动因及影响》，《国际论坛》2018 年第 2 期。

②　巢清尘：《合作、互利、共赢，推进全球气候治理进程》，《世界环境》2020 年第 2 期。

③　柴麒敏、李丽艳、章亮：《新时代中国参与和引领全球气候治理若干问题的思考》，《环境保护》2020 年第 7 期。

④　T. M. , Franck*The Power of Legitimacy among Nations*，New York：Oxford University Press，1990，pp. 53 – 54.

⑤　于宏源：《自上而下的全球气候治理模式调整：动力、特点与趋势》，《国际关系研究》2020 年第 1 期。

议题的解决效果。在"丝绸之路经济带"低碳化建设中，如果以降低标准为代价追求更广的国际行为体覆盖面，那么就难以保证低碳治理规范的有效性。在其他条件相同的情况下，如果一个国际规范体系比其他国际规范体系更能有效提高适应性、行为体覆盖面和实质力量，那么选择一个合适的治理利基则对扩展该国际规范体系的发展空间至关重要。

在"丝绸之路经济带"建设中，国际规范体系要想提升规范推广能力，通常需要核心成员国接受一个基本观念：对于某些治理领域而言，规范推广的前提是科学技术或其他国际政治资源的有效转移。在"丝绸之路经济带"建设中，促进这种转移需要三个前提条件："差异"（Differential）、"承诺"（Commit）、"资金"（Fund）。[①] 各个国际规范体系在规范倡导与推广方面存在能力差异，是选择治理利基的基本条件。促使各个国际规范体系就冲突管理和规范融合做出承诺，是实现科技与国际政治资源转移的重要保证。资金保障是最为重要的因素，因为国际规范组织扩容的实质就是从成员国到治理项目的资源转移，此时最基本的受益方是各个国家。资源转移能够使参与国重构自己的参与动机，并促使它们自愿遵守国际规范，从而提高国际规范体系的权威性。因此，在"丝绸之路经济带"建设中，提升国际规范融合的可行性，不仅需要加强规范体系之间的冲突管理，还需要促使各国就集资问题达成一致意见。

对于以弱势国际行为体为核心的后发型国际规范体系而言，通过降低集体行动的标准，能够解决规范推广能力不足的难题。后发型国际规范体系的核心利益是获取权威性，这通常需要采取规范推广与规范强化等方式。因此，确保既有规范供给能够被成员国所接受和遵循，则是后发型国际规范体系的生命线。换句话说，对于这类国际规范体系而言，成员国对规范的遵循，远比规范对成员国的约束更重要。

为了降低成员国的违约风险，后发型国际规范体系必须仔细选取有效的治理利基，这需要经过"能力与动机确认"（Capacity and Incentive Verification）、"复审"（Review）、"响应"（Response）等关键环节。[②] 能力

---

① 王宏岳：《全球气候治理的僵局与超越》，《中国政法大学学报》2020 年第 1 期。

② Stokke. O. S, J. Hovi and G. Ulfstein, *Implementing the Climate Regime：International Compliance*, London：Eerthscan, 2005, p. 2.

与动机确认环节需要对治理利基信息的完整性和准确性进行评估，并且确认拟倡导的国际规范与预置标准是否一致。此类评估对那些信息获取渠道相对狭窄的国际行为体来说较为容易，通常能够较快实现优势能力领域与目标议题领域的有效对接。复审环节需要对那些违约国及其规范文本漏洞信息进行审查，并且能够通过遵约度来判断针对治理利基的规范有效性。响应环节是为了满足国际规范体系推广规范的能力需要，这需要判断参与国是否愿意接受国际规范的制约，以防止刻意违约行为的发生。① 因此，选择一个合适的治理利基，更像是证明一个国际规范体系能否有效获得关于遵约行为的独立信息，减少相关复审工作的阻碍因素，或是减少"有规不依"的情况发生。

总而言之，在"丝绸之路经济带"建设中，国际规范有效性明确了能成功引导治理任务的条件。笔者在此运用这些条件以阐释能够使一个国际规范体系有效占领相应治理利基的基本特征，这些利基能够加快治理议题的解决速度。除非既有的强势国际规范体系公开反对进行规范融合，否则无论是多么弱势的国际规范体系，都有权选择最适合自身发展的治理利基。因此，如果能证明一个国际规范体系在进行规范倡导决策时能够比其他国际规范体系更能提高科学家、高科技等人力物力资源投入的可信性、合法性和卓越性，那么以专业知识为基础的规范构建就有可能成功。

相反，在"丝绸之路经济带"建设中，如果强势国际规范能够有引导性地将适应性、行为体覆盖面和实质力量结合到规范推广过程中，那么弱势国际规范体系的建章立制过程将面临巨大阻力。例如前文所述的欧盟低碳话语权对"丝绸之路经济带"建设的影响。那些支持增强规范推广能力与成效的倡议，更像是通过资源整合，或是国际规范体系间的求同存异来吸引外来资金的支持。最终，在"丝绸之路经济带"建设中，为规范执行所做出的共同决定更像是选择一个能产生独立行为信息、接受合规审查、惩罚违规者的机制安排。按照这一理论逻辑，顺理成章的疑问在于：各类国际行为体围绕低碳议题展开的建章立制行为，是否已经触碰到

---

① Olav Schram Stokke, "Regime Interplay in Arctic Shipping Governance: Explaining Regional Niche Selelction", *International Environment Agreements: Politics, Law and Economics*, Vol. 13, No. 1, 2013, pp. 65 – 85.

规范融合的机遇？答案是肯定的，在"丝绸之路经济带"建设中，错综复杂的低碳话语领域，则是一个对中欧打开规范融合大门的治理利基。

### 四　低碳治理规范融合的前景

在"丝绸之路经济带"建设中，从上述利基导向性方面分析解释了中欧低碳规范融合的可能性，可以得出以下结论：欧盟的话语权特征使之能够构建低碳体系、强化规范倡导能力。当然，这不是否认联合国的重要意义，欧盟可以支持另外两项治理任务：规范构建和强化标准，同时，这两项治理任务也可以通过联合国这一全球性权威国际组织来指导完成。

欧盟排放交易体系（European Union Emission Trading Scheme）的运行，预示着欧盟低碳话语权已经从"务虚"走向"务实"，从区域性准权威国际规范体系走向区域性权威国际规范体系。因此世界主要国家都对《京都议定书》所确定的碳减排目标，进行了大量且细致的履约成效研究。唯有推动全球碳减排合作才能得到有效结果，而公认的方法就是构建知识体系，为此欧盟通过融合《联合国气候变化框架公约》相关规范标准的方式，将碳减排责任纳入市场体系，从而获得了"低碳经济"的主导权，并培育了稳定的科学家网络，以及利益攸关方参与欧盟低碳治理体系的合法程序。在碳减排领域，目前这些以知识为基础的影响力驱动因素已经发挥作用，因为国际气候政治的各个利益攸关方，都着手于构建与碳减排有关的国内外监管程序。

《联合国气候变化框架公约的京都议定书》确定的碳减排目标，标志着第一份全球性碳减排监管程序的诞生。足够多的签约国，以及低碳理念被广泛接受，使得联合国成为最具权威性的规范倡导平台：虽然欧盟碳减排标准具有较高的科学体系性，但由于欧盟常常坚持单边绿色关税壁垒，因此欧盟试图将本区域的碳减排标准上升为世界标准，尚缺乏有足够多的合法性支持。因此，欧盟选择了融合而非对抗的发展思路，通过坚定、持续地支持《联合国气候变化框架公约》，来换取深耕全球低碳治理利基的机遇。当前，欧盟对《联合国气候变化框架公约》起到了主动履约的示范作用，进一步提升了欧盟低碳话语权的国际影响力和权威性。除此之外，欧盟欢迎世界各国采纳欧盟碳排放标准，共同构建和检验各种保护气候环境的区域性措施。

可以肯定的是："低碳经济"是联合国留给欧盟的一项治理利基，而后者对此心知肚明，这从某种层面来看，也是欧盟与联合国良性互动、有效沟通的结果。欧盟深知：唯有通过合作的方式加强气候议题的可持续性，才能促进世界各国围绕碳减排议题进行协同发展。长期以来，欧盟一直致力于将碳减排义务与碳交易市场结合起来，通过经贸手段来提升各国的碳减排能力，并巩固欧盟的低碳话语权。虽然《联合国气候变化框架公约》仍然面临履约不畅的尴尬境地，扶持发展中国家履行碳减排责任的措施也在建设中，可以说，欧盟占据着气候政治的国际道德高地，在把握低碳治理利基的能力建设上更有自信。[①] 这意味着，一些区域性国际组织在同样的治理利基下也能够兴盛发展，毕竟在低碳治理实践中，履约能力是非常重要的因素。

最后，在"规范强化利基"（Norm-Enforcement Niche）中，区域性国际组织起到的是监察、检验和应对的作用——但实际上，"丝绸之路经济带"沿线国家，特别是地缘经济上临近欧洲的国家，更倾向于采纳欧盟现有的、完备的低碳规范。因为这些规范更利于用昂贵的应对措施来减少违规事件的发生。通过解析联合国与欧盟在低碳治理规范的融合态势，进一步证明了国际规范体系之间存在良性竞争的可能。在碳减排领域，对履约资源的市场化分配问题，恰恰是欧盟与联合国之间新的合作利基。需要说明的是：笔者的学术发现不局限于低碳领域。如果一个国际组织在内部合作、规范倡导与推广能力上比其他国际组织更强，其解决问题的效果也更高，其必然结果是，那些面临西方"绿色壁垒"和经济发展双重压力的国家，很容易参与由该国际组织倡导的一项或多项碳减排治理任务，正如当前欧盟所倡导的共建碳交易市场和碳金融平台等基础设施一样。

---

① Rottem Svein Vigeland, "The Arctic Council and the Search and Rescue Agreement: The Case of Norway", *Polar Record*, Vol. 50, No. 3, 2013, pp. 284 – 292.

# 第 六 章

# 中国低碳话语权与超网络的
# "绿色丝绸之路"

如前所示，欧盟通过设置"碳关税""碳交易""碳足迹"等，不仅能掌握碳排放收费标准的制定权、运输业及制造业领域的市场控制权，以保持其产业竞争力，还可将其低碳话语影响力扩展到丝绸之路沿线国家，为未来在航运、钢铁、电力、水泥等相关行业推广实施欧盟标准铺平道路。

中国应化被动为主动，在保障自身经济安全与利益的前提下，实现下述发展：（1）优化经贸结构，研发低碳技术。包括：太阳能加热制冷、太阳能光伏材料，先进交通工具相关技术，建筑和工业节能技术，洁净煤技术，碳捕捉和储存技术，风能技术，智能电网等。（2）发展完善国内已有的碳交易市场。2011 年国家发展改革委批准北京、上海、天津、重庆、湖北、广东和深圳等七省市开展碳交易试点，今后需要从战略规划、政策激励、体系建设等方面完善上述交易市场。2021 年 7 月 16 日，全国碳排放权交易市场正式启动。（3）参与国际碳减排的标准制定，在"丝绸之路经济带"建设中，增强中国低碳话语与规范的影响力。中国在哥本哈根气候会议上发布了符合中国特色的自愿碳减排标准—"熊猫标准"，今后应进一步发展完善该标准的规定流程、评定机构、规则限制等。（4）构建跨国绿色物流产业链，包括：绿色运输、绿色包装、绿色流通加工、绿色物流体系、绿色物流管理。（5）完善法律规范，积极推动产业链低碳化。（6）共建"绿色丝绸之路"，将低碳产业发展、可再生能源使用、生态保护与"丝绸之路经济带"建设相结合，探讨既具有竞争力，又对环境友好的合作模式。

# 第一节　中国构建与提升国际低碳
## 话语权的战略设计

笔者在前文分析了欧盟低碳话语权的建构之路与理论解读，本节的研究目标在于对中国如何构建国际低碳话语权进行战略设计。在国际气候谈判、碳减排、低碳经济等领域，中国应该如何建构话语权，中国又具备哪些优势和劣势，将如何规避风险与迎接挑战，是我们研究的重要课题。笔者将在下文中结合 SWOT 模型分析中国建构低碳话语权的优势、劣势、机遇、挑战，并在此基础上为中国建构低碳话语权提供方案选择。

### 一　中国构建低碳话语权的优势

第一，中国领导人对国际气候议题的高度重视。巴黎气候大会于 2015 年 11 月 29 日在法国巴黎开幕，中国国家主席习近平出席会议并在开幕式上发表讲话，再一次向全球传达了在气候问题上的中国声音。中国在国内也做出了巨大的努力，从"十二五规划"到"十三五规划"都强调节能减排，有了国内政策作为基础，中国开始逐渐加大在国际低碳话语权领域的声音力度。基于中国的努力以及收到的成效，中国提升与扩大国际低碳话语权的前景是光明的，借助国际气候议题，在国际社会中树立负责任的大国形象以及扩大自身影响力。

第二，节能减排获得成效。2016 年 6 月，能源局会同发展改革委印发《公共机构节约能源资源"十三五"规划》（以下简称"十三五"规划）。按照"十三五"规划要求，强化目标管理，实施能源和水资源总量与强度双控，采取"差异化"方式分解下达各地区、各部门"十三五"能源资源节约目标，推动各级公共机构对标达标。健全规章制度，相继印发《公共机构能源资源消费统计调查制度》《公共机构能耗定额标准编制和应用指南（试行）》《公共机构能源资源节约示范案例编制推广实施细则》《公共机构绿色数据中心建设指南》《公共机构分布式光伏发电系统建设指南》《公共机构生活垃圾分类工作评价参考标准》等制度标准。如下表6—1 所示，12 个地区 29 个县区开展合同能源管理项目试点，已启动 200 多个项目，带动社会投资超 10 亿元。各地区实施综合节能改造项目约 3000 个，推进重点用能设备改造项目 7000 多个，被评为一星及以上的绿色建筑面积超 1 亿平方米；水利部等 14 个部门办公区完成无负压供水系统节能改造且开展绿色办公行动。①

表6—1　　　"十三五"各省区能耗总量和强度"双控"目标②

| 省市区 | "十三五"能耗降低目标（%） | 2015 年能源消费总量（万吨标准煤） | "十三五"能耗增量控制目标（万吨标准煤） |
|---|---|---|---|
| 北 京 | 17 | 6853 | 800 |
| 天 津 | 17 | 8260 | 1040 |
| 河 北 | 17 | 29395 | 3390 |
| 山 西 | 15 | 19384 | 3010 |
| 内蒙古 | 14 | 18927 | 3570 |
| 辽 宁 | 15 | 21667 | 3550 |
| 吉 林 | 15 | 8142 | 1360 |
| 黑龙江 | 15 | 12126 | 1880 |
| 上 海 | 17 | 11387 | 970 |
| 江 苏 | 17 | 30235 | 3480 |
| 浙 江 | 17 | 19610 | 2380 |
| 安 徽 | 16 | 12332 | 1870 |
| 福 建 | 16 | 12180 | 2320 |
| 江 西 | 16 | 8440 | 1510 |
| 山 东 | 17 | 37945 | 4070 |
| 河 南 | 16 | 23161 | 3540 |
| 湖 北 | 16 | 16404 | 2500 |
| 湖 南 | 16 | 15469 | 2380 |
| 广 东 | 17 | 30145 | 3650 |
| 广 西 | 14 | 9761 | 1840 |

---

① 环资司：《国管局：持续发力，久久为功，"十三五"公共机构能源资源节约工作取得积极成效》，中华人民共和国国家发展和改革委员会 2020 年 6 月 27 日，https：//www. ndrc. gov. cn/xwdt/ztzl/qgjnxcz/bmjncx/202006/t20200626_1232125. html，2021 年 6 月 11 日。

② 国务院：《国务院关于印发"十三五"节能减排综合工作方案的通知》，中华人民共和国中央人民政府网，2017 年 1 月 5 日，http：//www. gov. cn/zhengce/content/2017 - 01/05/content_5156789. htm，2021 年 6 月 11 日。

续表

| 省市区 | "十三五"能耗降低目标（％） | 2015 年能源消费总量（万吨标准煤） | "十三五"能耗增量控制目标（万吨标准煤） |
|---|---|---|---|
| 海　南 | 10 | 1938 | 660 |
| 重　庆 | 16 | 8934 | 1660 |
| 四　川 | 16 | 19888 | 3020 |
| 贵　州 | 14 | 9948 | 1850 |
| 云　南 | 14 | 10357 | 1940 |
| 陕　西 | 15 | 11716 | 2170 |
| 甘　肃 | 14 | 7523 | 1430 |
| 青　海 | 10 | 4134 | 1120 |
| 宁　夏 | 14 | 5405 | 1500 |
| 新　疆 | 10 | 15651 | 3540 |

资料来源：国务院：《国务院关于印发"十三五"节能减排综合工作方案的通知》。

第三，中国具有建构低碳话语权的资金优势。气候治理需要强大的财力与技术支持，中国已是世界第二大经济体。2019 年我国经济发展新动能指数为 332.0，比上年增长 23.4％。[①]

第四，中国在国际低碳话语权领域具备发展潜力。欧洲的项目大多都与港口和铁路有关，基本都属于基础设施建设。完善欧盟各国基础设施建设对于欧盟本身来说，能够有助于减少其内部运输成本，加强成员国之间的沟通联系，对欧盟有非常大的益处。值得强调的是，中国的"丝绸之路经济带"倡议已经明确提出了强化基础设施绿色低碳化建设和运营管理的相关政策，这对于全球气候变化治理有巨大促进和启示作用。这对当前拥有较高低碳话语权水平，但急需振兴经济的欧盟而言，是乐于接受的。中国也可以借此与国际气候领域领头羊的欧盟开展合作，这也对中国自身的低碳话语权建构有着积极影响。

---

① 闾海琪：《2019 年中国经济发展新动能指数继续上升》，中国新闻网，2020 年 7 月 13日，http：//www. chinanews. com/cj/2020/07－13/9237175. shtml，2021 年 6 月 20 日。

## 二 中国构建低碳话语权的困难

作为外宣话语的一个方面，中国的国际低碳话语权进展相对来说起步较晚，且在发展之初没有得到足够的重视。但进入 21 世纪，随着国际气候谈判的增加，加之国际环境问题的凸显，低碳话语权开始推广且引起大家关注。从目前我国外宣气候话语的架构上来说，可以分为三种类型：一是以我国外交部作为典型代表，对气候话语概念进行官方对外宣传推广；二是以中央级的主流媒体和部分地方的大报大台为鲜明代表，这些媒体以自采稿件为主且在海外设有记者站；三是以专门性的国际新闻媒体进行报道，以《环球时报》的英文版、《人民日报》的英文版为代表。

随着多年来中国媒体的不断努力积累和发展，以及近年国家实行媒体"走出去"的计划，获取国际话语权已日渐成为我国外宣机构媒体的一个重要目标。发展与加大投入带来的是外宣气候话语的日渐增多，在报道数量、人员配备、理论研究等方面均有很大提高。但鉴于国际环境、生态机制、话语模式等不同，我国低碳话语权仍然面临诸多挑战，相比欧盟更加成熟的低碳话语权机制，仍然存在许多差异和不足。就具体事项而言，我国在低碳话语权上与欧盟相比，主要存在如下不足之处。

（一）议程设置误区

中国在国际气候、碳减排等领域报道的议程设置误区是对西方国家的报道过多，对发展中国家的报道过少。在这种"议程设置"的暗示下，受众容易对全球气候治理的整体态势形成认知偏见：在国际气候、碳减排等领域，西方国家的信息是重要的，而发展中国家的信息是次要的。反过来，受众的这种认知错位又会促使媒体更加不重视在国际气候、碳减排等领域对发展中国家的报道，如此造成了一种恶性循环。

（二）向外发声能力不足

尽管中国已是世界第二大经济体，参与国际事务也愈发积极主动，但由于在国际气候领域缺少具有国际影响力的机构，向外发声的能力不足。中国的国际低碳话语权能力严重不足。欧美媒体利用其强大的国际传播能力轻易地掀起了"中国环境威胁论"，中国却缺乏实力相当、具有影响力的机构进行反击。国际低碳话语权的缺失，意味着在气候外交中将失去有利的舆论环境，令自身在国际舆论中处于被动。

（三）缺乏创新、重复度太高

中国气候话语的信息内容具有相当程度的一致性，却缺乏自身的特色与竞争力。客观而言，在国际气候谈判、碳减排、绿色产业等领域，中国尚处于起步阶段，还存在诸多问题，这是任何一个国家都会面临的现象。敢于把自身的问题暴露出来并认真解决，这是一种自信的表现。在国际气候谈判、碳减排、绿色产业等领域，当我们的媒体把传达一个多面化、鲜活生动的中国作为己任，那么国际公众也会回馈以兴趣，中国低碳话语的国际阅读量与转发量便会上升，也由此才有与西方机构竞争国际舆论的基础。在这一点上，作为我国唯一的综合性国际新闻报纸的《环球时报》（英文版）起到了一个很好的典范作用。

《环球时报》（英文版）将"传达出一个复杂、真实的中国"作为自身的外宣理念，因此无论是在标题还是内容上都下足功夫。不仅避免夸大其词，以免让读者产生被骗的感觉，对报纸产生戒心。编辑也会尽量把标题做到尽量准确化，避免情绪化、空洞化的口号。

对于国际气候谈判、碳减排、绿色产业的新闻报道，应该逐渐去掉宣传化口号，推动平衡、真实、全面、渐进的报道方式，这应该是我国气候话语外宣推广的发展方向。另外，由于我国参与国际报道的媒体总体上较少，因此也缺乏多元化的声音，在报道数量和质量上也都无法和西方新闻界媲美，从而难以形成一个有益互动、百花齐放的国际新闻界。

（四）人员配备年轻化、分工不合理

与外国报道国际气候谈判、碳减排、绿色产业的记者相比，中国相关从业记者的一个典型特点便是大多数为年轻记者，这些记者笑称自己的事业为所谓"吃青春饭的行业"。但在欧美大国，关注国际气候谈判大会、碳减排、绿色产业等新闻一线的往往是从事报道多年的资深记者，甚至不少已是满头白发。这一方面的对比折射出中国记者相对西方专业人员而言在阅历与经验上的相对不足，但同时，如果好好把握这一特点，将年轻化人员转化为中国建构低碳话语权的另一优势。另外需要提及的是，中国参与国际气候新闻报道的人员分工是较不合理的，尤其是关于中国参与国际气候谈判会议时的现场报道，中国记者往往是一人身兼数职，摄影、文字、后期、音频等都需要亲力亲为，更不须说联系采访代表、安排车辆等工作,给中国记者工作无形中带来很大压力。与此形成鲜明对比的是,西方从业者一般都分工明确,各有各的专业化任务,现场报道不会给从业者带来很大压力,更有利于保证新闻质量。总而言之,这种情况一方面归咎于我国报道相关新闻尚处于发展中阶段,本身人才紧缺,另一方面也必须要认识到这一情况长期发展下去既不利于从业者的健康,也无益于提高我国的低碳话语权。

此外,中国的国际气候话语内容涉及面较窄,原创性气候话语概念较少,使国际受众的兴趣点和关注度不高。关键在于我们仍旧以传统思维进行气候话语概念的国际传播,使得我们在很多国际场合中扮演的是观察者而非话语建构者的角色。简言之,我国的相关报道未能形成覆盖全球的新闻报道能力,无论是现场新闻抑或气候减排等政策的解读,都仍处于传播领域的初级阶段。

### 三　中国构建低碳话语权的机遇

中国作为近年来迅速崛起的一股国际力量,在国际场合中出现了越来越多的中国声音。在国际低碳话语权领域,原本欧盟一家独大的局势面临挑战,包括中国在内的发展中国家的声音势必响彻国际会场。尽管有些国家不愿中国的低碳话语权或者影响力迅速提升,但不可避免的是,在国际气候议题上中国正在逐渐成长为不可忽视的重要力量,这将是国际社会难以否认的事实。中国建构低碳话语权的机遇在于如下几个层面:

第一,国际低碳议题领域需要中国声音。在国际低碳议题和低碳外交上,中国正在向世界表达自身的主张和理念:如始终坚持"共同但有区别的责任原则""公平原则"和"各自能力原则",坚持"绿色发展",并将积极行动实现自身的承诺。在2015年二十国集团峰会上,习近平主席明确提出中国将在"十三五"规划中加入"2030可持续发展"议程,并希望二十国集团各国制订一套符合自己国家国情的方案,最后将这些方案汇总到二十国集团以便于形成集体行动方案。就中国开展的低碳外交行动来看,中国同美、巴、印、法、欧盟等国家或组织发表了《气候变化联合声明》,也向联合国提交了中国"自主贡献文件",确定中国将控制碳排放量在 2030 年左右达到峰值[1]，而且还决定投入 200 亿元人民币设立气候变化"南南合作基金"，在 2011 年底启动中国国内碳排放交易体系试点工作。

第二，特朗普退出《巴黎协定》后留下权力真空，拜登的回归并未完全填补这一真空，为中国提供了可以扩大影响力的空间。如前所述，我们不难发现，即便是在当今国际低碳议题中几乎担当了引领者角色的欧盟，其自己低碳话语权的建构之路也并非一帆风顺。在美国没有放弃《京都议定书》和《巴黎协定》之前，欧盟与美国就气候治理政策、减排标准、碳税以及碳市场方面，提出了各自不同的方案，双方在国际低碳话语权的争夺上互不相让。直到 2001 年，美国时任总统布什公开表示放弃《京都议定书》，欧盟才意外地获得了带领其他议定书的签署国进行联合国框架下的气候治理的机会，并且通过自身的实力与巧妙的宣传手段成功扩大了自身的低碳话语权，成为了当前气候治理领域的"领头羊"。

2017 年，美国总统特朗普决定退出《巴黎协定》与当年布什政府放弃《京都议定书》有异曲同工之处，美国退出《巴黎协定》是美国在全球气候治理领域做出的又一后撤行为，对于想要提升在低碳领域话语权的国家、国际组织而言无疑都是一个机遇。诚如"中国与全球化智库"主任王辉耀先生所言，中国会毫不动摇地保持立场，与其他签约国一起坚定不移地支持和落实《巴黎协定》，努力推动国家间合作，共同进行全球气候治理，为应对气候变化和推进全球治理做出应有的贡献。

中国急需建构和提升自身的国际低碳话语权，应当看到美国退出《巴黎协定》这一行为提供的权力真空。与 2001 年时中国自身的境况不同，如今的中国已然是世界第二大经济体系、一个不断成长的大国，国际气候谈判的与会各方都不能忽视中国的主张及方案。美国在国际气候领域的后撤将导致其在本领域中影响力的收缩，出现一定范围的权力真空，美国所提出的国际低碳标准、方案、理念等也会受到负面影响。中国应该抓住这次机遇，在后续的碳减排大会上勇敢地提出中国理念和中国方案，并通过低碳外交进行推动。

---

[1] 张高丽：《开启全面建设社会主义现代化国家新征程》，《人民日报》2017 年 11 月 8 日第 3 版。

第三，以推动当前国际低碳治理制度的发展与完善为契机，提升中国的低碳话语权。低碳治理作为全球气候治理的重要内容，是关系到未来人类命运的重大问题，本应是各国参与度最高、利益冲突相对较小的一个议题。但是从最初的谈判时起，由于国家发展在时间上存在先后性，各国的实力差距相对复杂，发展中国家与发达国家始终无法在减排标准和具体方案上达成一致，即便是接受度较高的欧盟方案也不能符合每个国家的利益需求，拥有强大国际影响力的美国两度宣布放弃相关的气候协定，这为全球低碳化带来了一定阻力。上述现象都暴露出了一个问题，那就是当今国际低碳治理的制度和机制存在不少问题，与当前某些想要参与低碳治理的国家的国家利益有了一定冲突。

在国际低碳领域内，倘若制定的制度框架不能很好地匹配现实，不能满足国家的需要，那么相关的低碳政策必然无法落实或在勉强落实过程中遭遇阻力，全球低碳制度本身也将停滞不前。鉴此，随着国际气候形势的演化，低碳领域的制度安排也应当做出对应的调整、改变或完善。作为拥有较强国家实力和国际影响力的中国，为了发展自身的低碳话语权，应当主动发挥作用，推动当前国际低碳制度的完善，设法成为低碳领域的一个制度革新者。例如，中国针对纯粹定量的低碳制度，提出了要适当地引入灵活机制。这种提议实质上正是对现有低碳制度的革新与完善。

第四，相较于欧盟，中国仍是一个发展中国家，更加能够理解和体察低碳治理中发展中各国的利益诉求。因此，中国应当努力对发展中国家之间的利益关系进行协调统一，力争提出更加有力、灵活、符合发展中国家气候诉求的协议方案和执行标准。若是能做到这一点，中国的低碳方案将自然成为当前国际低碳治理制度创新中的重要组成部分，其国家形象也将收获更多认可。中国作为制度改革的推动者，自身的低碳话语权将得到提升。

#### 四　中国构建低碳话语权的挑战

中国建构低碳话语权的挑战主要体现在如下几个层面：第一，国际低碳话语权的角逐态势带来的不利。由于美国开始在包括气候在内的软实力领域收缩影响力，低碳话语权领域内曾经类似于美欧中三足鼎立的态势开始发生微妙的变化，欧盟与中国的作用与影响力将日益突出。但是欧盟曾制定的标准已经得到了广泛的认可，并且欧盟对内制定了可行的严格的减排计划。这一事实对于中国而言是相对不利的。

第二，欧美媒体对中国环境问题的恶意形象建构。笔者为了调研欧美媒体如何建构中国在环境保护领域内的形象，对美联社、路透社等国际媒体进行了数据收集，得到了如下结果。笔者调研团队通过运用适用于文本分析的 AntConc 软件进行关键词检索，能够分析出欧美媒体环保文章的高频率词语包括哪些，从而能在一定程度上显示出外媒对于中国环境保护领域关注的重点与建构的目标，即计划将中国构造为何种形象。值得注意的是，笔者团队在词语收集中，剔除了包括英语的定冠词、介词等无实际指向的词汇。其具体结果如表 6—2 所示：

表 6—2　　　　路透社，美联社中国环境保护报道词频统计前十①

| 排名 | 原文词汇 | 中文词义 | 词频 |
|---|---|---|---|
| 1 | China | 中国 | 474 |
| 2 | environmental（environment） | 环境的（环境） | 323（222＋101） |
| 3 | pollution | 污染 | 190 |
| 4 | Beijing | 北京 | 146 |
| 5 | coal | 煤 | 114 |
| 6 | smog | 雾霾 | 108 |
| 7 | government | 政府 | 103 |
| 8 | protection | 保护 | 92 |
| 9 | Hebei | 河北 | 78 |
| 10 | firms | 公司 | 59 |

资料来源：笔者自制。

---

① 具体统计过程由笔者团队完成，数据来源路透社 http：//www. thomsonreuters. com/、美联社：https：//www. ap. org/。

据此发现，欧美媒体所关乎的重心为以下几点：一是雾霾污染，尤其是中国北方雾霾带来的影响；二是政府治理，即政府对于雾霾现象会采取何种措施进行根治，以及政府已经采取的政策与设定的标准。高频词汇有"China"（中国）、"Environment"（环境）、"Pollution"（污染）、"Beijing"（北京）、"Coal"（煤）、"Government"（政府代表中国官方的态度）。从上述语词进行语境分析，可以清晰地看出，上述语篇是对中国环境治理领域的恶意形象建构。

总而言之，中国形象，主要表现中国北方（北京）存在环境污染的问题。在词频分析中，"污染"（190）、"北京"（146）、"煤"（114）、"雾霾"（108）排名靠前，分别为第三、第四、第五、第六。由此，西方媒体建构的具体事实是中国北方（中国首都北京），出现了雾霾污染情况。再通过 Antcoc 软件的语境前后次发现，对应"Smog"（雾霾）的修饰词中，包含些许形容其严重的词语，如"Hazardous"（对我而言危险的）（2 次），"Dangerous"（具有危险的）（2 次），"Choking"（令人窒息的）（3 次），"Heavy"（严重的）（15 次）。可以说明的是，欧美媒体高度重视中国北方严重的污染问题。

## 五　中国构建低碳话语权的 SWOT 模型

对于中国低碳话语权的建构来说，在建构是否可以成功、建构方案的选择与制定、前期投入与风险评估、技术运作难度以及决策机制均非其他项目可比。SWOT 分析法是战略管理学中运用最广泛的分析技术之一。如表 6—3 所示，用 SWOT 模型对中国建构低碳话语权具有的竞争优势、劣势、机遇与挑战，进行分析研究，有助于系统把握中国建构低碳话语权中的有利因素，避开中国面临的不利因素，及早发现隐患，辨别轻重缓急，最终找出解决办法，明确发展方向。"丝绸之路经济带"建设的中国方案，需要转变"先污染、后治理"的发展模式，承担共同但有区别的碳责任，为低碳产业发展提供技术支撑，创新低碳议题设置与注重语用策略，积极开展气候外交，推广中国理念，加强与丝绸之路沿线国家在低碳领域的经济合作。

**表6—3**　　　　　　中国建构低碳话语权的SWOT模型

| 优势与劣势　　机遇与威胁 | 优势（S）<br>S1 领导人高度重视<br>S2 节能减排获得成效<br>S3 资金优势<br>S4 发展潜力 | 劣势（W）<br>W1 议程设置误区<br>W2 缺乏国际低碳话语权<br>W3 缺乏创新、重复度太高<br>W4 人员配备年轻化、<br>　　分工不合理 |
|---|---|---|
| 机遇（O）<br>O1 国际气候议题领域需要中国声音<br>O2 填补真空，扩大中国影响力<br>O3 以推动当前国际气候治理制度发展与完善为契机<br>O4 充当发展中国家气候诉求的协调者 | SO：积极扩展型战略<br>SO1 集中资源，建构有利于中国低碳话语权发展的国内战略环境<br>SO2 积极调整国外战略部署，扩大中国低碳话语权的国际影响力 | WO：谨慎扭转型战略<br>WO1 完善战略规划，注重议题设置、语用策略与增加人员配备<br>WO2 提高支持力度，赴外调研，学习欧盟低碳话语权的建构经验，改变我国低碳话语权的不足之处 |
| 威胁（T）<br>T1 国际低碳话语权的角逐态势带来的不利<br>T2 欧美媒体对中国环境问题的恶意形象建构<br>T3 发展中国家在国际气候谈判中的分裂<br>T4 国际低碳科技转移的多层博弈 | ST：积极防御型战略<br>ST1 建立环境治理的高技术手段与高标准的科技与研发团队<br>ST2 淡化地缘政治因素，通过气候外交共担风险，突出气候合作参与的机构和企业 | WT：谨慎防御型、多元化战略<br>WT1 积累经验再接再厉，探索低碳话语权的内构模式<br>WT2 根据国际形势变化，寻找低碳话语权的外构模式 |

资料来源：笔者自制。

# 第二节　中国构建与提升国际低碳话语权的策略路径

## 一　议题设置合理化，构建新型传播方式

首先，在低碳话语权领域，我们的议题设置要细水长流、逐步推进，

跟踪到底。中国媒体的新闻传播经常有在某一段时间内突然大起，大肆传播然后戛然而止、无果无终的特点。就拿《巴黎协定》为例，从报道频率上在 2015 年 12 月 12 日在巴黎气候变化大会上开始出现，2016 年 4 月 22 日在纽约签署协定后铺天盖地，而现在的新闻报道又戛然而止。笔者认为，作为低碳话语权的议程设置不是一朝一夕就能起作用的，突然大幅度宣传推广容易让人产生抗拒感，又突然长时间不提容易让人忘记。最好的方式就是隔三岔五地以生动的方式表达出来，不仅设置官方的气候治理议程，也报道普通民众的低碳生活，联系事实紧扣当下设置中国的低碳理念。这有利于中国低碳话语权的建构与塑造良好的国际形象。

其次，适当增加在国际气候适应、碳减排、低碳经济类新闻领域的中国议题。通过在国际低碳领域适当增加对中国的正面新闻报道量，拓宽对中国的低碳新闻报道面，使国内外公众更多地认知与了解中国在国际低碳领域的贡献和作为。从人力上，应尽可能多地培养国际低碳领域的专职新闻从业人员，或者让更多的资深记者深入到国际低碳议题领域，传播中国的低碳理念。从投入上，应尽可能多地增加对中国低碳类新闻工作的投入和付出，以更多地获得其第一手新闻资料。从时间上，新闻工作人员尽可能多地把精力花在对中国的国际气候适应、碳减排、低碳经济类的新闻采访、写作、编辑、校对上面，减少错误，把一个积极向上的中国现状呈现在读者面前。

再次，与西方气候适应、碳减排、低碳经济类议题相比，尤其与作为低碳话语权引领者的欧盟相比，我国的相关议题设置受限于经验、技术和自身发展等方面的因素，存在较大差距。议题设置给人们生活带来巨大的影响，影响行为体的行为和认知。中国处于社会的转型期，通过重新审视我国相关议题设置的整体特点，也是借此机会匡正我们的不当之处，在审视自身与世界之中努力跟上时代的潮流，既让世界看到一个复杂多元、积极向上的中国，也让中国人可以看到复杂多元、多面发展的世界。只有在这样的良性双向互动中，我们才有机会为中国低碳话语权的健康成长和走向成熟打下重要基础。

在国际低碳议题设置领域，如何让中国声音向世界传达，是中国在现实中遇到且迫切需要学者不断思考的问题。学习与改进是促进中国声音走向世界的捷径之一。唯有改变中国低碳话语权的传统传播方式，加强自我定位，改进宣传方式，利用多元平台，才能改变中国在国际低碳议题领域发声的不利地位，才能发挥中国新闻媒体对国际低碳话语权建构的重要作用，引导国际舆论且为中国碳外交创造有利环境，最终为中国国家形象塑造贡献力量。

复次，在国际低碳议题设置领域，中国需要思考如何构建新型传播方式。通过前文所述，不难发现西方国家媒体对于中国环保形象的描述，存在消极、抹黑的方面，这些西方媒体是为了创造标题效应与打造国际热点，而故意截取中国的某些地方企业的行为，譬如只强调环境危害，却将中国政府为之付出努力的部分剪掉，同时利用读者对于中国的偏见或认知的缺失，以能够为读者提供所谓的"新颖"视角为噱头，将抹黑后的中国在众多读者间大肆传播。

最后，在国际低碳议题设置领域，中国需要思考如何应用未来的新型传播方式，这一传播方式应当至少重视如下三点：一是恰当回应负面消息，体现中国新发展。中国面对欧美媒体得当的批评，如对于中国环境问题的真实担忧，应当虚心接纳，进而提出改正措施；而对于欧美媒体抹黑类的批评，我们也要勇敢回应。此外，正如"金无足赤、人无完人"，中国政府在本国发展报告与新闻报道中，除了展示国家经济发展成就，也应当适当提及在中国发展过程中出现的问题。例如，在经济发展过程中，中国出现了生态环境与经济发展协调性偏差的相关问题。如果我们在国内从不提及此类问题，一方面若是被西方媒体抢先报道，会在国际社会中成为他国谴责中国的理由；另一方面在国内会使得本国人民对于中国认知的形象产生偏差，对于政府的信任度降低。

二是多面传播中国信息，消除谣言与偏见。诚然，西方媒体对于中国的环境保护类议题的形象建构，已经产生了一定程度的不利影响，但我国并非只能听之任之，而是必须有所作为。在国际低碳类议题设置领域，中国不妨打造一套全方位的传播政策：包括政府务实治理环境污染问题、政府强调关注生态保护、社会经济稳健发展、环保方面的新科技创新、企业环保意识的提升、绿色产业的发展、人民环保素质的培养、文明旅游的倡导等。

三是强调实现中国发展与"人类命运共同体"的统一。在国际低碳类议题设置领域，当前的国际报道以国家为核心传播相关信息，这本是无可厚非，也是他国了解本国信息的重要途径之一。但如果在议题的选择上只涉及本国，对世界其他地区的事务沉默不语、视若无睹，难免陷入狭隘的国家主义框架中。因此，习近平主席多次强调要建设"命运共同体"。"命运共同体"的概念出自 2011 年《中国的和平发展白皮书》，中共中央总书记、国家主席习近平在该白皮书中指出："要以命运共同体的新视角，寻求共同利益和共同价值的新内涵"① 2013 年第四届中欧政党高层论坛就紧密围绕如何构筑合作共赢的"中欧命运共同体"② 为主题。2013 年至 2015 年两年多时间里，习近平主席 60 多次谈及"命运共同体"。2017 年，习近平主席在瑞士出席世界经济论坛时再次正式提出"人类命运共同体"的概念。③ 可见，"人类命运共同体"是我国领导人对国际关系的理想定位，与中国国家发展的目标相互统一。

低碳与"人类命运共同体"概念密切相关。从学术上可以这样界定"人类命运共同体"：人类命运共同体是指其内部成员普遍认同处于一个相互依存且共抗威胁的群体或体系。在这个体系中，行为体通过互动实践使自我与他者进行交流，并逐渐超越原本横亘在彼此之间的国别差异、意识形态与宗教信仰差距，最终形成一个新的集体身份，即人类命运共同体。这些行为体能够共享人类命运共同体这一新身份所赋予的象征和规范，并且能够在以共同利益、普遍互惠性、全球治理和可持续发展观为基本特征的环境中进行互动。简而言之，人类命运共同体就是集体身份，集体身份是一种共有观念结构，人类命运共同体的共有观念就是"我们感"，其共有行为规范是合作。

在低碳议题领域，现实主义视角中，国家形象的传播所唯一需要关切的便是国家利益，若在当前全球化日趋紧密，全球公民、全球贸易、全球

---

① 国务院新闻办公室：《中国的和平发展白皮书全文》，中华人民共和国中央人民政府网，2011 年 9 月 6 日，http：//www.gov.cn/jrzg/2011 - 09/06/content_1941204.htm，2021 年 6 月 23 日。

② 李伟红、裴广江：《第四届中欧政党高层论坛在苏州开幕，刘云山发表主旨讲话》，中国共产党新闻网，2013 年 4 月 23 日，http：//cpc.people.com.cn/n/2013/0423/c64094 - 21237791.html，2021 年 6 月 23 日。

③ 韩墨、韩梁：《指引人类进步与变革的力量——记习近平主席在瑞士发表人类命运共同体演讲一周年》，新华网，2018 年 1 月 24 日，http：//www.xinhuanet.com/politics/2018 - 01/24/c_1122310031.htm，2021 年 6 月 23 日。

信息交流日趋广泛的过程中，国家还是仅关注自身的利益，一切为当前短期的利益驱使主导的话，尽管国家可能获得了短期利益，但其形象塑造也必然成为一个急功近利、唯利是图的形象，而非具有使命感、责任感、有担当的大国形象。举例来说，加拿大曾是全球气候议题领域的积极参与者，甚至也曾有担任领导者的可能，最终却蜕变为全球环境 NGO 联盟眼中的环境阻碍者。加拿大在 1987 年成功推动《控制消耗臭氧层物质的蒙特利尔议定书》的达成，其城市蒙特利尔在 1992 年成为签署《生物多样性公约》的秘书处所在地。秘书处的主要职能是协助各国政府落实《公约》及其工作方案、组织会议、起草文件、与其他国际组织进行协调及收集和传播信息。2006 年，加拿大成为第一个宣布不履行《京都议定书》碳减排责任的缔约国，引起国际社会的普遍不满。

在国际低碳议题的设置领域，既要体现“中国发展”又要涵盖“世界关怀”。国家形象的塑造本身也不能忽略的是国内建构过程。若是国内媒体、民众、企业的语言建构集中于“集体的狂欢”而非理性的思考，那么国家的形象就会产生一个沟壑，即在国家主导宣传国家形象与世界关怀的同时，国内民众、企业却忽视环境问题。由此观之，在国际低碳议题领域，政府不仅应当向外宣传推广，注重国家形象的塑造，也应加大对国内媒体、民众、企业的引领。

### 二　注重低碳话语的语用策略与结构安排

低碳话语的语用策略与结构安排具体包括如下几个方面：第一，注重表达，语言简明扼要。在国际气候适应、低碳经济、绿色产业等相关报道中，欧盟注重从细节着手，强调个人体验，语言应用简洁明了，有助于拉近与读者的距离，这一点我们可以借鉴。

第二，加强自身定位，避免重复和枯燥。中国媒体应该增强中国式气候话语类新闻报道的特色内容，在国际传播的过程中尽力淡化媒体本身的主观性，避免重复和枯燥，让公众更多地去关注“内容”而不是媒体背后的“宣传者”。中国媒体在进行报道的过程中也要学习西方媒体的表达方式，研究国外公众能够接受的语言习惯，从而达到吸引国外公众阅读兴趣并最终实现宣传目的。

第三，使用平衡式报道，注重生动型故事传播。中国在国际低碳话语领域，使用平衡式报道与注重生动型故事传播，不仅有利于自身低碳话语权的获得，也是自身和世界接轨的重要方式。

### 三　利用新媒体推广，影响国内外舆论

Facebook、Twitter、YouTube 等互联网社交媒体使用人数多、传播速度快，对互联网舆情的影响力十分巨大。在低碳话语权领域，如何让中国政府的气候理念传导给国内的机构和民众，又如何让中国的气候理念走向世界，选择上述新媒体至关重要。

首先，政府利用新媒体影响国内机构和民众。在低碳话语权领域，无论是气候适应、环境污染治理，还是碳减排、低碳产业发展等目标，单纯靠政府难以完成，国内众机构和民众的支持至关重要。政府以新媒体影响国内机构和民众，可以带来巨大的支持力量。罗伯特·帕特南（Robert-Putnam）的"双层博弈"理论就指出国内政治对国际政治的影响理论。他将国际谈判分为两个阶段：阶段一为两国代表就某一议题达成试探性协定。这一过程往往是各方讨价还价、漫长而又艰难的谈判历程，达成的协定的过程也是历经争论、几易其稿、十分不易。但是，该协定最终是否生效还要取决于两国的国内政治意见，即阶段二。阶段二是两国国内分别就该协定是否能够成立按照国内政治程序进行批准。因而国内机构与民众的权力分布、偏好和可能的联盟是影响"赢集"（共赢的重叠区间）的重要因素，也是最终能决定谈判结果的决定性因素。由此观之，在国际低碳议题领域，政府可以巧妙利用新媒体，获取国内众机构与民众对自身参与国际气候谈判并签署协定的坚定支持，从而巩固低碳话语权。

其次，利用新媒体营造有利的国际舆论。前文我们已经论述过国际舆论动员的重要作用，新媒体是舆论动员的重要媒介和有力手段。在国际低碳话语权推广领域，除了气候演讲，气候谈判，气候领域的首脑外交和部长外交之外，新媒体外交也是可利用的重要方式。究其实质，就是通过新媒体的话语传播作用，建构有利于本国建构低碳话语权的国际舆论环境，充分发挥话语的"以言指事"功能（明确本国低碳治理主张的具体内容）、"以言行事"功能（表明本国低碳治理主张的施行决心）"以言取效"功能（获得国际社会有利的舆论支持）。因此，在国际低碳议题领域，中国低碳话语权的新媒体对外宣传十分重要。同时，

还要重视外媒对中国的报道，并通过外媒发出有利于中国的声音。从笔者的角度来看，外国媒体对中国的报道是否客观公众，还是需要中国自身先发出完整坚实的声音，再以国内媒体带动国外媒体，才能有效把握国际舆论。

最后，利用新媒体影响西方各国利益集团。西方各国利益集团在政治影响方面的作用已经成为不可否认的事实，甚至有学者认为政府决策仅仅是利益集团的传声筒，国家利益是某些利益集团利益的体现。虽然这种"俘虏理论"（Capture Theory of Regulation）有夸大利益集团的政治影响力倾向，但也给我们带来了新媒体传播对象的创新启示。在国际低碳议题领域，如何利用新媒体影响西方各国利益集团？笔者大胆提出建议，可以打造一个良性互动的过程。利益集团必然有舆论支持的需要，我国新媒体可以支持他国利益集团在国际低碳领域合理可行的诉求，他国利益集团作为回报也应促进我国新媒体传播的低碳理念与观点。

## 第三节　"绿色丝绸之路"的超网络协同合作与熵控

"绿色丝绸之路"的超网络拓扑依赖于构建中国、俄罗斯、欧盟的新三角关系。在"绿色丝绸之路"规范中，中俄欧关系与传统大三角不同，其组成结构与互动方式具备超网络竞合的特性。超网络又称"网络的网络"，是当前复杂网络领域的前沿理论。在超网络视域下，中俄欧三角关系从单三角向多个子三角构成的三角网络系统转向，从单属性、单维度、单层面转向多属性、多维度、多层面，整个超网络竞合关系呈现丰富多彩与交互影响的特性。在此背景下，如何促进"丝绸之路经济带"倡议下"绿色丝绸之路"超网络拓扑机制的发展？笔者认为应该构建超网络协同的理论模型，发挥超网络序参量的积极作用，进行超网络熵控，警惕并消减外引式涨落可能带来的负面影响，以实现"丝绸之路经济带"背景下"绿色丝绸之路"超网络拓扑机制的稳定发展。

"一带一路"倡议目前已得到 150 多个国家的积极响应，其中包括 20

多个欧洲国家。① 亚欧大陆桥三条线路的投入运行，实现了亚欧之间的海陆联运，重现"古丝绸之路"的辉煌，② 将中俄欧三角空前紧密地联系在了一起。三角这个概念源自冷战时期的中美苏三角关系，它与当时特定的美苏地缘政治博弈背景密切相关。③ 冷战后，三角关系被学者用于描述中美俄④、中美欧⑤、中俄印⑥、美日印⑦、美欧俄⑧等。一方面，国内研究中俄欧三角关系的学者不多；⑨ 另一方面，前述学者解读三角关系多使用的是结构现实主义、地缘政治理论的研究框架，难以适用于分析当前多层面网络、多维度空间、多属性特征、动态演变的中俄欧新三角关系。在此背景下，采用新方法研究中俄欧的新三角关系显得尤为重要。

　　笔者在开始研究之前，需要对中俄欧三角关系进行界定：第一，中俄欧三角关系是竞合关系。三角关系不等于三边合作抑或三者竞争，三角关系的本质是既有竞争又有合作的关系。竞合关系（Cooperation-Competition Relationship）⑩ 是指在竞争中求合作，在合作中又包含竞争的动态关系。第二，中俄欧之间的三对关系互相影响。即中俄、中欧、俄欧关系之间不是彼此孤立的，而是互相渗透、互相联系、交叉作用的。第三，中俄欧是塑造"绿色丝绸之路"超网络拓扑的关键。中俄欧与冷战时期的中苏欧

---

　　① 外交部：《"一带一路"倡议得到20多个欧洲国家响应》，人民日报海外网，2019年3月29日，https://baijiahao.baidu.com/s? id = 1629326468545360929&wfr = spider&for = pc，2021年6月23日。

　　② 赵东波、李英武：《中俄及中亚各国"新丝绸之路"构建的战略研究》，《东北亚论坛》2014年第1期。

　　③ 王缉思：《美国对华政策中的战略大三角》，《美国研究》1992年第2期；余丽：《中美苏战略大三角关系的结构现实主义》，《郑州大学学报》（哲学社会科学版）2009年第4期；何慧：《美国尼克松政府大三角战略决策肇始》，《世界历史》2011年第1期。

　　④ 李立凡：《中俄美大三角与中亚的地缘政治战略》，《世界经济研究》2003年第4期；李兴：《试析当今中俄美三角关系的若干特点》，《东北亚论坛》2014年第1期。

　　⑤ 王琳、陈晓晨：《欧盟在中美欧大三角中发挥弱作用》，《第一财经日报》2013年11月25日第4版。

　　⑥ 梁尚刚：《中俄印外长首次会晤构建能源大三角》，《中国报道》2005年第7期。

　　⑦ 闫元元：《印度在大三角关系中的外交抉择》，《国际资料信息》2008年第5期。

　　⑧ 刘志中：《美欧俄制裁战对中国经济的影响及对策》，《理论学刊》2015年第2期。

　　⑨ 唐永胜：《激活中俄欧三角关系》，《世界知识》2008年第13期。

　　⑩ Evert Van De Vliert, "Cooperation-Competition Theory Raises More Questions Than it Answers", *Applied Psychology*, Vol. 47, No. 3, 2007, pp. 323 –327.

相较，无论是内涵特征，还是互动形式，已经明显不同。因此，我们需要借助新理论来分析"绿色丝绸之路"的超网络拓扑。

**一　超网络的理论特点**

超网络（Super network）又被称为"网络的网络"（Network of Networks），[①] 是复杂网络理论的最新研究成果。[②] 超网络揭示了不同子网络在一个大的网络结构中的竞合关系。我们进行超网络研究就像使用不同尺寸的镜头放大某个网络，捕捉该网络的内部结构，然后对系统内部的子网络进行分析，并关注子网络中每个节点甚至每条边之间的互相作用关系。[③] 接下来笔者将梳理超网络理论的四个特点。

（一）多层面网络

在过去的网络理论研究中，网络科学成功地描述了生物技术的网络、金融系统的网络、社会系统的网络等，但这些研究都是单层面的网络研究成果。"直到最近几年，网络科学家们基于越来越多的真实数据，才开始认真研究真实世界网络系统的多层面和演化性。"[④] 超网络就是由多个层面子网络组成、不断演化的网络系统。不同层面的子网络之间是互相联系的。形象地说，超网络可以表征为多层次金字塔系统。金字塔底部是基层网络，中部是延展网络，顶层是统筹网络。越往金字塔底部扩展，网络特征越具有多样性和功能性；越往金字塔顶部空间延伸，网络特征越具有简约性和适用性。通过对多层面子网络的分析，我们能更清晰地解读网络过程和网络背后的动力机制。

① YanHaisheng and PengLingling, "Android Malware Detection Based on Evolutionary Super-Network", paper delivered to AIP Conference Proceedings, sponsored by the American Institute of Physics Conference Series, Xi'an City, China, January 20 – 21, 2018.

② Shlomo Havlin, H. Eugene Stanley, Amir Bashan and Jianxi Gao, "Percolation of Interdependent Network of Networks", *Chaos Solitons & Fractals*, Vol. 72, No. 10, 2015, pp. 4 – 19.

③ Kshiteesh Hegde and Malik Magdon-Ismail, "Network Lens: Node Classification in Topologically Heterogeneous Networks", ArXiv. org, (January 2019), https://arxiv.org/pdf/1901.09681.pdf.

④ Stefano Boccaletti, Ginestra Bianconi, Regino Criado Herrero and C. I. del Genio, "The Structure and Dynamics of Multilayer Networks", *Physics Reports*, Vol. 544, No. 1, 2014, pp. 1 – 122.

超网络是个多层面、多目标的系统。[①] 超网络的不同层面子网络之间是彼此交融、我中有你、你中有我的关系。它摆脱了原本单层面网络的研究局限，扩展了网络科学的研究空间，丰富了网络科学的研究维度，开拓了研究者的视野。国家间关系就是个典型的超网络，它由许多层级的子网络组成，从关系的属性可以分为战争、竞争、合作、盟友等网络。战争网络又由许多子网络组成，包括危机预警网、控制指挥网、后勤供应网、战后安置网等。危机预警网络还有情报收集平台、实时监控小组、在线巡逻分队、自动防控系统等子网络。不同层级的子网络之间纵向横向交互影响。

（二）多维度关系系统

超网络是个多维度的关系系统。我们一般使用网络表示学习（Representation Learning on Network），将总网络中的子网络结构、网络边、网络节点转化为一个多维向量。[②] 通过这一转化过程，能使复杂的网络信息转变为方便计算机识别计算的数据。这其实就是向量化编码（Encoder），是指把网络结构、边和节点映射到多维向量。[③] 然而，以往的网络表示学习研究忽略了多维度关系属性对网络的影响。为了解决这一问题，超网络研究引入一个新的框架，考虑超网络中多维度关系的数量和属性，并用实验研究证明了多维度关系分析框架在包括网络重建、链路预测和节点分类等方面的优势。[④]

超网络的子网络、网络边、网络节点之间都是互相依赖的，它一般是

①　Bo Yuan1, Bin Li, Huanhuan Chen, Zhigang Zeng and Xin Yao, " Multi-Objective Redundancy Hardening With Optimal Task Mapping for Independent Tasks on Multi-Cores", *Soft Computing*, Vol. 24, No. 12, 2020, pp. 981 – 995.

②　Hao Wei, Zhisong Pan, Guyu Hu and Liangliang Zhang, " Identifying Influential Nodes Based on Network Representation Learning in Complex Networks", *Plosone*, Vol. 13, No. 7, 2018, pp. 1 – 13.

③　Jimei Yang, Brian Price, Scott Cohen and Honglak Lee, " Object Contour Detection with a Fully Convolutional Encoder-Decoder Network", paper delivered to 2016 IEEE Conference on Computer Vision and Pattern Recognition (CVPR), sponsored by the IEEE Computer Society, Las Vegas, NV, USA, June 27 – 30, 2016.

④　Guoji Fu, Bo Yuan, Qiqi Duan and Xin Yao, "Representation Learning for Heterogeneous Information Networks via Embedding Events", ArXiv. org, (January 2019), https：//arxiv. org/abs/1901. 10234? context = cs. LG.

在三种以及三种以上的维度空间中同时存在并发生作用，它的任意一个点、一条线、一个面都可能具有错综复杂的互相关联方式。在超网络中，一个非常小的局部失误可能会导致十分严重的后果。尤其是在相互依赖的关键节点之上一旦出现故障，将会突然导致整个网络系统的崩溃。因为超网络是空间嵌入的。总网络不断通过识别接受、分类归属、派生演化等方式把各种子网络嵌入其中。因此，嵌入点、嵌入结构、嵌入方式等要素对网络稳定至关重要。我们需要对超网络进行结构观察与实时监控。

（三）网络拓扑功能结构

超网络是具有拓扑功能结构的网络。网络拓扑是指把网络端口用节点代表，再用链路联系起来的抽象表示方法。[①] 网络拓扑不考虑连接的实际事物的体积大小、质量单位等详细特征，也不关心事物的相对比例等具体细节，只重视事物之间的相互作用和相互关系。网络拓扑结构形象地说明了网络的连接方式。如图6—1所示，基本的网络拓扑结构包括三种：线状结构、环状结构、星状结构。线状结构是把不同网络节点用线连接起来的简单结构。该结构的优点是有利于信息的点对点传播，操作简单且可靠性强；该结构的缺点是不利于信息的成倍扩展传输并且维护成本高。一旦结构中任意一点出现故障，整个线状结构就会突然瘫痪。

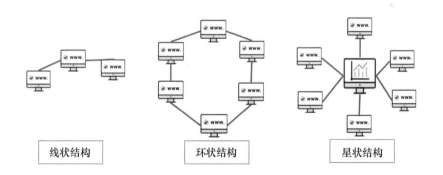

| 线状结构 | 环状结构 | 星状结构 |

**图6—1　基本网络拓扑结构示意**

资料来源：笔者自绘。

---

① Joohyun Kim, Ohsung Kwon and Duk Hee Lee, "Observing Cascade Behavior Depending on the Network Topology and Transaction Costs", *Computational Economics*, Vol. 53, No. 1, 2019, pp. 207–225.

环状结构是把不同节点首尾相连组合成一个环。该结构的优点是每个节点有上下两条选择路径，操作也比较简单。环状结构的缺点是当联系的节点过多时，发布的信息传输时间过长且不利于系统维护。在大型环状结构中，一旦任意一点出现故障，会出现排查困难的情况。而且环状结构是闭合的环，不利于对外扩展。星状结构是通过中央节点连接外围节点的结构。该结构的优点是核心节点突出、控制简单、易于管理。而且星状结构只要不是中央节点出现故障，就易于诊断和隔离。该结构的缺点是资源共享程度较低、可靠性与能力等级较差、成本较高。

超网络的拓扑结构是混合型的。混合拓扑结构是组合了线状结构、环状结构、星状结构等的整体。[1] 理想的超网络拓扑结构是结合了上述结构的优点，既有利于系统中信息的传输，系统可靠性又强，资源共享能力也强，运营成本可以接受，控制方便且有利于系统维护和管理，还能轻松诊断和隔离故障节点；混乱的超网络拓扑结构是集中了上述结构的缺点，系统可靠性弱，资源共享能力也差，运营成本还高，控制程序烦琐且不利于维护和管理。真实的超网络拓扑结构往往介于两者之间。

（四）非线性作用与时空演化性

在很长一段时期内，人们局限于简单刻板的线性研究中。然而，超网络的作用形式是非线性的。[2] 超网络的非线性具体体现在三个方面：首先，超网络输入与超网络导出之间不是线性相关。超网络外部的细微变动可能引发超网络内部的轩然大波，就类似于蝴蝶效应的连锁反应；同样，超网络外部的滔天巨变也可能在超网络内部只是昙花一现，最终只产生小范围的局部影响。这是因为超网络内外联系机制有各种各样的组成形式。它们发挥着传导放大或者过滤吸收网络内外影响力的作用。其次，超网络内部的子网络之间能量传输过程也不是线性相关。如前文所示，超网络内部不同子网络之间是复杂作用的。某个子网络的随机行为可能引发其他子

---

[1]　Giorgio Schirò, Yann Fichou, Alex Brogan and Richard Barry Sessions, "Diffusivelike Motions in a Solvent-Free Protein-Polymer Hybrid", *Physical Review Letters*, Vol. 126, No. 8, 2021, p. 21.

[2]　张连峰、周红磊、王丹：《基于超网络理论的微博舆情关键节点挖掘》，《情报学报》2019 年第 12 期。

网络的集体模仿；同样，在某个强势子网络的压力下，众多子网络的集体行动也可能迅速偃旗息鼓。

最后，超网络的非线性意味着系统简单加减原则的失效。在线性网络中，整体系统的影响力等于各组成部分的影响力之合。如果目标是增强整体网络系统的影响力，可以通过增强该系统各组成部分影响力的形式。即，每部分的能力增强了，该网络的整体能力也就相应增强了；同样，如果目标是降低整体网络系统的影响力，可以通过降低各组成部分影响力的形式。即每部分的能力降低了，该网络的整体能力也就相应降低了。这就是适用于简单网络的系统加减原则。然而，在超网络中，简单加减原则被打破。超网络中某一部分的影响力降低了，整个网络通过重新排列组合，整体影响力可能反而会增强，甚至呈现整体效力倍增的状况。

此外，超网络是随时空不断演化的。超网络是开放的复杂系统，是随外部环境变化而变化的。超网络的演化性主要体现在如下几种趋势上：一是超网络的进化。进化是指子网络之间的互动不断加强，使网络间的交集越来越多，形成的相互作用模式也越来越复杂，导致超网络形成发展。二是超网络的突变。突变是指在超网络内部大量子网络突然发生变化，使超网络出现扭曲，导致整个网络进入变化的临界状态。三是超网络的退化。退化是由于子网络之间的互动不断减少，使网络间的交集越来越少，导致相互交流几乎中断，最终结果是超网络趋于解体。

## 二　超网络视域下的竞合

前文解读了超网络的多层面子网络、多维度关系系统、网络拓扑功能结构与时空演化的特点。如图6—2所示，在"丝绸之路经济带"建设中，笔者将从战略、机制、市场、研发、应用、配置等多个子三角网络层面分析竞合关系。

（一）多层面网络与竞合关系

"丝绸之路经济带"囊括多层面的子网络。网络顶层是战略竞合子网络。在对欧亚大陆的战略设计上，中国、俄罗斯、欧盟是在竞争中求合

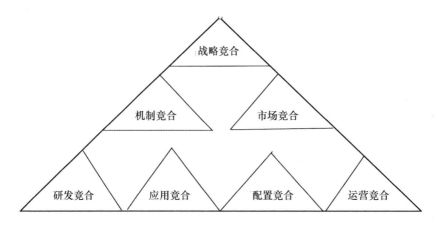

**图6—2　多层面子网络与竞合关系**

资料来源：笔者自绘。

作，在合作中又有竞争的竞合关系。[①] 中国国家主席习近平提出了"丝绸之路经济带"倡议，欧亚大陆在中国外交和战略布局中的地位越来越重要。俄罗斯总统普京建议的欧亚联盟战略目标以及对于乌克兰的冒险举动意味着俄罗斯试图重现苏联曾经在欧亚大陆的辉煌。[②] 而且自普京总统上台以来，俄罗斯的能源巨头，如俄罗斯天然气工业股份公司等一直被国家作为影响邻国政治的战略工具。中俄可以在开辟欧亚新通道领域展开合作。欧盟的欧亚大陆战略是一方面积极推进欧盟东扩，在新加入的中东欧国家中推广欧盟模式和经验；另一方面，在中亚与俄罗斯、中国展开竞争与合作。由于中亚地理位置的特殊性，欧盟在中亚的战略布局受到中俄欧关系的强烈影响。

　　网络中部是机制与市场的子网络。在外汇储备机制、货币国际化机制、气候谈判机制等领域，中国、俄罗斯、欧盟是竞争中求合作。在外汇储备机制领域，中俄尽管各具特色，但两者都可以视为新兴市场国家外汇储备积累的典范，成功降低了金融危机所带来的外国私人资本的突然大量

---

　　① 刘清才、支继超：《中国丝绸之路经济带与欧亚经济联盟的对接合作》，《东北亚论坛》2016 年第 4 期。

　　② Michael Clarke，" Beijing's March West：Opportunities and Challenges for China's Eurasian Pivot"，*Orbis*，Vol. 60，No. 2，2016，pp. 296 – 313.

外流和发达国家对进口需求大幅减少的影响。① 在货币国际化机制领域，近年来，人民币和欧元的国际化过程不断推进。人民币和欧元在俄罗斯央行外汇储备中的比例不断增加，美元相应减少。中国工商银行在俄罗斯提供人民币清算业务。② 经历过货币危机的欧洲中央银行也将人民币列为外汇储备币种。相较而言，卢布国际化的进展缓慢。在国际气候谈判领域，中俄主张建立灵活的碳减排机制，欧盟坚持量化减排机制。在美国退出《巴黎协定》之后，欧盟提议欧盟、中国、俄罗斯在国际气候谈判、碳排放交易市场建设、低碳科技领域进行更深入的合作。

中国、俄罗斯、欧盟在武器装备出口市场、国际航空市场展开角逐。冷战后，武器装备出口的动因发生了变化，从国家间战争开始转向反恐领域。中俄欧在国际武器装备出口市场展开竞争。在国际航空市场，中国民用航空局、俄罗斯航空公司以及法国航空公司、荷兰皇家航空公司、德国汉莎航空公司等多家欧洲公司争夺激烈。以竞争异常激烈的中欧航空市场为例，参与中欧直飞的航空公司多达 31 家。③ 此外，来自中东的航空公司，如卡塔尔航空公司、阿联酋航空公司、阿提哈德航空公司通过多哈、迪拜、阿布扎比等中转枢纽从中欧市场分流了大量乘客。

网络底部是基层网络。笔者将它分为技术研发、技术应用、设施配置、运营管理等。以 5G 技术的基层网络为例，中国华为与俄罗斯签署协议，在莫斯科、圣彼得堡等地共建了 3 个研发中心，在设施配置方面进行了深入的合作，并且华为钱包支付功能也将在俄罗斯线上交易中全面应用。④ 相较于中俄进展顺利的合作过程，华为与欧盟的合作则显得更加曲

---

① Shinichiro Tabata, " Growth in the International Reserves of Russia, China, and India: A Comparison of Underlying Mechanisms", *Eurasian Geography and Economics*, Vol. 52, No. 3, 2011, pp. 409 – 427.

② Dezan Shira, "China's ICBC Provides RMB Clearing Services in Russia", China Briefing, (March 2017), https://www. china-briefing. com/news/chinas-icbc-provides-rmb-clearing-services-russia/.

③ 马崇贤:《从国航角度解析中欧航空市场》，中国民航网，2018 年 10 月 24 日，https://max. book118. com/html/2018/1024/6032243024001224. shtm，2021 年 6 月 23 日。

④ Huawei, " Huawei and UnionPay Jointly Launch Huawei Pay in Russia", Huawei. com, 2018 年 12 月 20 日，https://consumer. huawei. com/en/press/news/2018/huawei-and-unionpay-jointly-launch-huawei-pay-in-russia/，2021 年 6 月 23 日。

折。2019 年 3 月欧盟发布了规范 5G 网络和强调网络安全的报告,此举被媒体解读为是针对华为的行动。然而,欧盟成员国对华为的态度并不统一。瑞典为了爱立信而拒绝华为,丹麦最大电讯集团也选择爱立信建立 5G 网络,避开了中国华为。德国、英国却表态不会禁止华为参与国内互联网建设,并声称没有证据证明华为参与情报搜集活动。某些欧盟成员国拒绝华为一方面是源自美国影响;另一方面是由于自身心理落差,即欧盟及成员曾经在手机电信领域的辉煌过往与当前 5G 网络技术落后于中美现状之间的巨大落差。然而,华为 5G 性价比实在太高。相较于诺基亚、爱立信网络运营的高额成本,德国等欧盟成员选择华为 5G 实际是利益最大化的理性选择。

(二) 多维度与竞合关系

维度又称为维数。立体三角形具备长、宽、高三个维度。中俄欧至少具备经贸三角、文化三角、政治安全三角三个竞合维度。笔者使用三角形每个角的角度大小表示中俄欧之间的关系紧密程度。如下图 6—3 所示,在经贸三角中,角度越小,表示关系相对紧密、贸易额越大;角度越大,

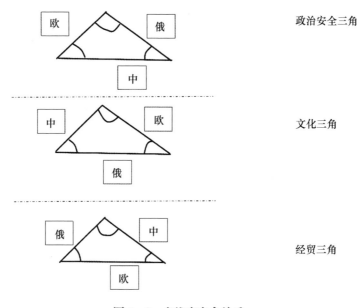

图6—3    多维度竞合关系

资料来源:笔者自绘。

表示关系相对松散、贸易额越小。在中俄欧经贸三角关系中，以 2020 年的数据为例，中欧经贸总额为 6495 亿美元。① 俄欧经贸总额是 2942 亿美元。中俄经贸总额超 1077 亿美元。② 中欧经贸总额约为中俄经贸总额的 6 倍。因此，在中俄欧经贸三角中，中欧经贸角度最小，两者经贸关系最紧密，贸易额最大。中俄间经济与政治发展不同步问题依然存在。

基于文化维度，可以得出一个与经贸维度截然不同的中俄欧三角。俄罗斯在传统文化上是一个欧洲国家，它的文化中心城市也位于欧洲。虽然俄罗斯人信仰东正教，欧洲的大部分国家信仰天主教和基督新教，但无论是东正教，还是天主教抑或基督新教，本质上都属于基督教的分支。因此，在中俄欧文化三角中，俄欧之间的文化亲缘关系更近，俄欧之间比中俄、中欧之间的文化亲缘角度更小。基于政治安全维度，我们又看到中俄欧三角的另一面。中俄在政治安全上的关系最近，角度最小。

中俄在联合国安理会议题表决时多次互相支持，联合举办"东方—2018"大规模军事演习，两国国防部长多次举行会谈，两国全面战略伙伴关系得到双方领导人的高度评价。2013 年至今，中国国家主席习近平与俄罗斯总统普京高频率会晤次数 32 次。③ 俄欧之间的政治安全关系最远，角度最大。由于苏联的历史遗留因素以及近年来爆发的"乌克兰问题"，④ 欧盟在安全上对于俄罗斯的防范一刻都没有松懈。

基于理论上的维数推导，"维"可以从三维扩展为四维、五维、六

---

① 钱颜：《〈中欧地理标志协定〉正式生效》，《中国贸易报》2021 年 3 月 2 日第 6 版。

② 屈海齐、李明琪：《张汉晖大使：中俄双边贸易额仍保持千亿美元规模》，《人民日报》2021 年 2 月 4 日第 1 版。

③ 笔者统计中国国家主席习近平与俄罗斯总统普京会晤具体情况如下：2013 年 5 次（地点/日期：莫斯科 3 月 22 日、德班 3 月 27 日、圣彼得堡 9 月 5 日、比什凯克 9 月 13 日、巴厘岛 10 月 7 日）；2014 年 5 次（地点/日期：索契 2 月 6 日、上海 5 月 20 日、福塔莱萨 7 月 14 日、杜尚别 9 月 11 日、北京 11 月 9 日）；2015 年 5 次（地点/日期：莫斯科 5 月 8 日、乌法 7 月 8 日、北京 9 月 3 日、安塔利亚 11 月 15 日、巴黎 11 月 30 日）；2016 年 4 次（地点/日期：塔什干 6 月 23 日、北京 6 月 25 日、果阿 10 月 15 日、利马 11 月 19 日）；2017 年 5 次（地点/日期：北京 5 月 14 日、阿斯塔纳 6 月 8 日、莫斯科 7 月 4 日、厦门 9 月 3 日、岘港 11 月 10 日）；2018 年 6 次（地点/日期：北京 6 月 8 日上午、天津 6 月 8 日下午、青岛 6 月 10 日、约翰内斯堡 7 月 26 日、符拉迪沃斯托克 9 月 11 日、布宜诺斯艾利斯 11 月 30 日）。2019 年两次（地点/日期：北京 4 月 26 日、莫斯科克里姆林宫 6 月 5 日）。

④ 柳丰华：《乌克兰危机以来的中俄美三角关系》，《国际经济评论》2017 年第 4 期。

维、七维、八维，甚至是 $n$ 维。[①] 尽管人眼只能识别三维，但我们根据量子力学的研究成果，发现真实世界其实是 n 维的。在"绿色丝绸之路"多维度视角下，这种竞合关系也可以是在包括经贸、文化、政治、交通、环保等 n 维领域中的竞合。其中，每个维度之间是可以互相作用的。例如，"绿色丝绸之路"规范的经贸维度就可以作用于政治维度。通过控制能源流动强化经济杠杆作用，利用能源优势来获取地缘政治利益，即可以通过能源手段参与政治。

（三）"绿色丝绸之路"的超网络拓扑、时空演化性与竞合

如图6—4所示，"绿色丝绸之路"的超网络拓扑是混合结构的。超网络拓扑1表示的是加入了空间因素的超网络拓扑。超网络拓扑2表示的是加入了时间因素的超网络拓扑。拓扑1和拓扑2之间的箭头表示超网络时空拓扑结构之间的互相作用。基于逻辑上的超网络拓扑推导，网络空间可以从单网络扩展为双网络、多网络，甚至是 n 网络。"绿色丝绸之路"竞合也可以是在海洋、陆地、空中、太空、互联网等空间的竞合。空间理论上是 n 个的，因此关系也是 n 个的。每个竞合空间之间是互相联系、互相影响、互相作用的。空间和时间是互相依存的。除了上文的空间因素之外，竞合关系也随着时间变化而不断演化。每一个时间点的竞合关系与另一个时间点的竞合关系都不可能完全一样，甚至差别巨大。时间点是 n 个的，那么竞合结构也是 n 个的。

### 三 "绿色丝绸之路"与超网络协同合作

如前所述，在超网络视域下，构建"绿色丝绸之路"呈现多层面、多维度的立体属性，且随着超网络时空拓扑结构的衍生与互动而不断扩展。面对竞合关系如此错综复杂的超网络系统，如何发展其中的合作机制？这是学术界亟待解决的研究课题。笔者认为应该从以下三条路径着手：一是发挥超网络序参量对"绿色丝绸之路"规范的积极作用；二是进行超网络熵控，为"绿色丝绸之路"规范提供稳定的系统环境；三是

---

① Yankai Ma, Shiwen Yang, Yikai Chen and Shi-Wei Qu, "Pattern Synthesis of Four Dimension Irregular Antenna Arrays Based on Maximum Entropy Model", *IEEE Transactions on Antennas and Propagation*, Vol. 67, No. 5, 2019, pp. 3048 – 3057.

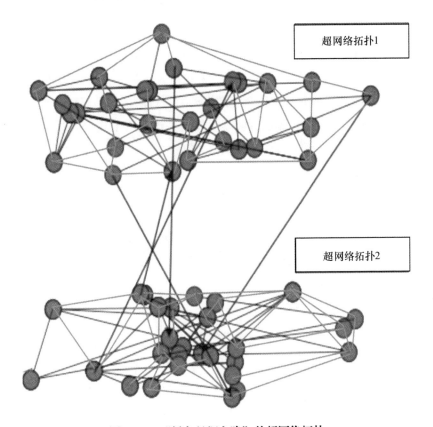

**图6—4　"绿色丝绸之路"的超网络拓扑**

资料来源：笔者自绘。

警惕外引式涨落可能对合作机制造成的负面影响，建立"绿色丝绸之路"之间多层级、多领域、多样化的协调机制。

**（一）发挥超网络序参量的积极作用**

序参量是推动系统有序发展的重要变量。[1] 在开放且多元化的超网络中，固然影响变量不计其数，但最终能发挥重要作用、维护超网络系统有序发展的变量却只有固定几个。[2] 如下图6—5所示，在超网络系统中，

---

[1]　Roman M. Lutchyn, Tudor D. Stanescu and Sankar Das Sarma, "Momentum Relaxation in a Semiconductor Proximity-coupled to a Disordered S-wave Superconductor: Effect of Scattering on Topological Superconductivity", *Physical Review. B*, Vol. 85, No. 14, 2011, pp. 1 –5.

[2]　［德］赫尔曼·哈肯：《信息与自组织》，信息与自组织翻译组译，四川教育出版社2010年版，第6—8页。

能够推动"绿色丝绸之路"合作机制发展的关键参量是中央政府的制度保障，地方政府的落实执行，华侨外侨的穿针引线，大型企业的表率作用，科研机构的科技支撑。其中，中央政府是保障力，地方政府是执行力，华侨外侨是促进力，大型企业是推动力，科研机构是革新力。超网络"绿色丝绸之路"合作机制能否实现发展的关键是看上述序参量能否发挥合力效应，推动整个系统的综合有序发展。

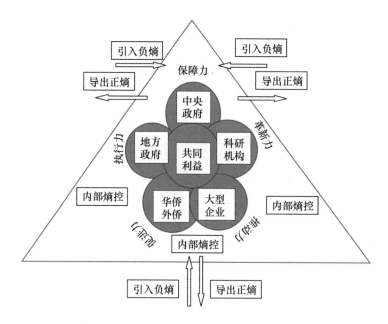

**图6—5　"绿色丝绸之路"的超网络协同模型**

资料来源：笔者自绘。

"丝绸之路经济带"是复杂的系统工程。[①] 它既属于中国又造福于人类命运共同体。[②] 在"丝绸之路经济带"建设中，基于前述序参量的理论知识，"绿色丝绸之路"的合作机制应该如何发展？笔者认为需要从如下几条路径着手：第一是中央政府从制度上为低碳企业合作提供良好的制度

---

① 王志民：《"一带一路"战略推进中的多重互动关系分析》，《中国高校社会科学》2015年第6期。

② 柳思思：《差序格局理论视阈下的"一带一路"——从欧美思维到中国智慧》，《南亚研究》2018年第1期。

环境与权益保障体系。第二是地方政府坚决落实执行中央政府的低碳政策。第三是鼓励优秀的侨民参与到"绿色丝绸之路"事业中。他们有些是定居于外国的华人，有些是定居于中国的外国人。他们出于对母国的情感考虑，愿意致力于推动目前定居国与母国的各项合作事业。第四是倡导"丝绸之路经济带"的能源、外贸、交通、文化、高科技等领域的大型企业发挥表率作用，带动其他中小企业共同参与"绿色丝绸之路"。第五是研究机构可以就"绿色丝绸之路"课题进行探讨。这些研究机构的学者可以共同举办"绿色丝绸之路"的学术会议，共同申报国际合作项目等。

随着"绿色丝绸之路"的推进，"产品制造"应该转化为"产品智造"的呼声越来越响。具体到"一带一路"的"纳米智造"领域，如何发挥序参量对"绿色丝绸之路"合作机制的积极作用？笔者认为主要在于如下几点：第一，中央政府从制度上为纳米科技合作提供良好的制度环境。基于"纳米技术"的新材料科学，有可能彻底改变我国制造业的产品结构。第二，地方政府坚决推动中央政策的落实执行。第三，鼓励能够参与纳米科技事业的高知侨民。第四，发挥大型企业的表率作用，推动"绿色丝绸之路"的协调发展。中国纳米新材料有限公司、俄罗斯纳米集团公司、意大利罗马纳米技术有限公司、希腊阿波斯托纳米涂层公司可以在纳米科技领域开展合作，共同研发适用于服装、保健品、化妆品、飞机上的纳米监测复合材料、自愈合与自感应纳米复合材料、导电纳米复合材料、增韧纳米复合材料等。

"绿色丝绸之路"研究机构可以在纳米技术研发上深入合作。中国科学院国家纳米科学中心、中科院苏州纳米技术与纳米仿生研究所、中科院北京纳米能源与系统研究所、俄罗斯科学院库尔恰托夫研究所、俄科学院科捷利尼科夫无线电工程与电子学研究所、俄科学院列别捷夫物理研究所、意大利纳米技术研究中心、希腊纳米与信息技术实验室等研究机构可以建立协作互助的关系。这些研究机构的学者可以共同举办纳米技术会议，共同申报国际合作项目，互相赴对方机构进行考察访学并聘请对方科研人员成为外籍院士等。

（二）进行超网络熵控，提供稳定的系统环境

除了发挥序参量的积极作用，还不可忽视系统熵的影响。熵有两个定

义，广义的熵表示信息流；狭义的熵是指测量系统中混乱水准的量。[①] 笔者使用的是狭义熵的定义。随着系统运转时间的增加，熵是不断增加的。这一过程被称为熵增。在封闭的系统中，熵的增加无处可以排解，最终会导致系统走向崩溃。超网络三角系统是个开放的系统，时刻都与外界进行物质和能量的交换。它可以对熵实行控制，即超网络系统的熵控。"绿色丝绸之路"系统的熵包括某些绿色合作项目盲目投资导致亏损；部分"丝绸之路经济带"沿线地方政府官员对合作政策的认知分歧；少数华侨外侨只顾个人利益制造环境污染并引发了与当地人的冲突；一些企业不顾合作伙伴的利益单方面撕毁或延期协议；个别研究机构制作虚假数据骗取绿色发展基金等。

系统熵值公式是 $d_eS + d_iS = dS$。其中 $d_eS$ 表示系统引入的熵（这个值可以是负数，即负熵），$d_iS$ 表示系统产生的正熵，$dS$ 表示整个系统的熵值。在封闭系统中，$d_eS = 0$，$d_iS = dS$，即 $d_iS$ 不断增大，总体系统熵值 $dS$ 也随之增大，系统最终走向无序和混乱，用公式表示是 $0 + d_iS\uparrow = dS\uparrow$。在开放系统中，系统可以引入 $<0$ 的 $d_eS$，还可以进行内部熵控与正熵导出，即降低系统内部 $d_iS$ 的值（$d_iS\downarrow$），从而使系统总体熵值 $dS$ 降低（$dS\downarrow$）。当 $d_eS + d_iS = dS < 0$ 时，系统总体熵值是负数，系统趋向有序发展。

在"绿色丝绸之路"规范结构中，超网络系统如何实现熵控的目标？根据上述理论分析过程，笔者认为主要在于如下三个过程：第一，进行内部熵控，即从内部降低系统的 $d_iS$。在"一带一路"背景下，超网络系统的内部熵控可以从如下几个领域进行：1. 提供"丝绸之路经济带"绿色项目风险预警与对方国投资环境分析的报告；2. 对地方政府公务人员进行专业低碳培训，让基层办事人员也形成对"绿色丝绸之路"的正确认知，目标是确保合作政策落到实处；3. 举办各种"绿色丝绸之路"的文化交流活动，在调动华侨外侨参与共建"绿色丝绸之路"过程中，也协调侨民与当地人的矛盾；4. 设置"绿色丝绸之路"项目的跨国招标，要

---

① Qunxi Gong, Min Chen, Xianli Zhao and Zhigeng Ji, " Sustainable Urban Development System Measurement Based on Dissipative Structure Theory, the Grey Entropy Method and Coupling Theory: A Case Study in Chengdu, China", *Sustainability*, Vol. 11, No. 1, 2019, pp. 1 – 19.

求企业共同协作，严令禁止超低价营销等恶性竞争手段；5. 颁发明确的"绿色丝绸之路"的数据真实性制度，严禁科研机构弄虚作假。

第二，从系统外部引入负熵，即从外部引入负数的 $d_eS$。正熵既然是测量系统混乱水准的量，那么负熵就是降低系统混乱程度的量。"绿色丝绸之路"超网络系统的负熵引入可以从如下几个层面展开：1. 与国际保险业合作，做好"绿色丝绸之路"经济项目的风险保障；2. 借鉴"绿色丝绸之路"外部的成功案例，但切不可照搬照抄；3. 引进善于平衡矛盾、处理分歧、协调关系的"绿色丝绸之路"专业人才；4. 学习"绿色丝绸之路"外部其他机制的先进管理制度；5. 规避"绿色丝绸之路"之外其他机制的风险与缺陷。

第三，导出系统正熵，即导出系统的 $d_iS$。正熵导出就是把引发"绿色丝绸之路"超网络拓扑系统混乱的因素排除出系统之外，目标是维护"绿色丝绸之路"超网络拓扑系统的整体有序发展。"绿色丝绸之路"超网络拓扑系统的正熵导出可以从如下几条路径进行：1. 舍弃高风险的"绿色丝绸之路"项目；2. 淘汰部分只顾自身利益而伤害合作大局的企业；3. 裁减那些以"绿色丝绸之路"名目弄虚作假骗取政府企业投资的科研机构。总之，要实现正熵导出的目标，关键在于以规则作为导向。通过内部熵控、负熵引入、正熵导出三个过程，实现总体熵值的下降直至 <0，即 $d_iS + d_eS = dS < 0$，维护"绿色丝绸之路"规范与合作机制的稳定发展。

（三）警惕外引式涨落可能造成的负面影响，建设多层级协调机制

"绿色丝绸之路"规范的超网络拓扑是个开放的超网络系统。如图 6—6 所示，我们需要关注系统涨落起伏给"绿色丝绸之路"规范推广与系统安全性带来的影响。系统涨落是指系统的上升下降、起伏震荡。[1] 我们尤其要关注系统大规模、程度剧烈、突发性的涨落。[2] 根据引发系统涨落的来源分布，可以把涨落分为内发式涨落与外引式涨落。内发式涨落是系统内部原因引发的涨落；外引式涨落是系统外部因素引发的涨落。熵

① Wang Li-chao, Yu Yong-li and YangYi, *Fluctuation Mechanism And Control On System Instantaneous Availability*, Oxfordshire：Taylor & Francis Inc, 2015, pp. 2 – 15.

② Takaaki Monnai, "Fluctuation Theorem in Rachet System", *Journal of Physics A General Physics*, Vol. 37, No. 6, 2004, pp. 75 – 79.

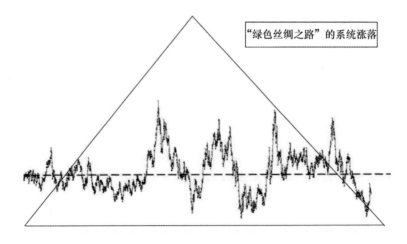

**图6—6　"绿色丝绸之路"的超网络系统涨落**

资料来源：笔者自绘。

控就是为了避免内发式涨落过于剧烈，维护"绿色丝绸之路"规范系统的内部合作基础。

美国等大国外部因素造成的影响就是外引式涨落。对"绿色丝绸之路"而言，美国是重要的外部变量。首先，美国是欧盟的盟友，是欧盟在安全上的依靠对象。欧盟后续能否全面参与"绿色丝绸之路"合作不能完全忽略美国的态度。其次，美国是中俄关系的外部刺激因素。冷战后中俄关系越走越近，外部背景就是美国在欧洲向俄罗斯施压以及在亚洲纠结盟友围堵中国。最后，美国是整个"绿色丝绸之路"系统的外部干扰性变量。美国决不允许自己被排除在亚欧大陆之外，将会通过搭建新的合作平台与中俄欧竞争，以及分化瓦解"绿色丝绸之路"规范参与国等形式实行干扰。

"绿色丝绸之路"规范的超网络系统是非线性的。"系统输入与输出不呈线性关系"。[1]"绿色丝绸之路"规范超网络系统的内部机制可以起到放大或缩小外部影响力的作用。因此，"绿色丝绸之路"应建立多层级、

---

① Tobias Schweickhardt and Frank Allgöwer, "On System Gains, Nonlinearity Measures, and Linear Models for Nonlinear Systems", *IEEE Transactions on Automatic Control*, Vol. 54, No. 1, 2009, pp. 62–78.

多领域、多方式的协调机制，循序渐进地拉近距离，利用内部有效性机制消减外部美国力量的影响，把"机制组织作为进行沟通与凝聚共识的平台"。"绿色丝绸之路"规范依托机制平台定期举办会晤与交流活动，领导人之间形成对"绿色丝绸之路"规范的合作认知，引导民众与企业对"绿色丝绸之路"规范形成绿色文化自信、生态制度自信、绿色道路自信，用古丝绸之路的情怀铸魂育人，把丝路情、友爱谊、和平志融入今天的"绿色丝绸之路"规范中来，用机制保障"绿色丝绸之路"合作的深入发展。

通过上述几个部分的分析，我们可以得出结论："绿色丝绸之路"既是跨国规范，亦是多层面、多维度、多领域的超网络系统，"绿色丝绸之路"系统的超网络拓扑结构随着时间与空间不断演变。通过发挥序参量的积极作用，进行超网络熵控，警惕并设法消减外引式涨落的消极影响，能为"绿色丝绸之路"规范提供良好的环境，促进"绿色丝绸之路"合作机制的长远发展。那么现在可以进一步追问：使用超网络理论分析"绿色丝绸之路"的意义何在？关注系统的熵并进行熵控的意义？分析外部干扰因素可能导致"绿色丝绸之路"系统涨落的意义？这背后其实是在用复杂性超网络思维取代简单性还原论。人们在探索世界的过程中，基本上形成了对客观世界分析的两种思维方式：一种是认为现实世界适用于简单还原的方法，强调把复杂的事物分解为简单的要素来进行研究。所谓简单还原论的还原，就是蕴含着简化的含义；另一种是将世界视为复杂且不断演化的网络，认为个体之和不等于整体，坚持只有从整体着手才能探索事物的本质。

如果用简单还原论来分析"绿色丝绸之路"，就是把各国关系等同于双边关系、多边关系的简单叠加，抑或是把政治关系、经贸关系、文化关系进行浅显罗列，这恰恰忽略了超网络关系的复杂性、多维性、非线性，也没有考虑到超网络关系随时空变化而不断演化的特征，更忽略了超网络关系中的互相牵制与互相作用。因此，笔者在梳理超网络理论的基础上，分析了"绿色丝绸之路"的超网络系统特点，提出了如何进行超网络协同的理论模型，并应用于分析"绿色丝绸之路"超网络拓扑与合作机制，以期有利于"绿色丝绸之路"的实践。

第七章

# 中国协同式构建"绿色丝绸之路"的路径选择

中国和欧盟都是国际低碳话语权博弈过程中的重要力量，建立对己有利的全球低碳治理规范是增强软实力的动力使然。以此为基点，共同参与全球低碳规范符合中国与欧盟的互动要义。作为在全球环保领域具有重大利益关切的大国，中国构建"绿色丝绸之路"的实践路径，将在尽快实现"碳达峰"和"碳中和"这两个层面同时展开。在对接欧盟低碳规范体系的过程中，选择"协同式构建"策略，更符合中国的国情与中欧可持续经贸合作的现实需要，同时也有助于在互助合作、共创共勉的理念指引下，构建"中欧命运共同体"。从长期来看，中欧共建"绿色丝绸之路"，必将遵循渐进式参与道路。

## 第一节 中国协同式构建"绿色丝绸之路"的思想内涵

低碳治理的全球化趋势，不仅考验着欧盟争夺低碳话语权的决心，而且为新兴国家带来了集体发声的舞台。联合国和欧盟围绕气候议题纷纷建章立制，展现出一幅国际组织构建全球气候政治秩序的图景。坦言之，无论是欧洲低碳话语权的增长速度，还是国际社会对气候政治的参与热情，都超出中国先前的国际形势预判。欧盟大力推进"欧盟碳排放标准"的全球拓展，日本、韩国等国也先于中国与欧洲开展低碳科技与环保规范合作等实践活动，面对这种全球性参与低碳政治的竞争态势，对于国家实力与国际声望都跃居世界前列的中国而言，自然不可缺位。①

然而在中欧共建"绿色丝绸之路"的过程中，仍需回答如下问题：中国应全面参与还是有侧重地参与跨境环保事务？中国应采取进取型策略还是稳健型策略？在国际关系的历史长河之中，随处可见回应上述问题的智慧浪花。新兴大国在国力强盛时，其利益边疆也会随之拓展，然而历史上大国崛起的失败经验告诉我们，国力的强盛与域外战略的实施效果之间，并非是必然的正相关联系。正因为任何国家都存在国力投射的极限，新兴大国参与自身话语权处于弱势地位的议题区域，如果不经细致研判就轻率冒进，则极易导致国力损耗和战略失效，甚至有可能引起外界力量的联合反制。中国人向来珍视经得起时间检验的历史经验，五千年的文化积淀塑造了中华民族的沉稳性格，当气候政治第一次与中国的国运联系在一起，无论是他国的历史教训还是智者的字字诤言，都一再告诫中国要坚持"环保与发展"协调并进的思路。就此而言，"协同式构建"策略的提出，恰逢其时又实属必然。

## 一　"协同式构建"的现实依据

"协同式构建"是指：中国以负责任的方式主动构建"丝绸之路经济带"低碳环保规范体系，提出中国主张，做出中国贡献，提升中国在全球低碳治理中的规范性话语权。提出"协同式构建"策略，不仅基于中国在既有全球环境政治秩序中的全新身份定位，还源于对中国的可持续发展与中欧环保合作之间矛盾关系的深刻研判。

中国作为"丝绸之路经济带"的倡议国，本质上是主动融入国际社会的负责任大国行为。低碳治理之所以能够引导国家自愿参与国际集体协作，是因为这种集体协作的愿景具有共赢性与公益性。就中国构建"绿色丝绸之路"的政策基调而言，需重点考虑中欧经贸合作与欧洲既有环保规范之间的对接程度。② 换言之，即如何处理好中欧共建"绿色丝绸之

---

① 徐海燕：《绿色丝绸之路经济带建设在中亚的实践与政策探析》，《华东师范大学学报》2016 年第 5 期。

② 王雪纯、杨秀：《适应气候变化行动中的协同治理——基于国际案例的比较分析》，《环境保护》2020 年第 13 期。

路"所面临的四对矛盾关系。

一是中国的"负责任大国"身份与低碳治理话语权有限之间的矛盾。全球低碳治理具有跨区域影响，中国的发展与欧洲密切相关。如果说中国外交多年来所坚持的韬光养晦政策，是为了获取西方国家对中国崛起的容忍，那么在中国稳居世界第二大经济体的今天，一个不容回避的问题就是：中国能否在西方国家长期把持的碳排放话语权领域"有所作为"？当前欧盟积极拓展的碳排放规范体系，具有较为明显的技术与制度歧视性，对于深陷"高碳困锁"陷阱的发展中国家而言，碳减排的履约成本过高。中欧贸易总额巨大的优势并不能有效弥补两者分居欧亚大陆两端的地理劣势，亦不能转化为共建新型碳排放规范的政治优势。大国的影响力终究存在地理极限，从欧洲被纳入"一带一路"倡议的那一刻起，中国气候外交就增添了一份新的使命——如何在西方国家主导的碳排放规范领域，有效提出中国的权益主张。

二是中国合理的利益诉求与欧洲国家权益主张之间的矛盾。中国在制定"绿色丝绸之路"规划的过程中，需要分析欧洲国家在碳排放治理问题上的思维差异。虽然全球低碳治理是国家间的集体行动，但仍然存在主导方与追随方的位次之分。全球低碳治理的无政府状态，并不会提升国家间合作的热情，相反，欧洲国家出于国家安全与提升国际影响力的考虑，更愿意维持欧洲碳排放标准的权威性，中国等新兴国家由于在低碳治理议题存在后发劣势，往往只能被动接受欧盟的碳排放标准体系，有限参与全球低碳治理事务，并且随时面临欧洲国家以国家安全和环境保护为由终止经贸合作项目的风险。[1] 因此，欧盟的碳排放规范设置权与域外国家环保参与权之间存在明显的强弱差异，中国护持气候事务参与权的合法性依据，不外乎《联合国气候变化框架公约》等国际法文件，而欧洲国家的环保权益则源于已经实践多年的低碳规范体系、特别是低碳环保标准体系。[2] 可以说，在全球气候政治秩序处于无政府状态的情况下，由西方国家主导的既有区域性环保规范，仍然保持着相对于《联合国气候变化框架公约》的强势地位。

---

① 张胜军：《全球治理的全面政治化趋势及其未来》，《探索与争鸣》2019 年第 1 期。
② 王雨辰：《超越西方中心论的气候正义路径探析》，《社会科学动态》2020 年第 6 期。

三是中国经济发展权的护持与既有欧洲低碳治理规范体系之间的矛盾。坚持在"共同但有区别的责任"的原则下参与碳减排事务，是中国应对欧盟低碳话语权的基本方针。欧盟作为欧洲治理规范体系的核心机构，是中国护持本国合理经贸权益的沟通对象。然而，当前欧盟的规范供给滞后于全球低碳治理实践的需要，并且不同层面的次区域国际组织之间，还存在因议题设置重叠所导致的规范竞争。当前欧洲各国的气候政策，几乎都采取欧盟标准与本国标准相结合的思路，无论是欧盟还是其他次区域国际组织，涉及欧洲低碳治理的规范构建过程长期被德法等欧洲大国所把持。中国等广大发展中国家难以将自身合理的权益申索有效融入相关的国际规范过程，从而处于被动接受的弱势话语状态。欧洲国家这种试图集体垄断全球碳减排议题的思路，落实到实践层面，就表现为欧洲国家主导全球气候政治的标准设置权。

四是中国对欧贸易与欧洲环保规范之间的矛盾。国际贸易是欧洲经济发展的主要内容，亦是中国增强对欧联系的最佳切入点之一。虽然欧盟经济规模巨大，欧洲经济逐渐好转的趋势日益明显，但欧洲国家严苛的环保规范，要求中国在欧洲地区的任何经济实践，都必须严格遵守环保标准的要求。事实上，欧洲地区的环境保护，也是欧洲地区国际组织竞相进行规范供给的核心议题领域。中国参与欧洲经济开发并不是一个牧歌式的进程，而是面临来自欧盟和欧洲国家相关环保规范的双重约束。欧洲环境保护与经贸发展之间的矛盾，对中国建设"丝绸之路经济带"的科技支撑与环保标准对接提出了更高要求，促使中国加大对欧经贸合作的同时，必须实现生态优先、绿色环保。

上述四个矛盾之所以难以解决，其根本原因在于：无论是欧盟还是中国，都没有做好推动双边贸易"绿色转型"的协作准备，尚处于彼此试探、谨慎接触、有限合作的动态调适过程。当前中国对接欧盟低碳规范的能力提升尚不充分，"丝绸之路经济带"建设所面临的环保压力与日俱增。由此观之，中国要想借助欧盟的力量推动"丝绸之路经济带"，就应避免面面俱到地构建欧洲政策，而应遵循稳健且实事求是的立场，在困境中开拓思路，在矛盾中探寻机遇，采取协同式构建的策略，开启符合中欧共同利益的"绿色丝绸之路"的新征程。

## 二 "协同式构建"的逻辑脉络

中国与国际组织的互动关系发生了深刻变化，促使中国更加强调在多边平台提升自身的低碳治理话语权，相关的时代背景有四：一是后冷战格局与全球化浪潮，提升了国际组织在全球治理中的权威性。二是中国对既有国际组织的功能认知，从"西方国家制度霸权的傀儡"转变为"提升中国规范性话语权的重要平台"。三是中国的国际战略视野从亚太地区转向"一带一路"沿线国家。四是中国参与国际事务的目标选择，从经济发展优先转向环保与经济协调发展。上述这四个基本判断，促使中国在既有国际组织中的身份从"旁观者"与"追随者"，向"建设者"和"引领者"转变，搭建了中国与欧盟进行良性互动的思路框架。

"协同式构建"的提出，立足于中国近年来海外利益护持的实践经验，以及全球治理离不开中国身影的现实，直面回答了长期困扰中国外交理论界的难题：如何在西方国家主导的国际组织中谋求中国的规范话语权。① 具体在低碳治理的语境下，则表现为如何缓解欧盟低碳标准霸权与中国倡导的"丝绸之路经济带"的紧张关系。中国协同式构建"绿色丝绸之路"的根本目标是增信释疑、共存共赢，其逻辑脉络可总结为"知晓、理解、赞同、接受"，即：让欧洲国家知晓中国推进"丝绸之路经济带"的双赢目标、理解中国"绿色参与欧洲经济发展"的美好愿望、赞同中国倡导中欧共建"绿色丝绸之路"的新理念、接受中国提出的碳排放标准双向对接新方案。②

有效的交流是打破观念壁垒的有效方式。中国与欧盟的经贸往来，引起相关利益攸关方的高度关注。当前，一些国家对中国提出的"一带一路"倡议心存疑虑，担心中国"以商贸投资之名行战略干涉之实"，一些西方政客将中国在欧洲林业、矿业等资源型行业的投资办厂，看成是威胁本国环境安全的"不良行为"，或是将中国合法的对欧商务并购活动视为某种"经济侵略"。面对种种误解，中国协同式构建"绿色丝绸之路"的

---

① 王军峰：《中国环境话语权的历史演进与现实建构》，《国际传播》2019 年第 5 期。

② 闫世刚：《低碳时代中欧新能源国际合作的挑战与对策分析》，《经济论坛》2011 年第 3 期。

相关事务,就需要通过主动且有效的交流,让欧洲国家知晓中国推动"丝绸之路经济带"的和平意图,淡化因信息不对称导致的误解。

理解来自于沟通。"协同式构建"就是以渐进式的多次沟通,来增强中国与欧洲国家对彼此利益关切的认知与尊重,在求同存异的基础上,理解中国推动"丝绸之路经济带"的共赢性与互利性,逐渐构建出让欧洲国家理解中国作为欧洲合作伙伴的政治框架:一方面,中国深受全球气候变化的影响;另一方面,作为21世纪的强国,中国需要拥有独立的碳减排话语权以表明本国的政策立场、维护合法权益。需要说明的是,为了避免让欧洲国家担忧中国推动"丝绸之路经济带"会危及它们的主权,中国可选择双边+多边的思路来推动"协同式构建"的目标平台。

能够提出被广泛认同的政治理念是一国软实力的重要表现。中国建设"绿色丝绸之路",本质上就是将人与自然和谐共存的中华传统思想精华融入"丝绸之路经济带"建设,凝练成欧洲国家能够普遍接受的环保理念。在西方现实主义国际关系理论仍然主导欧洲治理思维模式的今天,欧洲各国也难以完全摆脱传统政治格局的束缚。因此,国际社会渴望听到来自中华文明的智慧之声。中国倡导的"人类命运共同体"与"绿色发展"理念,不仅应解释区域范围内的社会现象,还应解释全球范围内的国际社会现象,这才能符合国际关系理论的通则性标准。[1] 因此,中国选择协同式构建"绿色丝绸之路"过程,就是要在看似汹涌的西方环境政治话语浪潮中注入一股清流,于万千阻力中弘扬共建共享、共存共荣的中国信念。尤其是"人类命运共同体"理念已获得国际社会的广泛赞同,逐渐成为推动中欧深度低碳合作的重要理念力量。

当理念被广泛接受,就会用于规范构建。[2] 欧盟围绕低碳议题所进行的建章立制,就是将某一得到共识的理念转化为国际规范。中国协同式构建"绿色丝绸之路"的历史使命,就是在国际组织层面形成具有中国特色的环保知识体系,提出凝聚中国智慧、面向中欧碳排放治理公共议题的

---

① 冯玉军:《对深化中国国际问题研究的几点方法论思考》,《现代国际关系》2020年第5期。

② Barnett, Michael N and Duvall, Raymond, *Power in Global Governance Cambridge*, Cambridge: Cambridge University Press, 2005, pp. 18 – 23.

中国方案。"协同式构建"的最终目标，是确保"中国倡议"能够与欧盟既有低碳规范有机结合，实现中国与欧盟相互学习、共同遵守的目的，为中国提升在各类国际组织的低碳话语权奠定了坚实基础。

综上所述，当今西方国家主导的低碳政治话语权，在规范构建问题上发生了变迁，即合法性原则由"协商与合作原则"向"安全与强制原则"偏移，中国理应对此做出策略调整。由于中国长期位于国际气候议题建章立制的弱势地位，面对来自外界的指责和误解，常常呈现出"被动应对"的状态。"协同式构建"从理念、操作、态度三个层面出发，提出增强中国在"丝绸之路经济带"建设中，提升符合本国权益的低碳话语权的指导性思路：将"人类命运共同体"理念落实到低碳治理实践之中、立足于全球性国际组织的碳减排规范构建、采取"增量改进"的渐进方式。[①]需要指出的是，"协同式构建"未必能迅速改变中国在欧盟环保规范压力下的相对弱势地位，中国提升在碳排放领域的规范性话语权，也绝非将其作为效仿西方"规范霸权主义"（Normative Hegemonism）的利器，[②] 而是中国为欧亚大陆环境保护提供制度性公共产品的能力准备。

## 第二节　中国协同式构建"绿色丝绸之路"的对策建议

欧洲地区海陆兼备，其先发的经济优势与发达的商贸环境，决定了欧洲对环境保护、物流运输、资源开发、气候变化等方面能够产生不可忽视的重要影响。因此，推动碳减排绝非欧洲国家的"专属事务"，而是超越了地理边界，具有了洲际联动的现实价值。中国是欧盟最大的贸易伙伴，中国高度关注全球生态系统安全、经贸体系安全、气候系统安全等，国内的产业结构升级改造也深受欧洲环保标准的影响，具有借鉴欧洲环保规范的合理需求。中国协同式构建"绿色丝绸之路"，对策建议制定之前需要回答以下四个基本问题：一是地理上远离欧洲的中国，以何种身份参与中

---

① 苏长和：《中国与国际体系：寻求包容性的合作关系》，《外交评论》2011 年第 1 期。

② Thomas Diez, "Normative Power as Hegemony", *Cooperation and Conflict*, Vol. 48, No. 2, 2013, pp. 194–210.

欧碳减排合作？二是作为全球低碳治理的后来者，中国的目标设置应掌握何种分寸？三是在全球化的时代，中欧共建"绿色丝绸之路"应坚持哪些基本原则？四是中国作为负责任的大国，应倡导何种政策理念来推动"丝绸之路经济带"的环保转向？上述这四个问题，可理解为如何明确中国构建"绿色丝绸之路"的身份定位、目标设置、原则底线、理念秉持。在此以这四个问题为导向，阐述中国建设"绿色丝绸之路"的基本架构。

## 一　中国协同式构建"绿色丝绸之路"的认知

中国需要以合理的认知参与中欧碳减排合作。长期以来，欧洲国家始终塑造"欧洲是碳减排的先行者"这一话语逻辑，这就逐渐形成了"欧洲碳减排标准就是最权威的环保标准"的语境设置。在气候政治仍然发挥重要影响的今天，欧洲国家刻意划设的环保标准霸权，导致中国等新兴国家在争取合理的低碳话语权时，时常面临身份歧视。[①] 坦言之，中国唯有构建既符合中国利益、又不偏离国际道义的身份标识，方能跳出欧洲国家预设的碳减排标准陷阱。由此观之，坚持以"绿色丝绸之路共建方""碳减排事务的重要利益攸关方""负责任的伙伴"来塑造中国的低碳话语权，有助于促进中国与欧洲开展低碳合作，实现国家利益与全球责任的平衡。

中国构建"绿色丝绸之路"，是源于亚欧大陆气候变化导致的跨区域生态环境连锁反应。中欧位于"绿色丝绸之路"的两端，存在密切的自然地理与气候环境的联系，同时也暗示中国与那些与欧洲经贸往来不甚紧密的国家存有身份差异，毕竟经贸联系越弱，受到欧盟碳减排规范的影响就越小。因此，作为"绿色丝绸之路共建方"的身份界定，不仅表明中国对欧盟低碳话语权的高度重视，还反映出中国与欧洲国家共同开展低碳减排和绿色商贸的合作愿望。但"绿色丝绸之路的共建方"存在一个身份软肋，那就是缺乏一条类似于欧亚分水岭这样的地理信息作为概念界定的标准，这就有可能导致某些区域外国家对"绿色丝绸之路"的质疑，从而削弱中欧推动低碳治理合作的有效性。换句话说，"绿色丝绸之路共

---

① 彭水军、张文城：《国际碳减排合作公平性问题研究》，《厦门大学学报》（哲学社会科学版）2012 年第 1 期。

建方"的法理基础，集中在"丝绸之路经济带"沿线国家对全球碳减排问题的持续关切，但中国构建"绿色丝绸之路"的决策视野，必然超出环境政治的范畴，这就需要中国提出更充足的理由，以完善政治性参与低碳政治的身份。

"碳减排事务的重要利益攸关方"，这一身份源于中国与欧洲跨区域碳减排议题之间的多维联系。所谓利益攸关方，是指具有利益相关性、有权参与那些可能影响自身利益的议题领域或决策过程的国际行为体。① 欧盟的低碳话语权具有能够产生跨区域影响的特性，尤其是自然资源开发、跨境物流等议题领域，都关系到包括中国等发展中国家在内的共同利益。如果说"绿色丝绸之路共建方"身份的概念短板是地理界限不清，那么"碳减排事务的重要利益攸关方"的提出，则将中国与欧洲的关系，从自然地理层面，上升为国家利益层面，直接明确了中国拥有参与碳减排事务的合理诉求与重大利益关切。此外，这一概念还超越了欧洲国家与亚洲国家、国家行为体与非国家行为体之间的界限，从而具有更强的适用性，能够整合所有与"丝绸之路经济带"有利益联系的国际行为体，达成推动欧亚低碳经济共同体的全球共识。然而，只讲利益诉求，会引起欧洲国家对域外国家参与碳减排事务的目标产生疑虑，造成逐利与担责之间的失衡，这就需要中国进一步思考如何优化参与碳减排事务的国家形象，以实现权责统一，赢得国际公信力。

"负责任的伙伴"（Responsible Partner），这一概念源自新时代中国外交所坚持的社会主义义利观，是中国构建"绿色丝绸之路"的身份定位原则。中国推动与各利益攸关方共建"绿色丝绸之路"，本质上是中国成长为全球性负责任大国的必然要求，如果仅仅以捍卫国家利益为名来界定中国建设"绿色丝绸之路"的合法性，未免落入"零和博弈"的思想桎梏。因此，中国应坚持国际责任与国家利益的辩证统一，强调"义高于利"的原则，来处理好与其他国际行为体之间的关系。②"负责任的伙伴"

---

① 郭志达：《全球低碳减排的合作竞争及其博弈格局分析》，《环境保护科学》2011 年第 4 期。

② 秦亚青：《正确义利观：新时期中国外交的理念创新和实践原则》，《求是》2014 年第 12 期。

这一身份的提出，是中国在推动"绿色丝绸之路"建设的过程中，践行社会主义义利观的时代需要。"负责任的伙伴"，不仅体现了中国是坚守环境正义、立信担责的负责任大国，而且表达了中国愿与欧洲和所有愿意参与低碳经济建设的利益攸关方，建立平等和睦伙伴关系的良好愿望。这一概念是中国推动"丝绸之路经济带"向低碳化转型的角色创新，是中国智慧为构建平等、共赢的欧亚低碳经贸秩序提供的思想贡献。

中国推动"绿色丝绸之路"的身份选择，不仅应考虑国际政治语义学的修辞问题，更应兼顾本国传统义利观与全球低碳话语体系的结构特征。因此，当前中国推动"绿色丝绸之路"建设，必然是对"绿色丝绸之路共建方""碳减排事务的重要利益攸关方""负责任的伙伴"进行辩证统一的结果，唯有如此，方能化解欧洲国家和国际社会对中国将低碳政治与"丝绸之路经济带"相融合的疑虑、规避西方国际政治理论所坚持的"国强必霸"的逻辑陷阱，从而为中国打破西方低碳话语霸权提供新的路径。

## 二　中国协同式构建"绿色丝绸之路"的碳中和取向

身份决定观念、观念决定行为。中国参与"绿色丝绸之路"治理的低碳取向，既不能缺位，也不能越位，更不能独行。不缺位，指的是中国不能缺席全球低碳治理的建章立制过程，而应积极参与有关中国利益的议题领域，发出中国倡议，提出中国方案，做出中国贡献。不越位，指的是中国在推动"绿色丝绸之路"的过程中，不会做逾越"发展中国家"身份权限的事情，不会超越国际法和国际道义赋予中国的权利，不会谋求改变现有全球低碳治理格局。不独行，指的是中国与欧洲等其他利益攸关方共同推动低碳经济的发展。[①] 中国协同式构建"绿色丝绸之路"的目标设置，必须高度重视中欧关系的作用，加强与欧洲低碳标准的对接，应按照循序渐进的原则。

以"碳中和"规范为例，分为学习碳中和、遵循碳中和与发展碳中和规范三个阶段，这是中国构建"绿色丝绸之路"的基础。学习碳中和

---

① 薄燕：《合作意愿与合作能力———一种分析中国参与全球气候变化治理的新框架》，《世界经济与政治》2013 年第 1 期。

是为了充实中国对低碳规范的知识积累，为深入推动国际低碳规范对话与合作奠定信息基础。学习碳中和的基调是尊重国际环保理念，尊重碳减排规范背后的环保文化，尊重在吸引外资过程中所坚持的"环境优先"原则。受到联合国《新的征程和行动——面向2020》（Transforming Our World by 2030：A New Agenda for Global Action）文件精神的启发，中国学习碳中和的目标在于：评估地区可持续发展和社会生存能力的状况，主要关注点集中在经济、环境、人口等三类问题。[①] 这需要持续增强对环境政治研究的物力、人力、财力等支持力度，探索自然环境与经贸环境变化的规律，为提升中国绿色经济发展的有效性创造有利条件。可以说，在相当长的一段时期内，中国企业的投资实践，都将担负着中国全面学习碳中和政策体系的时代重托。

尊重碳中和规范是中国构建"绿色丝绸之路"的任务。尊重环保规范具有的合理性与公益性，尊重欧盟在碳减排领域所做的贡献，从而提升中欧合作应对全球气候变化的合力。这就需要中国在构建"绿色丝绸之路"的过程中，一是要以《联合国气候变化框架公约》（United Nations Framework Convention on Climate Change）的基本原则为导向，切实履行中国在《巴黎气候协定》（Paris Climate Agreement）中的减排承诺，以实际行动提升欧洲国家对中国履行碳减排责任的信任感。二是尊重欧洲低碳文化的多样性。从区域和全球的视角，提高对欧洲地区人类社会—自然环境多层次互动的认知深度，研究欧洲绿党和绿色和平组织等非政府组织对欧洲低碳话语权构建的影响力。[②] 三是尊重欧盟成员国欠发达地区的环保法规和绿色发展理念。

发展碳中和规范是中国构建"绿色丝绸之路"的目标。积极推动中欧低碳经贸往来的可持续发展，是中国"绿色"参与中欧经济事务的重要使命与长远目标。发展碳中和的内涵有二：一是依照双边和多边规定合理参与经济发展，重点领域包括低碳科技合作、可再生能源资源开发、跨

---

① 汝醒君、刘峰：《欧盟气候变化领导力研究及对中国的启示》，《国家行政学院学报》2013年第3期。

② 杨解朴：《碎片化政党格局下德国绿党崛起的原因及影响》，《当代世界与社会主义》2020年第3期。

境碳金融服务、跨国低碳旅游等。二是通过与其他国际行为体进行平等协商，共同推动可持续发展。三是推动中欧低碳贸易的有序发展，在联合国气候政策框架下与欧洲各国围绕跨境碳减排、碳金融、碳足迹等的规范构建进行协商与合作，为中欧低碳经贸营造良好环境。[①]

中国构建"绿色丝绸之路"的碳中和取向源于国家实力、国家利益、国际义务三大动因。从国家实力来看，中国虽然是具有全球性影响力的世界大国，但在全球碳减排事务上的影响力较为有限，造成这种差异的核心原因，不仅在于中国与欧盟在低碳政治领域的话语权差异，更在于两者在碳排放信息搜集与分析能力方面的差异。因此，仔细研读欧盟低碳话语权的知识体系，是中国推动"绿色丝绸之路"与欧盟环保政策有效对接的重中之重。从国家利益来看，欧洲与中国的经济、环境、话语权三大利益相关，在充足且准确的知识储备基础上建立"中欧低碳经济共同体"，就是最有效地捍卫中欧共同的发展利益与环境安全。从国际义务来看，中欧发展紧密相连，中欧共建"一带一路"，将为沿线国家人民带来宝贵的发展机遇与真实福祉。因此，中国提出协同式构建"绿色丝绸之路"，必然深度参与地区经济建设与社会发展，是让"一带一路"沿线国家人民共享中国发展成就的宝贵奉献，是中国"美美与共、共赢共存"世界观的最佳表现。因此，中国构建"绿色丝绸之路"的碳中和目标，不仅在逻辑上相互衔接，而且在理念上层层递进，具有可行性与有效性。

## 三　中国协同式构建"绿色丝绸之路"的原则底线

纵观冷战后的欧亚地缘政治格局，可用"整体稳定、局部动荡"来概括。欧亚大陆综合治理秩序的构建之所以相对困难，不仅在于深受"冷战后遗症"的影响，更源于既有全球治理"核心—外围"格局中的权力差。当前，由西方大国推动的全球低碳治理格局，出现了一个新的特点，那就是以欧盟为代表的西方国家在全球低碳治理格局中的主导地位，逐渐被处于外围地位的新兴大国所动摇，一个国际社会共同推动欧亚大陆互联互通的时代已经来临。中国作为具有全球影响力的国家，在推动

---

[①]　柳思思：《差序格局理论视阈下的"一带一路"——从欧美思维到中国智慧》，《南亚研究》2018 年第 1 期。

"绿色丝绸之路"的过程中，应划设原则底线。既要正视欧盟在低碳治理问题上的先发优势，又要兼顾"丝绸之路经济带"沿线国家的利益诉求和现实困难，更要护持中国合理的权益。由此观之，中国构建"绿色丝绸之路"的基本原则，至少包括两根支柱：坚持多边主义和坚持共享主义。

坚持多边主义（Multilateralism），就是坚持"普惠性原则"，反对单边主义，重视联合国对气候变化多边治理与国家间良性互动的作用。多边主义原则的核心，就是尊重与协作。尊重是中国协同式构建"绿色丝绸之路"的基本原则。在全球低碳治理的语境下，尊重的内涵包括三个方面：一是要尊重联合国及其全球碳减排规范安排。中国是联合国安理会常任理事国之一，坚持在全球低碳治理中倡导和践行多边主义，是中国尊重《联合国宪章》、维护联合国权威的负责任表现。全球碳减排实践，不能由西方国家或国家集团来决定，而应在联合国框架下，由所有的利益攸关方共同协商来决定。二是要尊重所有利益攸关方的合理关切。这包括尊重"丝绸之路经济带"沿线国家的文化传统，尊重其他利益攸关方对碳减排活动的合理权益主张，尊重欧亚大陆区域性国际组织围绕环保问题进行建章立制的权力。三是相互尊重。只有在相互尊重的基础上，中国才能获得有效推动"绿色丝绸之路"的合法身份，才能在各个层次的国际舞台上，展示中国"绿色参与"欧亚经济发展进程的合理诉求与政策初心，加强中国与其他利益攸关方的相互了解，方能释放善意、淡化疑虑、建立互信，营造和睦的关系，从而推动"丝绸之路经济带"的"绿色"转型。

合作是中国协同式构建"绿色丝绸之路"的有效路径。"联旅者襄胜，众行者易趋"，"绿色丝绸之路"的整体成效，取决于沿线国家的力量与政策整合，这样才能有效应对气候变化带来的政策调整。中国与"丝绸之路经济带"沿线国家进行碳减排合作的内涵包括两个方面：一是合作对象的多元性，中国愿与"丝绸之路经济带"沿线国家和非国家利益攸关方等共同开展合作。二是合作层面的多维性，中国将在全球性、区域性、次区域的多边和双边层面与合作伙伴共建"绿色丝绸之路"。三是合作议题的多样性，中国将围绕碳足迹追踪、低碳生产、节能科技研发、清洁能源开发、环保文化交流等议题领域与上述国家、国际组织、开展全方位合作。①

　　坚持共享主义（Conviviality），就是坚持"求同存异"原则，在利益关注、文化传统、参与目标等方面都存在差异的"丝绸之路经济带"共建方之间，通过平等协作与良性交流来实现共存共赢。② 共生主义原则的核心，就是共赢与可持续发展。

　　共赢是中国协同式构建"绿色丝绸之路"的核心价值观。当今全球低碳治理所面临的国际争端，以及人与自然环境的紧张关系，其源头是自利主义指导下的独赢思维。③ "丝绸之路经济带"的跨区域影响与低碳治理的碎片化现状，推动国际社会必须反思个体主义、自助主义对国际社会稳定健康运行所造成的危害。换言之，中国坚持互助共赢的新价值观，是一种能摆脱碳减排实践困境的新理念。在低碳治理中坚持共赢原则，主要体现在两个层面：一是国际社会层面，实现"丝绸之路经济带"共建方在各个环保议题领域中的协同共进，寻找并扩大彼此间的共同利益与合作基础，确保实现各利益攸关方能够普遍性获益。二是将各国环保文化中的共性理念融入"丝绸之路经济带"的环保转向进程，实现"丝绸之路经济带"沿线地区的人类活动与生态环境的和谐统一，构建贯穿欧亚大陆的社会发展与自然环境保护协同系统。④

　　可持续是中国协同式构建"绿色丝绸之路"的实践底线。履行碳减排承诺，是中国建设"绿色丝绸之路"的核心理念。全球低碳治理既有的理论指引，存在三大缺陷：侧重"非传统安全"、服务于"西方国家"、追求"一事一议"。在全球化理论与生态政治学的基础上，重新解读"一带一路"倡议的基本理念，应该重视欧亚大陆的整体发展，这就需要通过正式和非正式的国际规范安排，统筹协调不同利益攸关方之间、经济活动与自然环境承载力之间的冲突。⑤

---

① 龚勤林：《合作共建绿色丝绸之路的思考》，《区域经济评论》2017 年第 5 期。

② 张永缜：《马克思主义共生理论探微》，《理论学刊》2014 年第 12 期。

③ 喻名峰：《全球正义：罗尔斯正义理论的国际拓展》，《湖南师范大学社会科学学报》2011 年第 3 期。

④ ［德］哈肯：《协同学：大自然构成的奥秘》，凌复华译，上海译文出版社 1995 年版，第79 页。

⑤ Lafferty William. M. ，"Governance for Sustainable Development：The Challenge of Adapting Form to Function"，*Canadian Journal of Political Science*，Vol. 38，No. 3，2004，pp. 24 – 55.

中国在推进"绿色丝绸之路"的过程中坚持可持续性，主要体现在两个层面，一是实行"丝绸之路经济带"沿线地区和国家的生态环境、资源开发的可持续性，致力于亚欧大陆的整体性发展。二是实现经济活动与管理规范、环境保护之间的协调，实现"绿色丝绸之路"建设成效的代际传承。

中国协同式构建"绿色丝绸之路"所秉持的原则底线，可总结为平等、尊重、互惠、共赢、可持续性。紧密的国际合作有助于维护中国的环保和能源利益。坚持这些原则，能够推动中国与其他"丝绸之路经济带"沿线国家在和平、稳定和高效的合作环境中实现创新和可持续发展。中国作为全球低碳治理的重要参与者与建设者，必将持久秉持共商、共享的理念，推动构建亚欧经贸治理新秩序。中国提出协同式构建"绿色丝绸之路"，反映出一个明确的信息：中国将坚定不移地在多边主义框架下，参与"丝绸之路经济带"的环保规范制定。由此而言，国际组织围绕碳减排议题的建章立制过程，与中国提升在低碳治理中的话语权、促进"丝绸之路经济带"的可持续发展、增强与相关国家的互信、捍卫自身合法的发展权等战略需求密切相关。

## 四　中国协同式构建"绿色丝绸之路"的价值理念

低碳治理的规范构建，是政治理念转化为政治制度的过程，不同理念指导下构建的国际规范，必然对国家行为产生不同的影响。当前全球低碳治理的规范构建，本质上是不同政治理念之间争夺合法性和有效性的过程。关于碳减排问题，现有三种治理理念：地缘政治理念、区域治理理念、全球治理理念。[①] 地缘政治理念的核心是"地理因素决定国家行为"，强调国家实力和国家利益，忽视他国利益和全球化时代的国家间相互依赖，主张各国"自扫门前雪"，对广大发展中国家的发展权采取刻意忽视的态度。落实到规范设置实践，则表现为西方国家强行要求新兴国家和发展中国家遵守西方的碳减排标准。

区域治理理念的核心是"域内协调"，即实现以地区性国际组织为平

---

① 王珊珊、张李浩、范体军：《基于碳减排技术的竞争供应链投资均衡策略研究》，《中国管理科学》2020 年第 6 期。

台的域内国家联合治理。在这种理念指导下的规范构建，欧盟以维护其欧洲成员国的既得利益为目标，实现"欧盟低碳规范治理欧洲"，要求域外国家在与欧洲进行贸易和投资过程中，必须遵守欧盟的碳减排等环保规范和标准。然而，即使是在欧盟内部，也有国家提倡更小范围内的区域治理合作，极力将比欧盟标准更为严格的本国环保标准，作为捍卫本国环境安全的规范利器。

全球治理理念的核心是"全球共管气候事务"。全球治理理念认为碳减排事务具有全球效应，低碳治理应该是全球治理的一部分，因此发展中国家有权知晓并参与低碳治理的过程，发达国家也不能以主权安全为由扩大本国或区域性碳减排规范的适用范围。全球治理理念始终将气候问题视为人类共同的命运问题，主张构建具有普遍约束力的碳减排国际公约。①全球治理理念的坚定践行者是一些国际环保组织，它们将气候安全视为全球公共议题，并要求各国限制主权、出让既得发展利益，这无疑会引起发展中国家的反对，在实践过程中难以取得成效。

由此可见，上述三种治理理念及其规范塑造虽然能够产生相应的治理成效，但始终无法解决"丝绸之路经济带"沿线国家之间的利益诉求冲突，更无法调和碳减排履约承诺与经济发展之间的矛盾。这就为中国提出协同式构建"绿色丝绸之路"做好了舆论准备。

在联合国宪章及其基本原则的基础上，与"丝绸之路经济带"沿线国家共建"绿色丝绸之路"，维护共享稳定的欧亚经贸秩序，是中国协同式构建"绿色丝绸之路"的核心理念。"绿色丝绸之路"的提出，源于"人类命运共同体"理念与欧亚经贸一体化相结合的实践需要，向相关利益攸关方提供了合作共赢的"中国方案"。

"绿色丝绸之路"对"丝绸之路经济带"设置的指导价值，体现在以下三个方面：一是提出低碳治理新型权力观，体现了国际社会的共同价值。"绿色丝绸之路"理念认识到气候政治秩序是共生型而非独存型的秩序，"丝绸之路经济带"的地缘政治经济效应必然是域内外国家相互依赖关系的进一步深化，因此提倡"丝绸之路经济带"沿线国家应相互尊重彼此的合理关切，超越传统地缘政治理念所坚持的"强者通吃型"权力

---

① 乔榛：《世界性碳减排合作的出路》，《税务与经济》2011 年第 5 期。

观，通过在全球性国际组织的框架下，构建"共建共享"的新型权力观，① 维护彼此之间的共生共存的合作关系。

二是提出低碳治理的新型利益观，奠定低碳治理的共同伦理基础。欧盟低碳话语权之所以引起国际社会的认知差异，是因为欧盟在推广低碳标准的过程中，难以处理西方国家私利与国际社会公利之间的矛盾，导致欧盟版的碳减排规范，缺乏能够引起广大发展中国家共鸣的核心价值取向。"绿色丝绸之路"承认"丝绸之路经济带"沿线国家存在多元化利益诉求的现状，但认为它们之间的环境共生利益具有共同性和非零和性。中国与"丝绸之路经济带"沿线国家一样，都受到全球气候变化的影响，都是全球价值链和利益链的组成部分，彼此之间的利益交融形成了共同的利益关切，并塑造出同为利益攸关方的共有身份。在这种身份认知下，推动"丝绸之路经济带"向环保转型，就成为承载各国可持续发展利益的基石，各国必然采取有利于人类社会整体发展的举措来妥善处理现实的经济利益分歧，在维护自身利益的同时，促进共同利益扩展，从而奠定碳减排的共同伦理基础。②

三是提出低碳治理的新型责任观，奠定低碳治理的共同义务基础。责权是有机统一体，如果参与碳减排事务只讲权益不讲责任，那么全球低碳治理的成效必将大打折扣。构建"绿色丝绸之路"，需要"丝绸之路经济带"沿线国家的共同参与。在相应的国际合作过程中，各国存在不同侧重的利益考量，必然会出现集体协作不一致的情况。这就需要各国求同存异，合理化解可能存在的威胁，共同承担低碳治理的责任。当然，共同责任不是平摊责任，而是各国根据参与全球经贸和气候事务的深度与广度差异，以及本国的国情，承担相应的责任。"绿色丝绸之路"的中国责任，就是承担力所能及的碳减排义务，体现负责任大国的担当，积极探索环境与发展的和谐统一。

总而言之，在全球气候政治的影响下，确保"丝绸之路经济带"的可持续发展，成为中国新的时代使命。无论是欧盟还是发展中国家，都无

① 曲星：《人类命运共同体的价值观基础》，《求是》2013 年第 4 期。
② 杨剑、郑英琴：《"人类命运共同体"思想与新疆域的国际治理》，《国际问题研究》2017 年第 4 期。

力独自承担全球低碳治理所需的国际公共产品的成本,为了规避"金德尔伯格陷阱",① 中国提出了与"丝绸之路经济带"沿线国家协同式构建"绿色丝绸之路"的倡议,做出自主减排承诺,为"丝绸之路经济带"沿线国家的社会发展与人民生活提供了强大动力与美好愿景,这是中国承担国际责任、提供力所能及的国际公共产品的建设性举措,有助于进一步增强中国与"丝绸之路经济带"沿线国家的互利共赢。② 因此,"绿色丝绸之路"的提出并非是对低碳治理的泛化理解,而是基于坚实的实践经验与时代呼唤,形成中国与"丝绸之路经济带"沿线国家互利共赢的机制,构筑一个欧亚大陆各国分享中国发展红利、协力促进欧亚可持续发展的命运共同体。

## 第三节 中国协同式构建"绿色丝绸之路"的方式方法

当前各级国际组织围绕低碳议题展开的话语权博弈,一方面推动利益攸关方采取相对统一的行为模式;另一方面也逐渐推动低碳治理规范性话语权的分化与集聚。如何从获取规范性话语权的视域下维护"丝绸之路经济带"的整体成效,是本书研究的基本目标。中国在既有国际组织中的低碳话语实力尚不足以有效影响相关规范的构建过程,同时国内产业结构低碳化转型所需的巨大成本、以及在履行碳减排义务的过程中受到不公正、不客观的评价,都要求中国必须面对来自国际的舆论压力和竞争压力,重点关注中国推动"绿色丝绸之路"的政策有效性。这就表明:中国协同式构建"绿色丝绸之路"的过程,必将遵循综合性和稳妥性的路径选择思路。本节从理念对接、议题设置、标准推广、国际合作四个维度出发,探讨中国协同式构建"绿色丝绸之路"的路径策略。

### 一 中国协同式构建"绿色丝绸之路"的理念对接

后冷战时代的全球低碳治理发生根本变化的究竟是什么?答案是理

① 金德尔伯格陷阱是指没有国家有能力或有能力却没有意愿来领导世界、承担国际公共产品的成本的一种领导力真空局面。

② 赵立详、汤静:《中国碳减排政策的量化评价》,《中国科技论坛》2018 年第 1 期。

念，即：从传统的冲突理念转变为发展理念。二战和冷战的国际关系史让各国深刻认识到敌对和封闭虽能维持一时的国家安全，但无法独立应对全球气候暖化和经济全球化带来的冲击，也无法真正开展有效的国际合作。联合国和欧盟等国际组织围绕低碳治理议题所展开的建章立制过程，则是实现全球善治的基本途径。当前低碳治理的时代呼唤，就是实现国家经济发展利益与人类社会共同环境利益之间的平衡。随着近年来中国以更积极的姿态参与碳减排事务，提出能够与当代低碳治理理念进行有效对接、并且能够被国际社会广泛接受的理念，是中国协同式构建"绿色丝绸之路"的重中之重。先进理念必能提高治理成效，低碳治理的理念创新必然需要汲取国际社会的共同智慧。中国推动"丝绸之路经济带"的"低碳转向"，不仅需要创新"跨国低碳治理的中国方案"，而且需要阐明中国作为负责任大国的碳减排履约责任，高度关注"绿色丝绸之路"的民生和公正导向，从而构建具有中国特色的碳减排话语体系。

在联合国气候变化公约的框架下，中国协同式构建"绿色丝绸之路"的理念对接路径应包含以下三个方面。

（一）在"共同但有区别的责任"原则下尽快实现"碳达峰、碳中和"目标

就低碳治理的规范话语权而言，积极履行相关国际责任是中国优化利益攸关方形象的战略需求。虽然中国对外经济活动受到了较多环保规范限制，但作为具有全球影响力的负责任大国，国际社会普遍认为中国有义务有能力维护全球经贸秩序与可持续发展，并根据相应的国际责任调整本国的气候政策和跨国经贸一体化政策。[1] 因此，中国倡导"绿色丝绸之路"应坚持"共同但有区别的责任"原则和协同式推进原则。共同的责任是指："丝绸之路经济带"沿线国家在参与国际经济合作的同时，还肩负着保护气候环境的共同责任，尤其是碳减排责任领域。[2] 有区别的责任是指：承担共有碳减排责任的同时要考虑到各方履约能力存在的现实差异，在责任分配方面有所区别，在履约流程和操作细节需要相关各方进行协商

---

① 周方银：《中国的世界秩序理念与国际责任》，《国际经济评论》2011 年第 3 期。

② 肖洋：《中国的"高碳困锁"与国际低碳科技转移的非对称博弈》，《社会科学》2016 年第 6 期。

与合作。"丝绸之路经济带"沿线发达国家应该担负碳减排的主要责任，并在低碳科技转移领域向发展中国家倾斜，"丝绸之路经济带"沿线的发展中国家也应尊重欧盟低碳标准存在的合理性，为欧亚大陆可持续发展做出力所能及的贡献。

中国作为发展中大国，一方面应基于"丝绸之路经济带"沿线国家生态系统的整体性影响，强调低碳治理责任的共同性，沿线国家不论强弱，都具有保护和改善生态环境、促进可持续发展方面的责任；另一方面，需要在国力允许的范围内承担碳减排责任，反对"责任均摊"主义。当前全球暖化主要是以欧洲国家为代表的西方国家造成的，欧洲国家理应承担更多的责任。① 尤其是在技术合作与标准推广方面，更应发挥带头作用。中国应在社会主义义利观的指导下，处理好本国利益与其他"丝绸之路经济带"沿线国家共同利益之间的关系，树立负责任的重要利益攸关方的优质形象，通过与欧盟进行平等协商与合作，实现优势互补、责任共担。

（二）倡议互助合作，塑造中国作为建设性合作者形象

以互助合作换取和平与繁荣是低碳治理的时代主题。② 和平与发展既是中国实现国家富强的理论指导，亦是全球善治的理念创新需求。冲突与低效的低碳治理旧秩序虽然瓦解，但合作与共赢的低碳治理新秩序却迟迟没有建立起来。当前"丝绸之路经济带"沿线国家不仅存在局部安全形势紧张的风险，而且在欧洲地区也存在互信赤字、种族主义和民粹主义兴起的可能。

中国作为"绿色丝绸之路"的建设性合作者，需要倡导"互助、共创、共勉"原则。互助是指将"绿色丝绸之路"作为一个整体而存在，各国彼此包容而非互相排斥。合作是指"绿色丝绸之路"应该由"丝绸之路经济带"沿线国家共同建设。中国作为"绿色丝绸之路"的建设者身份塑造，可从两个方面入手：一是坚定支持在《联合国气候变化框架

---

① 李泽红、王卷乐、赵中平等：《丝绸之路经济带生态环境格局与生态文明建设模式》，《资源科学》2014 年第 12 期。

② 蔡拓：《人类命运共同体视角下的全球治理与国家治理——全球治理与国家治理：当代中国两大战略考量》，《中国社会科学》2016 年第 6 期。

公约》的指导下化解"丝绸之路经济带"沿线国家围绕碳减排问题的认知冲突与履约困境，采取双边＋多边的方式，妥善处理各利益攸关方之间的利益分歧，二是在联合国等全球性国际组织层面，积极宣传中国和平发展道路的理论与成就，化解各种质疑中国协同式构建"绿色丝绸之路"的不谐之音。

（三）倡议共创共勉，塑造中国作为贡献者形象

中国构建"绿色丝绸之路"的前提是维护联合国在全球低碳治理进程中的权威地位，以既有国际规范为行动基础。"丝绸之路经济带"沿线国家的经济与环保实践，都应以"人类共同利益"为出发点，实现共创共勉。共创是指"丝绸之路经济带"沿线国家在共同参与跨国经贸合作的过程中互利互惠，实现共同利益；共创是指"丝绸之路经济带"沿线国家共同拥有参与低碳治理的权利，共同享有全球善治所带来的收益。低碳治理已经将各利益攸关方紧密联系在了一起，唯有将各方的地缘毗邻优势、政治经济优势转化为确实的可持续合作动力，才能扩大共同利益，打造"绿色丝绸之路"。①

中国作为全球经济发展的发动机，始终坚持"共赢共享"的理念，将中国的发展成就惠及"丝绸之路经济带"沿线国家和其他利益攸关方。一是坚持"可持续发展"理念，不仅实现当代人的整体利益，还要兼顾子孙后代的共同利益；不仅要发掘"丝绸之路经济带"沿线国家的资源潜力，还要考虑沿线地区生态环境的承载力。二是坚持与"丝绸之路经济带"沿线国家进行平等协商，实现共同利益的最大化，营造合作共赢的局面。三是倡导民主与开放理念，为不同利益攸关方参与构建"绿色丝绸之路"提供机制保障。② 四是以碳减排技术转移与绿色经济开发为依托，倡导多方共建"绿色丝绸之路"，在各国交通基础设施与信息化建设领域做出中国贡献。

## 二　中国协同式构建"绿色丝绸之路"的议题设置

如今，以联合国和欧盟为代表的国际组织，已经成为碳减排规范制定

---

① 卢笛声：《中国低碳治理的制约因素和相应对策》，《地理科学》2014 年第 3 期。
② 何影：《利益共享的政治学解析》，《学习与探索》2010 年第 4 期。

的核心平台。随着全球低碳治理形势的日益繁杂，低碳治理规范的议题范围也不断扩展。将低碳治理问题列入国际组织的议题设置过程，不仅能够提升中国的国际声望，而且有助于增强中国的规范性话语权。鉴于中国在推动"绿色丝绸之路"的进程中仍然面临来自欧盟低碳标准的巨大压力，因此在协同式构建相关"绿色经贸"规范的议题设置过程中，应着重思考三方面的问题：欧盟历年来所确定的优先议题是什么？中国在哪些议题领域具有倡议优势？中国对欧盟低碳规范的影响力度如何？即：议题设置的范围选择问题、能力匹配问题和规范转化问题。由于中国在联合国和欧盟的影响力存在差异性，因此需要分别从这两个国际组织层面进行有针对性的策略构建。

（一）中国在联合国的议题设置路径

联合国是能够有效维护中国发展权益和环境安全的权威国际组织，亦是中国能够有效获取低碳治理规范性话语权的核心平台。中国在联合国的相关议题设置，不仅要考虑联合国建章立制的核心业务领域，还要从中国协同式构建"绿色丝绸之路"的实践需要出发。具体可从以下两个方面着手。

第一，联合国教科文组织网络平台主席奇基略（chiquillo）表示："期待中欧班列提供更多发展动力。"[①] 以中欧物流安全作为议题设置的核心领域，有针对性地围绕跨境运输操作安全、中欧班列员工培训、跨区域环境保护等进行议题设计。一是亚欧物流业的可持续发展，尤其是中欧铁路运输的交通拥堵问题、"丝绸之路经济带"沿线国家的铁路调度协调问题、跨国物流的便利化问题、亚欧大陆桥基础设施更新改造问题等。[②] 二是中欧班列员工培训，包括中欧班列的服务标准体系设计、中欧班列的司机培训、中欧班列的运价保险机制等。[③] 三是"丝绸之路经济带"的环保供应链建设，包括中国跨国公司严格按照相关国家的环保规定，对生产—物流全过程进行低碳监测，采取预防性措施应对环境挑战，将碳减排目标

---

① 陈小茹：《跨越山海，中欧班列为沿线国家注入"抗疫功能"》，《中国青年报》2020年10月20日第1版。

② 张宝运、李正华：《中欧班列与沿线国家区域发展合作新格局》，《江苏师大大学学报》2018年第4期。

③ 康颖丰：《从丝绸之路到中欧铁路大通道》，《大陆桥视野》2014年第11期。

纳入企业年度发展报告，在供应链和运输链层面，将中欧班列打造成权威的环保型供应链。

第二，加大对联合国各级机构负责人的推荐力度。随着全球碳交易平台和全球制造业格局的重心不断东移，亚洲国家在联合国气候议题中的话语权不断提升，中国人担任相应高级管理岗位能够有效引导碳减排议题的走向。一是努力推荐中国专家进入《联合国气候变化框架公约》拟稿团队的管理层，引导候选人参与联合国重点环保议题研究和区域事务管理，培养其公共影响力。二是加大对联合国政府间气候变化专门委员会（Intergovernmental Panel on Climate Change）的参与频率，积极推荐中国专家担任委员会主席，提升中国提案的被采纳率。三是对联合国有关低碳技术合作项目提供资金支持，撰写高质量的报告型提案，提升中国的国际声誉。

（二）中国应对欧盟"绿色壁垒"的路径选择

欧盟是欧洲最具权威性的区域性国际组织，其环保规范的国际约束力不断提升。中国作为欧盟的最大贸易伙伴，虽然不能直接参与相关规范的决策过程，但仍有机会通过双边协调维护中国的合法权益，中国协同式构建"绿色丝绸之路"需要直面来自欧盟的"绿色壁垒"，理应采取稳健的应对策略。

以环境保护与可持续发展作为双方的议题合作领域，围绕外贸出口、污染物排放、环保产业开发等议题开展合作。一是对欧出口商品的环保治理，包括无害化生产过程的有效管辖、突发性污染事件应急措施、供应链和运输链的环境影响监控措施等。二是对欧资源开发和环保风险管理，包括对欧矿产、林业资源开发对当地居民生活模式的影响、交通基础设施建设的环保问题。

三是鼓励企业加速设备更新改造，提升一线工人的环保意识，强化低碳生产全流程管理，增大环保科技研发投入、拓展环保市场份额，开发对接欧盟标准的绿色产品。① 这些议题的政治敏感度低，属于欧盟的传统环保议题范畴，有助于开展国际合作。

"丝绸之路经济带"的本质是国际生产分工的深度调整，中国和欧盟

---

① 邢凯旋、邓光娅：《中国应对欧盟绿色壁垒措施研究》，《特区经济》2006 年第 3 期。

作为其中最大的参与方，双边的贸易关系也逐渐从"货物贸易"向"任务贸易"转型，并且围绕全球价值链的位次展开激烈的博弈。中国在短期内无法改变欧盟低碳话语权的强势地位，而随着欧盟不断推出更为严格的环保标准和绿色指标，中国的生产商与投资商往往只能被动应对以符合其环保标准，否则就会丧失来之不易的市场份额。中国协同式构建"绿色丝绸之路"，就不能忽视欧盟环保标准在全球供应链体系中的影响力，以及其他"丝绸之路经济带"沿线国家对欧盟标准的推崇和采纳，这就需要中国企业更加严格监控每一个生产环节，自主研发环保科技以实现产品升级，逐渐突破欧盟绿色环保技术标准对中国产品的认证约束。[1] 但需要指出的是，我们不能为了推动"绿色丝绸之路"建设，就完全以欧盟环保标准为纲，而是要洞悉这些环保规范背后的标准霸权，更要旗帜鲜明地反对以绿色环保为名，行贸易保护为实的做法，反对欧盟通过设置区域性绿色贸易堡垒来歧视中国等发展中国家对欧投资和贸易行为，而是基于共同利益将"丝绸之路经济带"打造成中欧绿色贸易大通道。[2]

### 三　中国协同式构建"绿色丝绸之路"的标准推广

将欧盟的环保科技法规、行业标准嵌入国际规范，是欧盟获取低碳科技主导权基础，也是造成中国在内化全球碳减排规范的过程中，履约成本居高不下的根本原因。中国在既有全球碳减排标准体系中的影响力相对有限，大多数时候只能被动遵循欧洲国家设计的技术路线。在信息化时代，全球低碳科技标准的设置与推广，已然成为各国战略博弈的重要焦点，决定着一国在全球低碳治理和新一轮工业化进程中的实际地位，因此中国不应缺席。[3] 为了打破欧盟的环保标准霸权，必须坚定不移地推动中国低碳标准的国际化，将中国环保科技标准作为全球低碳治理所需的公共产品，满足全球治理和共建"绿色丝绸之路"的科技所需，这就需要在联合国开展中国低碳标准国际化的科技外交。

①　林洁：《欧盟环保指令对我国企业出口竞争力的影响分析》，《国际商务研究》2006 年第5 期。

②　陈玉梅、贺银花：《论欧盟碳关税的国际合法性》，《理论月刊》2014 年第9 期。

③　曹慧：《全球气候治理中的中国与欧盟：理念、行动、分歧与合作》，《欧洲研究》2015年第5 期。

　　由于联合国政府间气候变化专门委员会和联合国减排秘书处直接负责相关低碳科技国际转移与碳减排项目的审查活动，这为中国向其他利益攸关方推荐本国碳减排技术标准和成功经验提供了平台。一是积极派遣权威科学家参与联合国的各类学术会议，尤其是关于碳减排项目的碳补偿贸易申请、国别碳减排量的核证等专题会议，提升中国科技型提案的数量与质量，在联合国气候谈判会议期间举办平行会议，增强中国科学家的国际影响力。

　　二是组织"丝绸之路经济带"沿线国家召开行业碳减排标准协商会议，邀请各国负责相关行业碳减排标准设置的团体参会，探讨如何互相支持以提升对联合国碳减排技术转让工作的参与度。

　　三是通过设置谅解备忘录项目的方式，加强与欧盟开展低碳标准对话与合作，鼓励其在向联合国提交本国碳减排科技标准时参考中国标准，或是共同提交符合中欧共同利益的碳减排方案。

　　四是拓展中国碳交易市场至"丝绸之路经济带"沿线国家。从2013年发布《国家适应气候变化战略》，到2016年印发《城市适应气候变化行动方案》，建设全国碳排放权交易市场，成为发展绿色经济的重要制度创新。中国碳交易市场自2011年试点以来，在国际社会产生广泛影响并备受关注，目前已经在深圳、湖北、上海、北京、广东等地顺利开展碳交易。2021年7月16日，全国碳交易市场正式上线。五是对有意愿采用中国低碳标准的"丝绸之路经济带"沿线国家，提供技术转移培训、优惠贷款、专家交流项目等。积极拓展中国参与"丝绸之路经济带"沿线国家的风电、水利、光伏等环保项目领域，共建绿色物流链和贸易链，提升中国低碳科技标准在"丝绸之路经济带"沿线国家的内部认可度，六是明确以标准咨询、服务供给、项目应用、规范嵌套作为中国标准在联合国的功能定位优先顺序。七是关注中国碳交易市场的成交量与成交额的增长趋势，吸引"丝绸之路经济带"沿线国家参与中国的碳交易市场。

### 四　中国协同式构建"绿色丝绸之路"的国际合作

　　坦而言之，在当前低碳治理和经贸全球化格局下，中国难以独力改变欧盟等西方国家主导全球碳减排事务的现状。开展基于共同利益的国际合作与协调，是中国塑造"绿色丝绸之路"碳减排规范的有效路径，不仅应坚持"合作共赢"的战略原则，还应有针对性地选择合作对象、合作领域、合作路径。中国应从双边和多边两个层面开展多元议题领域的合作，逐渐形成中国主导的"绿色丝绸之路命运共同体"，从欧洲国家、亚洲国家、民间组织三个层面，推动碳减排规范构建向有利于中国利益的方向发展。①

（一）加强与欧洲国家的务实合作，拓展中国规范性话语影响力

无论是联合国还是欧盟，中国都应认识到欧洲国家并非铁板一块，避免刻意强调域外国家与欧洲国家之间的身份对立。一是以中国与欧洲国家在低碳治理问题的同有环保观念为基础，实现双方从功能性合作向制度性合作的纵向发展，以及从板块式向整体式的横向融合，达成构建"中国—欧洲命运共同体"的共识，提出双方深化中欧经贸与环保合作的路线图与机制化倡议。二是对欧盟公益性碳减排议案和环保议案予以支持。欧盟在联合国框架下的碳减排提案并非都具有完全的自利性，尤其是涉及生态环境保护、有害物质管制、扩大可再生能源、增加森林碳汇等提案，具有一定的公益性，中国对此应予以相应的支持，以表达合作的善意。②三是重视在具体领域的合作与话语权行使。加强与北欧国家在能源开发领域的合作，以推动双方在资源开发、基础设施建设等领域的环保标准沟通与合作；加强与中东欧国家在陆海联运、投资办厂、电子电器产品贸易的环保评估标准等领域的合作，③ 以促进中国企业有效应对欧盟环保标准对中资项目的约束效应，尝试构建中国经济贡献度与环保话语权的对接机制；加强与匈牙利、波兰等国在跨境物流转运枢纽建设、清洁能源基础设施建设等领域的合作。

（二）加强与亚洲国家合作，倡导和塑造新的绿色贸易规范

倡导和塑造新的绿色贸易规范，其本质是推动特定低碳治理议题的规范化，即：针对"丝绸之路经济带"沿线亚洲国家共同关注的某项碳减

① 郝海然：《欧盟碳关税的国际、国内层面应对机制研究》，《中共南京市委党校学报》2018 年第 4 期。

② 石莹、刘昌新、吴静、王铮：《欧盟碳减排目标的经济可能性评估》，《世界地理研究》2013 年第 3 期。

③ 邓荣荣：《不对称性减排增加了中国碳密集型行业出口的比较优势吗》，《首都经济贸易大学学报》2019 年第 1 期。

排权益标准，从理念倡导向软法塑造，最后上升为国际硬法规范的演进，积累从治理观念向治理规范转变的规范塑造能力。一是中国应发挥在联合国常任理事国的身份优势，重点选择环境技术标准和绿色贸易壁垒等符合亚洲国家共同关心的议题，作为主动提案国或联合提案的主导国，积极提交融入中国治理理念和低碳标准设置的提案并做出融通性阐释，增强提案的凝聚力和说服力，提高提案的被采纳率。二是推动提案转变为欧亚经济联盟、中国—阿拉伯国家合作论坛、上海合作组织等区域性国际组织的会议宣言，将其提升为软法性国际文件。中国应向其他亚洲国家积极阐述在联合国和区域性国际组织中通过共同环保提案的现实价值与必要性，通过联合提案和多国复议等方式，影响会议议程，力促提案成为国际组织的官方表述，从观念上强化国际社会对中国低碳提案的理念与支持。三是联合"丝绸之路经济带"亚洲伙伴国设计双边跨境碳减排治理规范。亚洲跨境碳减排合作是"丝绸之路经济带"沿线国家环保合作的重要基础，中国应与相关国家合作设计区域性大气环境观测、水资源和森林资源保护、清洁能源开发等提案，通过联合国气候专门委员会的采纳与推介，形成对欧盟低碳话语议题的补充性或竞争性解释，缩小与欧盟的低碳话语权差距。

（三）加强与民间组织的沟通，提升中国企业的海外美誉度

民间组织在低碳治理中的话语权不断提升，很多非政府组织都具有联合国"观察员"的身份，"丝绸之路经济带"沿线的民间组织的整体影响力不断提升，对外资企业的环保要求较为严格。[①] 根据欧洲民间组织的政治影响力，中国应重点发展与绿色和平组织、中国—欧洲经济技术合作协会的合作，获取"丝绸之路经济带"沿线国家和地区的民间组织对中国建设"绿色丝绸之路"的理解与支持。[②] 一是在全球气候暖化背景下加强研究欧洲环保民间组织的政治主张，密切关注绿色和平组织对在欧中国企业环保责任的评估压力，发挥中国—欧洲经济技术合作协会对中欧商贸合

---

① 郝少英：《区域环境合作：丝绸之路经济带生态保障的法律对策》，《南京工业大学学报》（社会科学版）2016 年第 1 期。

② 郑玲丽：《〈巴黎协定〉生效后碳关税法律制度设计及对策》，《国际商务研究》2017 年第 6 期。

作的促进作用。二是研究中国企业开发北欧林业、矿产资源对当地居民生活模式的影响，关注北欧次区域民间组织出于保护传统文化和生活环境而采取的重置土地利用倡议。① 三是与中亚国家环保非政府组织建立适当的协商与沟通机制，尊重其参与"丝绸之路经济带"低碳治理的合法性。四是研究"丝绸之路经济带"沿线国家在资源开发问题上的生态补偿措施、收益分享措施，撰写调研报告型提案，为中国协同式构建"绿色丝绸之路"凝聚民间力量。

综上所述，中国选择协同式构建"绿色丝绸之路"的规范构建，不仅源于当前中国国力与国际碳减排规范性话语权之间存在的差异现实，亦是中国建立新型国际关系、推动全球善治的理念所致。"协同式构建"不是一种短期的权宜之计，不会因时间的推移而重蹈西方国家的单边主义路径，而是始终在平等、协作、互尊、互利的基础上，共同推动"丝绸之路经济带"的可持续发展，其路径设计也必然是一整套兼顾各方利益诉求的综合性方案。中国协同式构建"绿色丝绸之路"的低碳环保规范体系，不仅是为了维护自身合理的发展权益，更是为了确保全球气候安全的"中国方案"能够有效施行，而绝非是为了转化成中国的低碳话语霸权。中国积极参与联合国等国际组织环保议题的建章立制，也是从"人类命运共同体"的宏大叙事背景下，能够为"丝绸之路经济带"沿线国家的共同发展做出力所能及的贡献，引导欧亚气候与经济治理格局向更为积极的方向演进。

---

① Jan Erik Henriksen, "Participatory Handling of Conflicts in Sami Areas", *International Social Work*, Vol. 59, No. 5, 2016, pp. 627 – 639.

# 参考文献

**一 中文参考文献**

白永秀、王颂吉:《丝绸之路经济带的纵深背景与地缘战略》,《改革》2014 年第 3 期。

薄燕:《全球气候变化治理中的中美欧三边关系》,上海人民出版社 2012 年版。

陈志敏:《全球多层治理中地方政府与国际组织的相互关系研究》,《国际观察》2008 年第 6 期。

崔大鹏:《国际气候合作的政治经济学分析》,商务印书馆 2003 年版。

董银果、吴秀云:《贸易便利化对中国出口的影响——以丝绸之路经济带为例》,《国际商务》2017 年第 2 期。

戴炳然:《对欧洲一体化历史进程的再认识》,《社会科学文摘》2017 年第 7 期。

傅聪:《欧盟气候变化治理模式研究:实践、转型与影响》,中国人民大学出版社 2014 年版。

冯仲平、黄静:《中欧"一带一路"合作的动力、现状与前景》,《现代国际关系》2016 年第 2 期。

冯存万、朱慧:《欧盟气候外交的战略困境及政策转型》,《欧洲研究》2015 年第 4 期。

甘均先:《压制还是对话——国际政治中的霸权话语分析》,《国际政治研究》2008 年第 1 期。

谷德近:《从巴厘到哥本哈根:气候变化谈判的态势和原则》,《昆明理工大学学报》(社会科学版)2009 年第 9 期。

胡鞍钢、马伟、鄢一龙:《"丝绸之路经济带":战略内涵、定位和实现路径》,《新疆师范大学学报》2014 年第 2 期。

胡正荣、李继东:《如何构建中国话语权》,《光明日报》2014 年 11 月 17 日。

胡宗山:《中国国际话语权刍议:现实挑战与能力提升》,《社会主义研究》2014 年第 5 期。

洪邮生:《"规范性力量欧洲"与欧盟对华外交》,《世界经济与政治》2010 年第 1 期。

贾文华:《欧盟权力属性的多维解读》,《欧洲研究》2010 年第 2 期。

吉磊:《话语行动与身份建构:"规范性力量欧洲"的反思》,《欧洲研究》2010 年第 2 期。

金灿荣:《中国正在走近世界舞台中央》,《人民日报》2017 年 1 月 3 日。

梁凯音:《论中国拓展国际话语权的新思路》,《国际论坛》2009 年第 5 期。

赖祎华:《文化全球化背景下中国国际话语权的提升——以 CCTV-NEWS 外宣语言及策略为例》,《江西社会科学》2011 年第 10 期。

阮建平:《话语权与国际秩序的建构》,《现代国际关系》2003 年第 5 期。

李慧明:《当代西方学术界对欧盟国际气候谈判立场的研究综述》,《欧洲研究》2010 年第 6 期。

李永全:《大欧亚伙伴关系与"一带一路"》,《俄罗斯学刊》2018 年第 4 期。

李佳峰:《"一带一路"战略下中欧班列优化对策研究》,《铁路运输与经济》2016 年第 5 期。

刘宏松:《国际组织的自主性行为:两种理论视角及其比较》,《外交评论》2006 年第 3 期。

秦亚青:《行动的逻辑:西方国际关系理论"知识转向"的意义》,《中国社会科学》2013 年第 12 期。

宋新宁、刘华:《中国欧盟关系 40 年——新型战略伙伴关系的建构》,中国政法大学出版社 2017 年版。

宋黎磊:《欧盟特性研究:作为一种规范性力量的欧盟》,《国际论坛》

2008 年第 2 期。

孙吉胜：《国际关系中语言与意义的建构——伊拉克战争解析》，《世界经济与政治》2009 年第 3 期。

王啸：《国际话语权与中国国际形象的塑造》，《国际关系学院学报》2010 年第 6 期。

吴文成：《组织文化与国际官僚组织的规范倡导》，《世界经济与政治》2013 年第 11 期。

夏立平：《规范性力量理论视阈下的欧盟北极政策》，《社会科学》2014 年第 1 期。

邢广程：《"丝路经济带"与欧亚大陆地缘格局》，《光明日报》2014 年 6 月 29 日。

袁罗牙：《核心价值观助推中国国际话语权提升》，《人民论坛》2016 年第 12 期。

袁胜育、汪伟民：《丝绸之路经济带与中国的中亚政策》，《世界经济与政治》2015 年第 5 期。

阎学通、杨原：《国际关系分析》，北京大学出版社 2013 年版。

曾向红：《"规范性力量"遭遇"新大博弈"：欧盟在中亚推进民主的三重困境》，《欧洲研究》2020 年第 2 期。

张国祚：《关于"话语权"的几点思考》，《求是》2009 年第 9 期。

张志洲：《金砖机制建设与中国的国际话语权》，《当代世界》2017 年第 10 期。

张忠军：《增强中国国际话语权的思考》，《理论视野》2012 年第 4 期。

张新平、庄宏韬：《中国国际话语权：历程、挑战及提升策略》，《南开学报》2017 年第 6 期。

张茗：《规范性力量欧洲：理论、现实或"欧托邦"》，《欧洲研究》2008 年第 5 期。

张骥、陈志敏：《"一带一路"倡议的中欧对接：双层欧盟的视角》，《中国社会科学院国际研究学部集刊》2017 年第 4 期。

赵晨：《也谈"规范性力量"》，《人民日报》2011 年 4 月 16 日。

周弘：《欧盟是怎样的力量》，社会科学文献出版社 2008 年版。

郑玉雯、薛伟贤：《丝绸之路经济带沿线国家协同发展的驱动因素——基于哈肯模型的分阶段研究》，《中国软科学》2019 年第 2 期。

郑春荣：《“一带一路”倡议视域下的中德关系：潜力与挑战》，《同济大学学报》2016 年第 6 期。


## 二 英文参考文献

European Commission，2013，June 25，*Publication of An Amendment Application Pursuant to Article* 50（2）（A）*of Regulation（EU）No* 1151/2012 *of The European Parliament And of The Council On Quality Schemes For Agricultural Products And Foodstuffs.*

European Commission，2013，September 7，*Consolidated Text：Commission Regulation（EU）No* 206/2010 *of 12 March 2010 Laying Down Lists of Third Countries，Territories or Parts Thereof Authorised For The Introduction Into The European Union of Certain Animals And Fresh Meat And The Veterinary Certification Requirements.*

European Commission，2013，October 31，*Publication of An Application Pursuant to Article* 50（2）（A）*of Regulation（EU）No* 1151/2012 *of The European Parliament And of The Council On Quality Schemes For Agricultural Products and Foodstuffs.*

European Commission，2013，November 7，2013/740/EU：*Commission Implementing Decision of 7 November 2013 Adopting A Seventh Updated List of Sites of Community Importance For The Atlantic Biogeographical Region［Notified Under Document C（2013）7357］.*

European Commission，2013，November 15，*Consolidated Text：Commission Regulation（EU）No* 206/2010 *of 12 March 2010 Laying Down Lists of Third Countries，Territories Or Parts Thereof Authorised For The Introduction Into The European Union of Certain Animals And Fresh Meat And The Veterinary Certification Requirements.*

European Commission，2013，November 22，*Prior Notification of A Concentration（Case COMP/M.* 7099—*ARX/Darby/Gramex/GFI）—Candidate Case For Simplified Procedure.*

European Commission，2013，December 3，*Publication of An Application Pur-*

suant to Article 50 （2） （A） of Regulation （EU） No 1151/2012 of The Eu-
ropean Parliament And of The Council On Quality Schemes For Agricultural
Products And Foodstuffs.

European Commission, 2013, December 16, *Commission Implementing Regu-
lation （EU） No 1348/2013 of 16 December 2013 Amending Regulation
（EEC） No 2568/91 on The Characteristics of Olive Oil And Olive-Residue Oil
And On The Relevant Methods of Analysis.*

European Commission, 2013, December 19, *Commission Decision of 19/12/
2013 Declaring A Concentration to Be Compatible With The Common Market
（Case No COMP/M.7099 – ARX/DARBY/GRAMEX/GFI） According to
Council Regulation （EC） No 139/2004.*

European Commission, 2013, December 30, *Consolidated Text：Commission
Regulation （EU） No 37/2010 of 22 December 2009 On Pharmacologically
Active Substances And Their Classification Regarding Maximum Residue Limits
In Foodstuffs of Animal Origin.*

European Commission, 2014, August 22, *Publication of An Amendment Appli-
cation Pursuant to Article 50 （2） （A） of Regulation （EU） No 1151/2012
of The European Parliament And of The Council On Quality Schemes For Agri-
cultural Products And Foodstuffs.*

European Commission, 2014, September 10, *Summary of Commission Deci-
sion of 10 September 2014 Declaring A Concentration Compatible With The In-
ternal Market And The Functioning of The EEA Agreement （Case M.7061—
Huntsman Corporation/Equity Interests Held By Rockwood Holdings） ［Notified
Under Document Number C （2014） 6319］.*

European Commission, 2014, October 8, *Commission Staff Working Document
The Former Yugoslav Republic of Macedonia 2014 Progress Report Accompan-
ying The Document Communication From The Commission to The European
Parliament, The Council, The European Economic And Social Committee And
The Committee of The Regions Enlargement Strategy And Main Challenges
2014 – 2015.*

European Commission, 2014, October 22, *Commission Regulation （EU） No*

1123/2014 *of 22 October* 2014 *Amending Directive* 2008/38/EC *Establishing A List of Intended Uses of Animal Feedingstuffs For Particular Nutritional Purposes.*

European Commission, 2014, October 23, *Proposal For A Council Decision On The Position to Be Adopted, On Behalf of The European Union, At The Eighth Conference of The Parties to The Helsinki Convention On Transboundary Effects of Industrial Accidents With Regard to The Proposal For An Amendment of Annex* I.

European Commission, 2014, December 3, *Commission Implementing Decision (EU)* 2015/72 *of 3 December* 2014 *Adopting An Eighth Update of The List of Sites of Community Importance For The Atlantic Biogeographical Region* [*Notified Under Document C (2014) 9091*].

European Commission, 2014, December 5, *State Aid—Belgium—State Aid SA.* 19864 *(2014/C) (Ex NN54/2009) —Public Financing ofBrussels Public IRIS Hospitals—Invitation to Submit Comments Pursuant to Article* 108 *(2) of The Treaty On The Functioning of The European Union.*

European Commission, 2014, December 16, *Commission Implementing Regulation (EU) No* 1379/2014 *of 16 December* 2014 *Imposing A Definitive Countervailing Duty On Imports of Certain Filament Glass Fibre Products Originating In The People's Republic of China And Amending Council Implementing Regulation (EU) No* 248/2011 *Imposing A Definitive Anti-Dumping Duty On Imports of Certain Continuous Filament Glass Fibre Products Originating In The People's Republic of China.*

European Commission, 2014, December 18, *Commission Implementing Regulation (EU) No* 1358/2014 *of 18 December* 2014 *Amending Regulation (EC) No* 889/2008 *Laying Down Detailed Rules For The Implementation of Council Regulation (EC) No* 834/2007 *As Regards The Origin of Organic Aquaculture Animals, Aquaculture Husbandry Practices, Feed For Organic Aquaculture Animals And Products And Substances Allowed For Use In Organic Aquaculture.*

European Commission, 2015, October 24, *Publication of An Amendment Ap-*

plication Pursuant to Article 50 (2) (A) of Regulation (EU) No 1151/2012 of The European Parliament And of The Council On Quality Schemes For Agricultural Products And Foodstuffs.

European Commission, 2015, November 9, Commission Decision of 09/11/2015 Declaring A Concentration to Be Compatible With The Common Market (Case No COMP/M. 7763 – TCCC/COBEGA/CCEP) According to Council Regulation (EC) No 139/2004.

European Commission, 2015, November 13, Commission Communication In The Framework of The Implementation of Regulation (EU) No 305/2011 of The European Parliament And of The Council of 9 March 2011 Laying Down Harmonised Conditions For The Marketing of Construction Products And Repealing Council Directive 89/106/EEC (Publication of Titles And References of Harmonised Standards Under Union Harmonisation Legislation).

European Commission, 2015, November 21, Notice of The Impending Expiry of Certain Anti-Dumping Measures.

European Commission, 2015, November 26, Commission Implementing Decision (EU) 2015/2373 of 26 November 2015 Adopting A Ninth Update of The List of Sites of Community Importance For The Atlantic Biogeographical Region [Notified Under Document C (2015) 8219].

European Commission, 2015, December 30, Publication of An Application Pursuant to Article 50 (2) (A) of Regulation (EU) No 1151/2012 of The European Parliament And of The Council On Quality Schemes For Agricultural Products And Foodstuffs.

European Commission, 2016, July 27, Commission Implementing Regulation (EU) 2016/1227 of 27 July 2016 Amending Regulation (EEC) No 2568/91 On The Characteristics of Olive Oil And Olive-Residue Oil And On The Relevant Methods of Analysis.

European Commission, 2016, September 9, Proposal For A COUNCIL DIRECTIVE Amending, For The Purpose of Adapting to Technical Progress, Annex II to Directive 2009/48/EC of The European Parliament And of The Council On The Safety oftoys, As Regards Lead.

European Commission, 2016, September 26, *Proposal For A Regulation of The European Parliament And of The Council On The Introduction of Temporary Autonomous Trade Measures For Ukraine Supplementing The Trade Concessions Available Under The Association Agreement.*

European Commission, 2016, September 30, *Summary of European Union Decisions On Marketing Authorisations In Respect of Medicinal Products From* 1 *August* 2016 *to* 31 *August* 2016 [*Published Pursuant to Article* 13 *Or Article* 38 *of Regulation (EC) No* 726/2004 *of The European Parliament And of The Council*].

European Commission, 2016, October 7, *Authorisation For State Aid Pursuant to Articles* 107 *And* 108 *of The Treaty On The Functioning of The European Union—Cases Where The Commission Raises No Objections.*

European Commission, 2016, October 8, *Commission Decision (EU)* 2016/1371 *of* 10 *August* 2016 *Establishing The Ecological Criteria For The Award of The EU Ecolabel For Personal, Notebook And Tablet Computers* [*Notified Under Document C (2016) 5010*].

European Commission, 2016, October 14, *Commission Implementing Decision (EU)* 2016/1840 *of* 14 *October* 2016 *Amending Annex* Ⅳ *to Council Directive* 2009/156/EC *As Regards Methods For African Horse Sickness Diagnosis* [*Notified Under Document C (2016) 6509*].

European Commission, 2016, October 28, *Commission Communication In The Framework of The Implementation of Regulation (EU) No* 305/2011 *of The European Parliament And of The Council Laying Down Harmonised Conditions For The Marketing of Construction Products And Repealing Council Directive* 89/106/EEC *(Publication of Titles And References of Harmonised Standards Under Union Harmonisation Legislation).*

European Commission, 2016, November 19, *Explanatory Notes to The Combined Nomenclature of The European Union.*

European Commission, 2016, November 22, *COMMISSION STAFF WORKING DOCUMENT Assessing The* 2005 *European Consensus On Development And Accompanying The Initiative "Proposal For A New European Consensus On*

*Development" Accompanying The Document Communication From The Commission to The European Parliament, The Council, The European Economic And Social Committee And The Committee of The Regions Proposal For A New European Consensus On Development Our World, Our Dignity, Our Future.*

European Commission, 2017, February 1, *Report From The Commission to The European Parliament And The Council On Implementation of Directive 2009/31/Ec On The Geological Storage of Carbon Dioxide.*

European Commission, 2017, February 1, *Report From The Commission to The European Parliament And The Council Report On The Functioning of The European Carbon Market.*

European Commission, 2017, June 9, *Commission Implementing Decision (EU) 2017/996 of 9 June 2017 Setting Up The European Carbon Dioxide Capture And Storage Laboratory—European Research Infrastructure Consortium (ECCSEL ERIC) [Notified Under Document C (2017) 3875].*

European Commission, 2017, June 23, *Notice of Initiation of An Anti-Dumping Proceeding Concerning Imports of Low Carbon Ferro-Chrome Originating In The People's Republic of China, Russia And Turkey.*

European Commission, 2017, August 16, *Proposal For A Council Decision On The Signing, On Behalf of The European Union, of An Agreement Between The European Union And The Swiss Confederation On The Linking of Their Greenhouse Gas Emissions Trading Systems.*

European Commission, 2017, August 16, *Proposal For A Council Decision On The Conclusion, On Behalf of The European Union, of An Agreement Between The European Union And The Swiss Confederation On The Linking of Their Greenhouse Gas Emissions Trading Systems.*

European Commission, 2017, November 8, *Commission Implementing Regulation (EU) 2017/2005 of 8 November 2017 Approving Margosa Extract, Cold-Pressed Oil of Azadirachta Indica Seeds Without Shells Extracted With Super-Critical Carbon Dioxide As An Existing Active Substance For Use In Biocidal Products of Product-Type 19.*

European Commission, 2017, November 20, *Commission Decision (EU) 2017/*

2172 *of 20 November 2017 Amending Decision 2010/670/EU As Regards The Deployment of Non-Disbursed Revenues From The First Round of Calls For Proposals* [*Notified Under Document C* (2017) 7656].

European Commission, 2017, November 23, *Report From The Commission to The European Parliament And The Council Report On The Functioning of The European Carbon Market.*

European Commission, 2017, December 19, *Proposal For A Regulation of The European Parliament And of The Council Repealing Regulation* (*EU*) *No 256/2014 of The European Parliament And of The Council Concerning The Notification to The Commission of Investment Projects In Energy Infrastructure Within The European Union.*

European Commission, 2018, March 5, *Report From The Commission to The Council And The European Parliament On The Implementation of The European Energy Programme For Recovery And The European Energy Efficiency Fund.*

European Commission, 2018, May 8, *Commission Notice—Preliminary Carbon Leakage List,* 2021 – 2030.

European Commission, 2018, May 24, *Commission Staff Working Document Impact Assessment Accompanying The Document Proposal For A Regulation of The European Parliament And of The Council On The Establishment of A Framework to Facilitate Sustainable Investment And Proposal For A Regulation of The European Parliament And of The Council On Disclosures Relating to Sustainable Investments And Sustainability Risks And Amending Directive* (*EU*) *2016/2341 And Proposal For A Regulation of The European Parliament And of The Council Amending Regulation* (*EU*) *2016/1011 On Low Carbon Benchmarks And Positive Carbon Impact Benchmarks.*

European Commission, 2018, May 24, *Proposal For A Regulation of The European Parliament AND of THE council Amending Regulation* (*EU*) *2016/ 1011 On Low Carbon Benchmarks And Positive Carbon Impact Benchmarks.*

European Commission, 2018, May 24, *commission staff working document executive summary of the impact assessment Accompanying The Document Propos-*

al For A Regulation of The European Parliament And of The Council On The Establishment of A Framework to Facilitate Sustainable Investment Proposal For A Regulation of The European Parliament And of The Council On Disclosures Relating to Sustainable Investments And Sustainability Risks And Amending Directive （EU） 2016/2341 Proposal For A Regulation of The European Parliament And of The Council Amending Regulation （EU） 2016/1011 On Low Carbon Benchmarks And Positive Carbon Impact Benchmarks.

European Commission, 2018, May 31, Proposal For A Council Decision On The Position to Be Taken On Behalf of The European Union In The Joint Committee Established By The Agreement Between The European Union And The Swiss Confederation On The Linking of Their Greenhouse Gas Emissions Trading Systems Regarding The Adoption of Its Rules ofProcedure.

European Commission, 2018, June 18, Commission Notice：Energy Transmission Infrastructure And EU Nature Legislation.

European Commission, 2018, July 20, Commission Implementing Decision （EU） 2018/1037 of 20 July 2018 Terminating The Anti-Dumping Proceeding Concerning Imports of Low Carbon Ferro-Chrome Originating In The People's Republic of China, Russian Federation And Turkey.

European Commission, 2018, December 17, Commission Implementing Decision （EU） 2018/2023 of 17 December 2018 On Amending Implementing Decision （EU） 2017/1984 Determining, Pursuant to Regulation （EU） No 517/2014 of The European Parliament And of The Council On Fluorinated Greenhouse Gases, Reference Values As Regards Reference Values For The Period From 30 March 2019 to 31 December 2020 For Producers Or Importers Established Within The United Kingdom, Which Have Lawfully Placed On The Market Hydrofluorocarbons From 1 January 2015, As Reported Under That Regulation ［Notified Under Document C （2018） 8801］.

European Commission, 2018, December 17, Report From The Commission to The European Parliament And The Council Report On The Functioning of The European Carbon Market.

European Commission, 2019, February 15, Commission Delegated Decision

(*EU*) 2019/708 *of* 15 *February* 2019 *Supplementing Directive* 2003/87/EC *of The European Parliament And of The Council Concerning The Determination of Sectors And Subsectors Deemed At Risk of Carbon Leakage For The Period* 2021 *to* 2030.

European Commission, 2019, March 13, *Commission Delegated Regulation* (*EU*) 2019/807 *of* 13 *March* 2019 *Supplementing Directive* (*EU*) 2018/ 2001 *of The European Parliament And of The Council As Regards The Determination of High Indirect Land-Use Change-Risk Feedstock For Which A Significant Expansion of The Production Area Into Land With High Carbon Stock Is Observed And The Certification of Low Indirect Land-Use Change-Risk Biofuels, Bioliquids And Biomass Fuels.*

European Commission, 2019, March 13, *Report From The Commission to The European Parliament, The Council, The European Economic And Social Committee And The Committee of THE REGIONS On The Status of Production Expansion of Relevant Food And Feed Crops Worldwide.*

European Commission, 2019, June 18, *Commission Staff Working Document Assessment of The National Forestry Accounting Plans Regulation* (*EU*) 2018/841 *of The European Parliament And of The Council On The Inclusion of Greenhouse Gas Emissions And Removals From Land Use, Land Use Change And Forestry In The* 2030 *Climate And Energy Framework, And Amending Regulation* (*EU*) *No* 525/2013 *And Decision No* 529/2013/EU *Accompanying The Document Communication From The Commission to The European Parliament, The Council, The European Economic And Social Commitee And The Committee of The Regions United In Delivering The Energy Union And Climate Action-Setting The Foundations For A Successful Clean Energy Transition.*

European Commission, 2019, June 18, *Communication From The Commission to The European Parliament, The Council, The European Economic And Social Committee And The Committee of The Regions United In Delivering The Energy Union And Climate Action-Setting The Foundations For A Successful Clean Energy Transition.*

European Commission, 2019, June 20, *Communication From The Commission—Guidelines On Non-Financial Reporting*: *Supplement On Reporting Climate-Related Information.*

European Commission, 2019, July 3, *Commission Decision（EU）2019/1183 of 3 July 2019 On The Proposed Citizens' Initiative Entitled "A Price For Carbon to Fight Climate Change"*［*Notified Under Document C（2019）4973*］.

European Commission, 2019, August 1, *Commission Delegated Directive（EU）…/…Amending, For The Purposes of Adapting to Scientific And Technical Progress, Annex III to Directive 2011/65/EU of The European Parliament And of The Council As Regards An Exemption For Hexavalent Chromium As An Anticorrosion Agent of The Carbon Steel Cooling System In Absorption Refrigerators.*

European Commission, 2019, September 25, *Proposal For A Council Decision On The Position to Be Taken On Behalf of The European Union In The Joint Committee Established By The Agreement Between The European Union And The Swiss Confederation On The Linking of Their Greenhouse Gas Emission Trading Systems to Amend Annex I And II to The Agreement.*

European Commission, 2019, October 21, *Commission Delegated Directive（EU）…/…Amending, For The Purpose of Adapting to Scientific And Technical Progress, Annex II to Directive 2000/53/EC of The European Parliament And of The Council On End-of-Life Vehicles As Regards An Exemption For Hexavalent Chromium As Anti-Corrosion Agent of The Carbon Steel Cooling System In Absorption Refrigerators In Motor Caravans.*

European Commission, 2019, October 23, *Commission Delegated Directive（EU）…/…Amending Annex II to Directive 2000/53/EC of The European Parliament And of The Council On End-of-Life Vehicles As Regards The Exemption For Hexavalent Chromium As Anti-Corrosion Agent of The Carbon Steel Cooling System In Absorption Refrigerators In Motor Caravans.*

European Commission, 2019, October 31, *Report From The Commission to The European Parliament And The Council On Implementation of Directive 2009/31/EC On The Geological Storage of Carbon Dioxide.*

European Commission, 2019, October 31, *Report From The Commission to The European Parliament And The Council Report On The Functioning of The European Carbon Market.*

European Commission, 2019, October 31, *Commission Staff Working Document Adjusting Carbon Emission Allowances to Reflect Activity Levels of Industrial Plants Under The EU Emissions Trading System: Analysis of Various Technical Parameters And Their Impacts Accompanying The Document Commission Implementing Regulation Laying Down Rules For The Application of Directive 2003/87/EC of The European Parliament And of The Council As Regards Further Arrangements For The Adjustments to Free Allocation of Emission Allowances Due to Activity Level Changes.*

European Commission, 2019, December 17, *Commission Delegated Directive (EU) 2020/361 of 17 December 2019 Amending, For The Purposes of Adapting to Scientific And Technical Progress, Annex III to Directive 2011/65/EU of The European Parliament And of The Council As Regards An Exemption For Hexavalent Chromium As An Anticorrosion Agent of The Carbon Steel Cooling System In Absorption Refrigerators23: 15 2021 - 6 - 23.*

European Commission, 2019, December 17, *Commission Delegated Directive (EU) 2020/362 of 17 December 2019 Amending Annex II to Directive 2000/53/EC of The European Parliament And of The Council On End-of-Life Vehicles As Regards The Exemption For Hexavalent Chromium As Anti-Corrosion Agent of The Carbon Steel Cooling System In Absorption Refrigerators In Motor Caravans.*

European Commission, 2019, December 17, *Commission Delegated Directive (EU) …/…Amending, For The Purposes of Adapting to Scientific And Technical Progress, Annex III to Directive 2011/65/EU of The European Parliament And of The Council As Regards An Exemption For Hexavalent Chromium As An Anticorrosion Agent of The Carbon Steel Cooling System In Absorption Refrigerators.*

European Commission, 2019, December 17, *Commission Delegated Directive (EU) …/…Amending Annex II to Directive 2000/53/EC of The European*

Parliament And of The Council On End-of-Life Vehicles As Regards The Exemption For Hexavalent Chromium As Anti-Corrosion Agent of The Carbon Steel Cooling System In Absorption Refrigerators In Motor Caravans.

European Commission, 2020, January 16, *Report From The Commission To The European Parliament And The Council Report On The Functioning of The European Carbon Market.*

European Commission, 2020, February 10, *Commission Staff Working Document Data On The Budgetary And Technical Implementation of The European Energy Programme For Recovery Accompanying The Document Report From The Commission To The European Parliament And Council On The Implementation of The European Energy Programme For Recovery And The European Energy Efficiency Fund.*

European Commission, 2020, February 10, *Report From The Commission to The European Parliament And The Council On The Implementation of The European Energy Programme For Recovery And The European Energy Efficiency Fund.*

European Commission, 2020, March 4, *Proposal For A Carbon Border Adjustment Mechanism (CBAM).*

European Commission, 2020, April 3, *Corrigendum to Commission Delegated Directive (EU) 2020/362 of 17 December 2019 Amending Annex II to Directive 2000/53/EC of The European Parliament And of The Council On End-of-Life Vehicles As Regards The Exemption For Hexavalent Chromium As Anti-Corrosion Agent of The Carbon Steel Cooling System In Absorption Refrigerators In Motor Caravans (official Journal of The European Union L 67, of 5 March 2020).*

European Commission, 2020, May 13, *Proposal For A Council Decision On The Position to Be Taken On Behalf of The European Union In The International Civil Aviation Organization, In Respect of Notification of Voluntary Participation In The Carbon offsetting And Reduction Scheme For International Aviation (CORSIA) From 1 January 2021 And of The Option Selected For Calculating The Aeroplane Operators' offsetting Requirements During The 2021 –*

2023 *Period.*

European Commission, 2020, May 18, *Commission Delegated Decision （EU） 2020/1071 of 18 May 2020 Amending Directive 2003/87/EC of The European Parliament And of The Council, As Regards The Exclusion of Incoming Flights From Switzerland From The EU Emissions Trading System.*

European Commission, 2020, June 23, *Proposal For A Council Decision On The Position to Be Taken On Behalf of The European Union In The Joint Committee Established By The Agreement Between The European Union And The Swiss Confederation On The Linking of Their Greenhouse Gas Emissions Trading Systems As Regards The Adoption of Common Operational Procedures.*

European Commission, 2020, June 30, *Proposal For A Council Decision On The Position to Be Taken On Behalf of The European Union In The Joint Committee, Established By The Agreement Between The European Union And The Swiss Confederation On The Linking of Their Greenhouse Gas Emissions Trading Systems, As Regards Amending Annexes I And II to The Linking Agreement And The Adoption of Linking Technical Standards.*

European Commission, 2020, July 8, *Communication From The Commission To The European Parliament, The Council, The European Economic And Social Committee And The Committee Of The Regions A Hydrogen Strategy For A Climate-Neutral Europe.*

European Commission, 2020, August 5, *Commission Implementing Regulation （EU） 2020/1160 of 5 August 2020 Amending Implementing Regulation （EU） No 540/2011 As Regards The Extension of The Approval Periods of The Active Substances Aluminium Ammonium Sulphate, Aluminium Silicate, Blood Meal, Calcium Carbonate, Carbon Dioxide, Extract From Tea Tree, Fat Distillation Residues, Fatty Acids C7 to C20, Garlic Extract, Gibberellic Acid, Gibberellins, Hydrolysed Proteins, Iron Sulphate, Kieselgur （Diatomaceous Earth）, Plant Oils/Rape Seed Oil, Potassium Hydrogen Carbonate, Quartz Sand, Fish Oil, Repellents By Smell of Animal Or Plant Origin/Sheep Fat, Straight Chain Lepidopteran Pheromones, Tebuconazole And Urea.*

European Commission, 2020, September 3, *Commission Staff Working Docu-*

*ment Data On The Budgetary And Technical Implementation of The European Energy Programme For Recovery Accompanying The Document REPORT FROM THE COMMISSION to THE EUROPEAN PARLIAMENT AND COUNCIL On The Implementation of The European Energy Programme For Recovery And The European Energy Efficiency Fund.*

European Commission, 2020, September 3, *Report From The Commission to The European Parliament And The Council On The Implementation of The European Energy Programme For Recovery And The European Energy Efficiency Fund.*

European Commission, 2020, September 17, *Commission Staff Working Document Impact Assessment Accompanying The Document Communication From The Commission to The European Parliament, The Council, The European Economic And Social Committee And The Committee of The Regions Stepping Up Europe's 2030 Climate Ambition Investing In A Climate-Neutral Future For The Benefit of Our People.*

European Commission, 2020, September 21, *Commission Staff Working Document Evaluation Accompanying The Document Impact Assessment On Guidelines On Certain State Aid Measures In The Context of The System For Greenhouse Gas Emission Allowance Trading Post 2021.*

European Commission, 2020, October 29, *Proposal For A Directive of The European Parliament And of The Council Amending Directive 2003/87/EC to Contribute to Delivering Economy-Wide Greenhouse Gas Emissions Reductions As Part of The European Green Deal By Enhancing Cost-Effective Emission Reductions And Low-Carbon Investments, And Ensuring That Other Sectors, Such As Shipping Contribute to The Emissions Reductions Needed to Move to Climate Neutrality.*

European Commission, 2020, November 16, *Commission Decision (EU) 2020/1722 of 16 November 2020 On The Union-Wide Quantity of Allowances to Be Issued Under The EU Emissions Trading System For 2021 [Notified Under Document C (2020) 7704].*

European Commission, 2020, November 18, *Report From The Commission to*

*The European Parliament And The Council Report On The Functioning of The European Carbon Market.*

European Commission, 2020, December 15, *Commission Decision of 15 December 2020 Instructing The Central Administrator to Enter Changes Into The International Credit Entitlement Tables In The European Union Transaction Log 2021/C 115/01.*

European Commission, 2021, January 5, *Proposal For A Carbon Border Adjustment Mechanism (CBAM).*

European Commission, 2021, January 22, *Commission Staff Working Document Impact Assessment Accompanying The Document Proposal For A Regulation of The European Parliament And of The Council On Guidelines For Trans-European Energy Infrastructure And Repealing Regulation (EU) No 347/2013.*

European Commission, 2021, January 22, *Notice to Undertakings Intending to Place Hydrofluorocarbons In Bulk On The Market In The European Union In 2022 2021/C 24/19.*

European Commission, 2021, January 27, *Commission Implementing Regulation (EU) 2021/80 of 27 January 2021 Concerning The Non-Approval of Carbon Dioxide As A Basic Substance In Accordance With Regulation (EC) No 1107/2009 of The European Parliament And of The Council Concerning The Placing of Plant Protection Products On The Market.*

European Commission, 2021, January 29, *Commission Implementing Decision (EU) 2021/103 of 29 January 2021 Not Approving Carbon Dioxide As An Existing Active Substance For Use In Biocidal Products of Product-Type 19.*

European Commission, 2021, February 1, *Prior Notification of A Concentration (Case M. 10072—Sojitz/Eneos/Edenvale Solar Park) Candidate Case For Simplified Procedure 2021/C 34/10.*

European Commission, 2021, February 9, *Commission Regulation (EU) 2021/155 of 9 February 2021 Amending Annexes II, III And V toRegulation (EC) No 396/2005 of The European Parliament And of The Council As Regards Maximum Residue Levels For Carbon Tetrachloride, Chlorothalonil, Chlorpropham, Dimethoate, Ethoprophos, Fenamidone, Methiocarb, Omethoate, Propiconazole And*

*Pymetrozine In Or On Certain Products.*

European Commission, 2021, February 11, *Proposal For A Council Implementing Decision Authorising The United Kingdom In Respect of Northern Ireland to Apply A Special Measure Derogating From Articles 16 And 168 of Directive 2006/112/EC On The Common System of Value Added Tax.*

European Commission, 2021, February 12, *Commission Decision Delegating Powers to The European Climate, Infrastructure And Environment Executive Agency With A View to The Performance of Tasks Linked to The Implementation of Union Programmes In The Field of Transport And Energy Infrastructure; Climate, Energy And Mobility Research And Innovation; Environment, Nature And Biodiversity; Transition to Low-Carbon Technologies; And Maritime And Fisheries; Comprising, In Particular, Implementation of Appropriations Entered In The General Budget of The Union And Those Stemming From External Assigned Revenue.*

European Commission, 2021, February 15, *Non-Opposition to A Notified Concentration (Case M. 10072—Sojitz/Eneos/Edenvale Solar Park) 2021/C 66/06.*

European Commission, 2021, February 17, *Notice of Initiation of An Anti-Dumping Proceeding Concerning Imports of Certain Graphite Electrode Systems Originating In The People's Republic of China 2021/C 57/03.*

European Commission, 2021, February 23, *Commission Staff Working Document Impact Assessment Accompanying The Document Proposal For A Council Regulation Establishing The Joint Undertakings Under Horizon Europe EU-Africa Global Health Partnership.*

European Commission, 2021, February 24, *Commission Staff Working Document Impact Assessment Report Accompanying The Document Communication From The Commission To The European Parliament, The Council, The Economic And Social Committee And The Committee Of The Regions Forging A Climate-Resilient Europe-The New EU Strategy On Adaptation to Climate Change.*

European Commission, 2021, February 25, *Commission Decision (EU)*

2021/355 *of 25 February 2021 Concerning National Implementation Measures For The Transitional Free Allocation of Greenhouse Gas Emission Allowances In Accordance With Article* 11 (3) *of Directive* 2003/87/EC *of The European Parliament And of The Council* [ *Notified Under Document C* (2021) 1215 ].

European Commission, 2021, February 26, *Prior Notification of A Concentration* ( *Case M.* 10148—*FCA/EEPS/JV* ) *Candidate Case For Simplified Procedure* 2021/C 66/15.

European Commission, 2021, March 4, *Commission Decision of 4 March 2021 Instructing The Central Administrator to Enter Changes to The National Allocation Tables ofBulgaria*, *Germany*, *Spain*, *Italy*, *Cyprus*, *Hungary*, *The Netherlands*, *Poland And Portugal Into The European Union Transaction Log* 2021/C 159/01.

European Commission, 2021, March 4, *Commission Implementing Regulation* ( *EU* ) 2021/392 *of 4 March 2021 On The Monitoring And Reporting of Data Relating to CO2 Emissions From Passenger Cars And Light Commercial Vehicles Pursuant to Regulation* ( *EU* ) 2019/631 *of The European Parliament And of The Council And Repealing Commission Implementing Regulations* ( *EU* ) *No* 1014/2010, ( *EU* ) *No* 293/2012, ( *EU* ) 2017/1152 *And* ( *EU* ) 2017/1153.

European Commission, 2021, March 8, *Commission Staff Working Document Detailed Assessment of The Member States Implementation Reports On The National Policy Frameworks For The Development of The Market As Regards Alternative Fuels In The Transport Sector And The Deployment of The Relevant Infrastructure. Implementation of Art* 10 (3) *of Directive* 2014/94/EU *Accompanying The Document Report From The Commission To The European Parliament And The Council On The Application of Directive* 2014/94/EU *On The Deployment of Alternative Fuels Infrastructure.*

European Commission, 2021, March 8, *Report From The Commission to The European Parliament And The Council On The Application of Directive* 2014/94/EU *On The Deployment of Alternative Fuels Infrastructure.*

European Commission, 2021, March 10, *Commission Delegated Regulation*

(*EU*) 2021/806 *of* 10 *March* 2021 *Amending Regulation* (*EU*) *No* 528/ 2012 *of The European Parliament And of The Council to Include Carbon Dioxide Generated From Propane*, *Butane Or A Mixture of Both By Combustion As An Active Substance In Annex* Ⅰ *Thereto.*

European Commission, 2021, March 12, *Non-Opposition to A Notified Concentration* (*Case M.* 10148—*FCA/EEPS/JV*) 2021/*C* 91/02.

European Commission, 2021, March 12, *Commission Implementing Decision* (*EU*) 2021/456 *of* 12 *March* 2021 *Amending Implementing Decision* (*EU*) 2020/1604 *As Regards The Determination of Reference Values For Certain Importers And Producers For The Period From* 1 *January* 2021 *to* 31 *December* 2023 [*Notified Under Document C* (2021) 1155] (*Only The Dutch*, *English*, *French And German Texts Are Authentic*).

European Commission, 2021, March 15, *Prior Notification of A Concentration* (*Case M.* 10174—*Macquarie/Aberdeen/Ucles JV*) *Candidate Case For Simplified Procedure* (*Text With EEA Relevance*) 2021/*C* 87/06.

European Commission, 2021, March 22, *Commission Implementing Decision* (*EU*) 2021/488 *of* 22 *March* 2021 *Amending Implementing Decisions* (*EU*) 2020/174 *And* (*EU*) 2020/1167 *As Regards The Use of The Approved Innovative Technologies In Certain Passenger Cars And In Light Commercial Vehicles Capable of Running On Liquefied Petroleum Gas*, *Compressed Natural Gas And E*85.

European Commission, 2021, March 25, *Non-Opposition to A Notified Concentration* (*Case M.* 10174—*Macquarie/Aberdeen/Ucles JV*) 2021/*C* 129/04.

European Commission, 2021, March 30, *Commission Decision of* 30 *March* 2021 *Instructing The Central Administrator to Enter Changes Into The International Credit Entitlement Tables In The European Union Transaction Log* 2021/ *C* 159/02.

European Commission, 2021, April 14, *Commission Implementing Regulation* (*EU*) 2021/633 *of* 14 *April* 2021 *Imposing A Definitive Anti-Dumping Duty On Imports of Monosodium Glutamate Originating In The People's Republic of China And In Indonesia Following An Expiry Review Pursuant to Article* 11

(2) *of Regulation (EU) 2016/1036 of The European Parliament And of The Council.*

European Commission, 2021, April 14, *Prior Notification of A Concentration (Case M. 10225—AES/Coatue/Schneider Electric/Uplight) Candidate Case For Simplified Procedure 2021/C 130/04.*

European Commission, 2021, April 22, *Commission Regulation (EU) 2021/ 662 of 22 April 2021 Amending Regulation (EC) No 748/2009 On The List of Aircraft Operators Which Performed An Aviation Activity Listed In Annex* I *to Directive 2003/87/EC On Or After 1 January 2006 Specifying The Administering Member State For Each Aircraft Operator.*

European Commission, 2021, April 27, *Proposal For A Directive of The European Parliament And of The Council Amending Directive 2003/87/EC to Contribute to Delivering Economy-Wide Greenhouse Gas Emissions Reductions As Part of The European Green Deal By Enhancing Cost-Effective Emission Reductions And Low-Carbon Investments, And Ensuring That Other Sectors, Such As Shipping Contribute to The Emissions Reductions Needed to Move to Climate Neutrality.*

European Commission, 2021, April 27, *Prior Notification of A Concentration (Case M. 10170—Shell/NXK) Candidate Case For Simplified Procedure (Text With EEA Relevance) 2021/C 149/05.*

European Commission, 2021, April 28, *Non-Opposition to A Notified Concentration (Case M. 10225—AES/Coatue/Schneider Electric/Uplight) 2021/C 170/01.*

European Commission, 2021, May 5, *COMMISSION STAFF WORKING DOCUMENT Annual Single Market Report 2021 Accompanying The Communication From The Commission to The European Parliament, The Council, The European Economic And Social Committee And The Committee of The Regions Updating The 2020 New Industrial Strategy: Building A Stronger Single Market For Europe's Recovery.*

European Commission, 2021, May 6, *Commission Implementing Regulation (EU) 2021/745 of 6 May 2021 Amending Implementing Regulation (EU)*

No 540/2011 As Regards The Extension of The Approval Periods of The Active Substances Aluminium Ammonium Sulphate, Aluminium Silicate, Beflubut-amid, Benthiavalicarb, Bifenazate, Boscalid, Calcium Carbonate, Captan, Carbon Dioxide, Cymoxanil, Dimethomorph, Ethephon, Extract From Tea Tree, Famoxadone, Fat Distilation Residues, Fatty Acids C7 to C20, Flu-mioxazine, Fluoxastrobin, Flurochloridone, Folpet, Formetanate, Gibberel-lic Acid, Gibberellins, Heptamaloxyloglucan, Hydrolysed Proteins, Iron Sul-phate, Metazachlor, Metribuzin, Milbemectin, Paecilomyces Lilacinus Strain 251, Phenmedipham, Phosmet, Pirimiphos-Methyl, Plant Oils/Rape Seed Oil, Potassium Hydrogen Carbonate, Propamocarb, Prothioconazole, Quartz Sand, Fish Oil, Repellents By Smell of Animal Or Plant Origin/Sheep Fat, S-Metola-chlor, Straight Chain Lepidopteran Pheromones, Tebuconazole And Urea.

European Commission, 2021, May 10, Commission Implementing Decision (EU) 2021/781 of 10 May 2021 On The Publication of A List Indicating Cer-tain CO2 Emissions Values Per Manufacturer As Well As Average Specific CO2 Emissions of All New Heavy-Duty Vehicles Registered In The Union And Refer-ence CO2 Emissions Pursuant to Regulation (EU) 2019/1242 of The Europe-an Parliament And of The Council For The Reporting Period of The Year 2019 [Notified Under Document C (2021) 3109] (Only The Dutch, English, French, German, Italian And Swedish Text Are Authentic).

European Commission, 2021, May 11, Non-Opposition to A Notified Concen-tration (Case M. 10170—Shell/NXK) 2021/C 192/01.

European Commission, 2021, May 12, Commission Implementing Regulation (EU) 2021/447 of 12 March 2021 Determining Revised Benchmark Values For Free Allocation of Emission Allowances For The Period From 2021 to 2025 Pursuant to Article 10a (2) of Directive 2003/87/EC of The European Par-liament And of The Council.

European Commission, 2021, May 17, Communication From The Commission to The European Parliament, The Council, The European Economic And So-cial Committee And The Committee of The Regions On A New Approach For A Sustainable Blue Economy In The EU Transforming The EU's Blue Economy

*For A Sustainable Future.*

European Commission, 2021, May 17, *Communication From The Commission Publication of The total Number of Allowances In Circulation In 2020 For The Purposes of The Market Stability Reserve Under The EU Emissions Trading System Established By Directive 2003/87/EC 2021/C 187/02.*

European Commission, 2021, May 21, *Commission Staff Working Document Evaluation of The Impact of The Common Agricultural Policy On Climate Change And Greenhouse Gas Emissions.*

European Commission, 2021, May 26, *Commission Implementing Regulation (EU) …/…Authorising Certain Products And Substances For Use In Organic Production And Establishing Their Lists.*

European Commission, 2021, May 31, *Commission Implementing Decision (EU) 2021/927 of 31 May 2021 Determining The Uniform Cross-Sectoral Correction Factor For The Adjustment of Free Allocations of Emission Allowances For The Period 2021 to 2025* [*Notified Under Document C (2021) 3745*].

European Commission, 2021, June 1, *Commission Implementing Decision (EU) 2021/973 of 1 June 2021 Confirming Or Amending The Provisional Calculation of The Average Specific Emissions of CO2 And The Specific Emissions Targets For Manufacturers of Passenger Cars And Light Commercial Vehicles For The Calendar Year 2019 And, For The Passenger Car Manufacturer Dr Ing. H. C. F. Porsche AG And The Volkswagen Pool, For The Calendar Years 2014 to 2018 Pursuant to Regulation (EU) 2019/631 of The European Parliament And of The Council* [*Notified Under Document C (2021) 3682*].

European Commission, 2021, June 4, *Commission Staff Working Document Impact Assessment Report Accompanying The Document Commission Delegated Regulation (EU) …/…Supplementing Regulation (EU) 2020/852 of The European Parliament And of The Council By Establishing The Technical Screening Criteria For Determining The Conditions Under Which An Economic Activity Qualifies As Contributing Substantially to Climate Change Mitigation Or Climate Change Adaptation And For Determining Whether That Economic*

*Activity Causes No Significant Harm to Any of The Other Environmental Objectives.*

European Commission, 2021, June 4, *Commission Delegated Regulation (EU) ···/··· Supplementing Regulation (EU) 2020/852 of The European Parliament And of The Council By Establishing The Technical Screening Criteria For Determining The Conditions Under Which An Economic Activity Qualifies As Contributing Substantially to Climate Change Mitigation Or Climate Change Adaptation And For Determining Whether That Economic Activity Causes No Significant Harm to Any of The Other Environmental Objectives.*

European Commission, 2021, June 10, *Commission Implementing Regulation (EU) 2021/941 of 10 June 2021 Laying Down A Specific Procedure For Identifying Heavy-Duty Vehicles Certified As Vocational Vehicles But Not Registered As Such And Applying Corrections to The Annual Average Specific CO2 Emissions of A Manufacturer to Take Those Vehicles Into Account.*

European Commission, 2021, June 16, *Proposal For A Council Implementing Decision On The Approval of The Assessment of The Recovery And Resilience Plan For Portugal.*

European Commission, 2021, June 17, *Commission Implementing Regulation (EU) 2021/980 of 17 June 2021 Amending Implementing Regulation (EU) 2019/661 As Regards Information Requirements For Registration In The Electronic Registry For Quotas For Placing Hydrofluorocarbons On The Market.*

European Commission, 2021, June 17, *Proposal For A Council Implementing Decision On The Approval of The Assessment of The Recovery And Resilience Plan For Denmark.*

European Commission, 2021, June 21, *Prior Notification of A Concentration (Case M. 10264—Softbank/Altor Fund Manager/Iyuno) Candidate Case For Simplified Procedure.*

European Commission, 2021, June 23, *Proposal For A COUNCIL IMPLEMENTING DECISION On The Approval of The Assessment of The Recovery And Resilience Plan For France.*

European Commission, 2021, June 23, *Commission Staff Working Document*

*Analysis of The Recovery And Resilience Plan of Belgium Accompanying The Document Proposal For A Council Implementing Decision On The Approval of The Assessment of The Recovery And Resilience Plan For Belgium.*

European Parliament

European Parliament, 2013, April 24, *Decision No 377/2013/EU of The European Parliament And of The Council of 24 April 2013 Derogating Temporarily From Directive 2003/87/EC Establishing A Scheme For Greenhouse Gas Emission Allowance Trading Within The Community.*

European Parliament, 2013, May 21, *Regulation (EU) No 525/2013 of The European Parliament And of The Council of 21 May 2013 On A Mechanism For Monitoring And Reporting Greenhouse Gas Emissions And For Reporting Other Information At National And Union Level Relevant to Climate Change And Repealing Decision No 280/2004/EC.*

European Parliament, 2013, May 21, *Decision No 529/2013/EU of The European Parliament And of The Council of 21 May 2013 On Accounting Rules On Greenhouse Gas Emissions And Removals Resulting From Activities Relating to Land Use, Land-Use Change And Forestry And On Information Concerning Actions Relating to Those Activities.*

European Parliament, 2013, December 11, *Regulation (EU) No 1293/2013 of The European Parliament And of The Council of 11 December 2013 On The Establishment of A Programme For The Environment And Climate Action (LIFE) And Repealing Regulation (EC) No 614/2007.*

European Parliament, 2013, December 17, *Regulation (EU) No 1300/2013 of The European Parliament And of The Council of 17 December 2013 On The Cohesion Fund And Repealing Council Regulation (EC) No 1084/2006.*

European Parliament, 2014 March 11, *Regulation (EU) No 233/2014 of The European Parliament And of The Council of 11 March 2014 Establishing A Financing Instrument For Development Cooperation For The Period 2014 – 2020.*

European Parliament, 2014, April 16, *Regulation (EU) No 517/2014 of The European Parliament And of The Council of 16 April 2014 On Fluorinated Greenhouse Gases And Repealing Regulation (EC) No 842/2006.*

European Parliament, 2014, April 16, *Decision No 466/2014/EU of The European Parliament And of The Council of 16 April 2014 Granting An EU Guarantee to The European Investment Bank Against Losses Under Financing Operations Supporting Investment Projects Outside The Union.*

European Parliament, 2014, October 22, *Directive 2014/94/EU of The European Parliament And of The Council of 22 October 2014 On The Deployment of Alternative Fuels Infrastructure.*

European Parliament, 2015, April 29, *Regulation（EU）2015/760 of The European Parliament And of The Council of 29 April 2015 On European Long-Term Investment Funds.*

European Parliament, 2015, June 10, *Committee On Foreign Affairs, Committee On Industry, Research And Energy, Committee On The Environment, Public Health And Food Safety, European Parliament Legislative Resolution of 10 June 2015 On The Draft Council Decision On The Conclusion, On Behalf of The European Union, of The Agreement Between The European Union And Its Member States, of The One Part, And Iceland, of The Other Part, Concerning Iceland's Participation In The Joint Fulfilment of Commitments of The European Union, Its Member States And Iceland For The Second Commitment Period of The Kyoto Protocol to The United Nations Framework Convention On Climate Change*［10883/2014—C8 – 0088/2015—2014/0151（NLE）］.

European Parliament, 2015, November 25, *Directive（EU）2015/2193 of The European Parliament And of The Council of 25 November 2015 On The Limitation of Emissions of Certain Pollutants Into The Air From Medium Combustion Plants.*

European Parliament, 2016, May 11, *Directive（EU）2016/802 of The European Parliament And of The Council of 11 May 2016 Relating to A Reduction In The Sulphur Content of Certain Liquid Fuels.*

European Parliament, 2016, October 26, *Regulation（EU）2016/1952 of The European Parliament And of The Council of 26 October 2016 On European Statistics On Natural Gas And Electricity Prices And Repealing Directive 2008/92/EC.*

European Parliament, 2017, February 15, *Regulation (EU) 2017/352 of The European Parliament And of The Council of 15 February 2017 Establishing A Framework For The Provision of Port Services And Common Rules On The Financial Transparency of Port*s.

European Parliament, 2017, April 5, *Decision (EU) 2017/684 of The European Parliament And of The Council of 5 April 2017 On Establishing An Information Exchange Mechanism With Regard to Intergovernmental Agreements And Non-Binding Instruments Between Member States And Third Countries In The Field of Energy, And Repealing Decision No 994/2012/EU.*

European Parliament, 2017, April 7, *Regulation (EU) 2017/1369 of The European Parliament And of The Council of 4 July 2017 Setting A Framework For Energy Labelling And Repealing Directive 2010/30/EU.*

European Parliament, 2018, March 9, *European Parliament Resolution of 23 June 2016 On The Implementation Report On The Energy Efficiency Directive (2012/27/EU) .*

European Parliament, 2018, March 9, *European Parliament Resolution of 23 June 2016 On The Renewable Energy Progress Report* [2016/2041 (INI)] .

European Parliament, 2019, January 16, *Amendments Adopted By The European Parliament On 16 January 2019 On The Proposal For A Regulation of The European Parliament And of The Council Establishing The Investeu Programme* [COM (2018) 0439—C8 –0257/2018—2018/0229 (COD)].

European Parliament, 2019, January 16, *P8 _ TA (2019) 0019 European Globalisation Adjustment Fund (EGF) *** I European Parliament Legislative Resolution of 16 January 2019 On The Proposal For A Regulation of The European Parliament And of The Council On The European Globalisation Adjustment Fund (EGF)* [COM (2018) 0380—C8 – 0231/2018—2018/ 0202 (COD)] *P8 _ TC1 – COD (2019) 0202 Position of The European Parliament Adopted At First Reading On 16 January 2019 With A View to The Adoption of Regulation (EU) ⋯/⋯of The European Parliament And of The Council On The European Globalisation Adjustment Fund (EGF) .*

European Parliament, 2019, January 16, *Amendments Adopted By The European*

Parliament On 16 January 2019 On The Proposal For A Regulation of The European Parliament And of The Council On The European Social Fund Plus (ESF+) [COM (2018) 0382—C8 -0232/2018—2018/0206 (COD)].

European Parliament, 2019, January 16, Directive (EU) 2019/130 of The European Parliament And of The Council of 16 January 2019 Amending Directive 2004/37/EC On The Protection of Workers From The Risks Related to Exposure to Carcinogens Or Mutagens At Work.

European Parliament, 2019, January 17, European Parliament Resolution of 17 January 2019 On The Annual Report On The Control of The Financial Activities of The EIB For 2017 [2018/2151 (INI)].

European Parliament, 2019, January 29, REPORT On The Proposal For A Decision of The European Parliament And of The Council Amending Council Directive 96/53/EC As Regards The Time Limit For The Implementation of The Special Rules Regarding Maximum Length In Case of Cabs Delivering Improved Aerodynamic Performance, Energy Efficiency And Safety Performance [COM (2018) 0275 - C8 - 0195/2018 - 2018/0130 (COD)] Committee On Transport And tourism Rapporteur: Karima Delli.

European Parliament, 2019, January 30, Regulation (EU) 2019/216 of The European Parliament And of The Council of 30 January 2019 On The Apportionment of Tariff Rate Quotas Included In The WtoSchedule of The Union Following The Withdrawal of The United Kingdom From The Union, And Amending Council Regulation (EC) No 32/2000.

European Parliament, 2019, January 31, European Parliament Legislative Resolution of 31 January 2019 On The Proposal For A Council Decision On The Association of The Overseas Countries And Territories With The European Union, Including Relations Between The European Union, On The One Hand, And Greenland And The Kingdom of Denmark, On The Other ('Overseas Association Decision') [COM (2018) 0461—C8 - 0379/2018—2018/0244 (CNS)].

European Parliament, 2019, February 6, Order of The Court (First Chamber) of 6 February 2019. Solvay Chemicals Gmbh V Bundesrepublik Deutsch-

*land. Reference For A Preliminary Ruling—Environment—Scheme For Greenhouse Gas Emission Allowance Trading Within The European Union—Directive 2003/87/EC—Monitoring Plan—Regulation（EU）No 601/2012—Second Subparagraph of Article 49（1）—Point 20 of Annex Ⅳ—Calculation of The Emissions of An Installation—Subtraction of Carbon Dioxide（CO2）Transferred—Exclusion of CO2 Used In The Production of Precipitated Calcium Carbonate—Assessment of The Validity of The Exclusion.*

European Parliament, 2019, February 12, *P8_TA（2019）0073 Programme For Single Market, Competitiveness of Enterprises And European Statistics \*\*\*I European Parliament Legislative Resolution of 12 February 2019 On The Proposal For A Regulation of The European Parliament And of The Council Establishing The Programme For Single Market, Competitiveness of Enterprises, Including Small And Medium-Sized Enterprises, And European Statistics And Repealing Regulations（EU）No 99/2013,（EU）No 1287/2013,（EU）No 254/2014,（EU）No 258/2014,（EU）No 652/2014 And（EU）2017/826 ［COM（2018）0441—C8 – 0254/2018—2018/0231（COD）］P8_TC1 – COD（2018）0231 Position of The European Parliament Adopted At First Reading On 12 February 2019 With A View to The Adoption of Regulation（EU）…/…of The European Parliament And of The Council Establishing The Programme For Single Market, Competitiveness of Enterprises, Including Small And Medium-Sized Enterprises, And European Statistics And Repealing Regulations（EU）No 99/2013,（EU）No 1287/2013,（EU）No 254/2014,（EU）No 258/2014,（EU）No 652/2014 And（EU）2017/826.*

European Parliament, 2019, February 13, *Amendments Adopted By The European Parliament On 13 February 2019 On The Proposal For A Regulation of The European Parliament And of The Council Laying Down Common Provisions On The European Regional Development Fund, The European Social Fund Plus, The Cohesion Fund, And The European Maritime And Fisheries Fund And Financial Rules For Those And For The Asylum And Migration Fund, The Internal Security Fund And The Border Management And Visa Instrument ［COM（2018）0375—C8 – 0230/2018—2018/0196（COD）］.*

European Parliament, 2019, February 13, *European Parliament Non-Legislative Resolution of 13 February 2019 On The Draft Council Decision On The Conclusion of The Free Trade Agreement Between The European Union And The Republic of Singapore* ［07971/2018—C8 – 0446/2018—2018/0093M （NLE）］.

European Parliament, 2019, February 14, *European Parliament Resolution of 14 February 2019 On NAIADES II—An Action Programme to Support Inland Waterway Transport* ［2018/2882 （RSP）］.

European Parliament, 2019, March 12, *European Parliament Non-Legislative Resolution of 12 March 2019 On The Draft Council Decision On The Conclusion of The Voluntary Partnership Agreement Between The European Union And The Socialist Republic of Viet Nam On Forest Law Enforcement, Governance And Trade* ［10861/2018—C8 – 0445/2018—2018/0272M （NLE）］.

European Parliament, 2019, March 13, *European Parliament Resolution of 13 March 2019 On A Europe That Protects：Clean Air For All* ［2018/2792 （RSP）］.

European Parliament, 2019, March 14, *European Parliament Resolution of 14 March 2019 On Climate Change—A European Strategic Long-Term Vision For A Prosperous, Modern, Competitive And Climate Neutral Economy In Accordance With The Paris Agreement* ［2019/2582 （RSP）］ .

European Parliament, 2019, March 14, *European Parliament Resolution of 14 March 2019 On The Annual Strategic Report On The Implementation And Delivery of The Sustainable Development Goals （Sdgs）* ［2018/2279 （INI）］.

European Parliament, 2019, March 14, *European Parliament Resolution of 14 March 2019 On General Guidelines For The Preparation of The 2020 Budget, Section* Ⅲ*—Commission* ［2019/2001 （BUD）］ .

European Parliament, 2019, March 14, *European Parliament Resolution of 14 March 2019 On General Guidelines For The Preparation of The 2020 Budget, Section* Ⅲ*—Commission* ［2019/2001 （BUD）］.

European Parliament, 2019, March 15, *Recruitment Notice PE/225/S—Director （Function Group AD, Grade 14） —Secretariat office of The Secretary-General.*

European Parliament, 2019, March 26, *P8_TA* (2019) 0226 *Common Rules For The Internal Market For Electricity* \*\*\* *I European Parliament Legislative Resolution of 26 March 2019 On The Proposal For A Directive of The European Parliament And of The Council On Common Rules For The Internal Market In Electricity* (*Recast*) [*COM* (2016) 0864—*C8* – 0495/2016—2016/0380 (*COD*)] *P8_TC1* – *COD* (2016) 0380 *Position of The European Parliament Adopted At First Reading On 26 March 2019 With A View to The Adoption of Directive* (*EU*) 2019/…*of The European Parliament And of The Council On Common Rules For The Internal Market For Electricity And Amending Directive 2012/27/EU* (*Recast*).

European Parliament, 2019, March 26, *P8_TA* (2019) 0227 *Internal Market For Electricity* \*\*\* *I European Parliament Legislative Resolution of 26 March 2019 On The Proposal For A Regulation of The European Parliament And of The Council On The Internal Market For Electricity* (*Recast*) [*COM* (2016) 0861—*C8* – 0492/2016—2016/0379 (*COD*)] *P8_TC1* – *COD* (2016) 0379 *Position of The European Parliament Adopted At First Reading On 26 March 2019 With A View to The Adoption of Regulation* (*EU*) 2019/…*of The European Parliament And of The Council On The Internal Market For Electricity* (*Recast*).

European Parliament, 2019, March 26, *P8_TA* (2019) 0237 *Low Carbon Benchmarks And Positive Carbon Impact Benchmarks* \*\*\* *I European Parliament Legislative Resolution of 26 March 2019 On The Proposal For A Regulation of The European Parliament And of The Council Amending Regulation* (*EU*) 2016/1011 *On Low Carbon Benchmarks And Positive Carbon Impact Benchmarks* [*COM* (2018) 0355—*C8* – 0209/2018—2018/0180 (*COD*)].

European Parliament, 2019, March 26, *Resolution* (*EU*) 2019/1407 *of The European Parliament of 26 March 2019 With Observations Forming An Integral Part of The Decision On Discharge In Respect of The Implementation of The General Budget of The European Union For The Financial Year 2017*, *Section* Ⅰ—*European Parliament*.

European Parliament, 2019, March 26, *Resolution* (*EU*) 2019/1409 *of The*

*European Parliament of 26 March 2019 With Observations Forming An Integral Part of The Decision On Discharge In Respect of The Implementation of The General Budget of The European Union For The Financial Year* 2017, *Section* Ⅱ—*European Council And Council.*

European Parliament, 2019, March 26, *Resolution（EU, Euratom）2019/ 1412 of The European Parliament of 26 March 2019 On The Court of Auditors' Special Reports In The Context of The 2017 Commission Discharge.*

European Parliament, 2019, March 26, *Resolution（EU）2019/1421 of The European Parliament of 26 March 2019 With Observations Forming An Integral Part of The Decision On Discharge In Respect of The Implementation of The General Budget of The European Union For The Financial Year* 2017, *Section* Ⅳ—*Court of Justice.*

European Parliament, 2019, March 26, *Resolution（EU）2019/1423 of The European Parliament of 26 March 2019 With Observations Forming An Integral Part of The Decision On Discharge In Respect of The Implementation of The General Budget of The European Union For The Financial Year* 2017, *Section* V—*Court of Auditors.*

European Parliament, 2019, March 26, *Resolution（EU）2019/1450 of The European Parliament of 26 March 2019 With Observations Forming An Integral Part of The Decision On Discharge In Respect of The Implementation of The Budget of The European Union Agency For Law Enforcement Training（CE-POL）For The Financial Year* 2017.

European Parliament, 2019, March 26, *European Parliament Legislative Resolution of 26 March 2019 On The Proposal For A Decision of The European Parliament And of The Council Amending Council Directive 96/53/EC As Regards The Time Limit For The Implementation of The Special Rules Regarding Maximum Length In Case of Cabs Delivering Improved Aerodynamic Performance, Energy Efficiency And Safety Performance*［COM（2018）0275 – C8 – 0195/2018 –2018/0130（COD）］.

European Parliament, 2019, March 26, *European Parliament Legislative Resolution of 26 March 2019 On The Proposal For A Regulation of The European*

*Parliament And of The Council On The Internal Market For Electricity (Recast)* [*COM* (2016) 0861 – *C8* – 0492/2016 – 2016/0379 (*COD*)].

European Parliament, 2019, March 26, *European Parliament Legislative Resolution of 26 March 2019 On The Proposal For A Regulation of The European Parliament And of The Council Amending Regulation (EU) 2016/1011 On Low Carbon Benchmarks And Positive Carbon Impact Benchmarks* [*COM* (2018) 0355 – *C8* – 0209/2018 – 2018/0180 (*COD*)].

European Parliament, 2019, March 26, *European Parliament Legislative Resolution of 26 March 2019 On The Proposal For A Directive of The European Parliament And of The Council On Common Rules For The Internal Market In Electricity (Recast)* [*COM* (2016) 0864 – *C8* – 0495/2016 – 2016/0380 (*COD*)].

European Parliament, 2019, March 27, *European Parliament Legislative Resolution of 27 March 2019 On The Proposal For A Regulation of The European Parliament And of The Council Setting Emission Performance Standards For New Passenger Cars And For New Light Commercial Vehicles As Part of The Union's Integrated Approach to Reduce CO2 Emissions From Light-Duty Vehicles And Amending Regulation (EC) No 715/2007 (Recast)* [*COM* (2017) 0676 – *C8* – 0395/2017 – 2017/0293 (*COD*)].

European Parliament, 2019, April 17, *European Parliament Legislative Resolution of 17 April 2019 On The Proposal For A Regulation of The European Parliament And of The Council Establishing The Connecting Europe Facility And Repealing Regulations (EU) No 1316/2013 And (EU) No 283/2014* [*COM* (2018) 0438 – *C8* – 0255/2018 – 2018/0228 (*COD*)].

European Parliament, 2019, April 17, *European Parliament Legislative Resolution of 17 April 2019 On The Proposal For A Regulation of The European Parliament And of The Council Establishing A Programme For The Environment And Climate Action (LIFE) And Repealing Regulation (EU) No 1293/2013 (COM (2018) 0385 – C8 – 0249/2018 – 2018/0209 (COD).*

European Parliament, 2019, April 17, *Regulation (EU) 2019/631 of The European Parliament And of The Council of 17 April 2019 Setting CO2 Emis-*

sion Performance Standards For New Passenger Cars And For New Light Commercial Vehicles, And Repealing Regulations (EC) No 443/2009 And (EU) No 510/2011.

European Parliament, 2019, April 18, *European Parliament Legislative Resolution of 18 April 2019 On The Proposal For A Directive of The European Parliament And of The Council Amending Directive 2009/33/EC On The Promotion of Clean And Energy-Efficient Road Transport Vehicles* [COM (2017) 0653 – C8 – 0393/2017 – 2017/0291 (COD)].

European Parliament, 2019, April 18, *European Parliament Legislative Resolution of 18 April 2019 On The Proposal For A Regulation of The European Parliament And of The Council Setting CO2 Emission Performance Standards For New Heavy-Duty Vehicles* [COM (2018) 0284 – C8 – 0197/2018 – 2018/0143 (COD)].

European Parliament, 2019, May 20, *Regulation (EU) 2019/876 of The European Parliament And of The Council of 20 May 2019 Amending Regulation (EU) No 575/2013 As Regards The Leverage Ratio, The Net Stable Funding Ratio, Requirements For Own Funds And Eligible Liabilities, Counterparty Credit Risk, Market Risk, Exposures to Central Counterparties, Exposures to Collective Investment Undertakings, Large Exposures, Reporting And Disclosure Requirements, And Regulation (EU) No 648/2012.*

European Parliament, 2019, June 5, *Directive (EU) 2019/904 of The European Parliament And of The Council of 5 June 2019 On The Reduction of The Impact of Certain Plastic Products On The Environment.*

European Parliament, 2019, June 5, *Regulation (EU) 2019/943 of The European Parliament And of The Council of 5 June 2019 On The Internal Market For Electricity.*

European Parliament, 2019, June 5, *Directive (EU) 2019/944 of The European Parliament And of The Council of 5 June 2019 On Common Rules For The Internal Market For Electricity And Amending Directive 2012/27/EU.*

European Parliament, 2019, June 5, *Directive (EU) 2019/983 of The European Parliament And of The Council of 5 June 2019 Amending Directive 2004/*

37/EC On The Protection of Workers From The Risks Related to Exposure to Carcinogens Or Mutagens At Work.

European Parliament, 2019, June 5, *Regulation (EU) 2019/1009 of The European Parliament And of The Council of 5 June 2019 Laying Down Rules On The Making Available On The Market of EU Fertilising Products And Amending Regulations (EC) No 1069/2009 And (EC) No 1107/2009 And Repealing Regulation (EC) No 2003/2003.*

European Parliament, 2019, June 20, *Regulation (EU) 2019/1021 of The European Parliament And of The Council of 20 June 2019 On Persistent Organic Pollutants.*

European Parliament, 2019, June 20, *Directive (EU) 2019/1161 of The European Parliament And of The Council of 20 June 2019 Amending Directive 2009/33/EC On The Promotion of Clean And Energy-Efficient Road Transport Vehicles.*

European Parliament, 2019, June 20, *Regulation (EU) 2019/1238 of The European Parliament And of The Council of 20 June 2019 On A Pan-European Personal Pension Product (PEPP).*

European Parliament, 2019, June 20, *Regulation (EU) 2019/1242 of The European Parliament And of The Council of 20 June 2019 Setting CO2 Emission Performance Standards For New Heavy-Duty Vehicles And Amending Regulations (EC) No 595/2009 And (EU) 2018/956 of The European Parliament And of The Council And Council Directive 96/53/EC.*

European Parliament, 2019, October 10, *European Parliament Resolution of 10 October 2019 On The 2021 – 2027 Multiannual Financial Framework And Own Resources: Time to Meet Citizens' Expectations* [2019/2833 (RSP)].

European Parliament, 2019, October 23, *European Parliament Resolution of 23 October 2019 On The Council Position On The Draft General Budget of The European Union For The Financial Year 2020* [11734/2019—C9 – 0119/ 2019—2019/2028 (BUD)].

European Parliament, 2019, October 23, *Directive (EU) 2019/1937 of The European Parliament And of The Council of 23 October 2019 On The Protection* of Persons Who Report Breaches ofUnion Law.

European Parliament, 2019, October 29, *Report On Budgetary And Financial Management—Section* Ⅰ: *European Parliament—Financial Year* 2018.

European Parliament, 2019, November 27, *Definitive Adoption (EU, Euratom) 2020/227 of The European Union's General Budget For The Financial Year* 2020.

European Parliament, 2019, November 27, *Regulation (EU) 2019/2088 of The European Parliament And of The Council of 27 November 2019 On Sustainability-Related Disclosures In The Financial Services Sector.*

European Parliament, 2019, November 27, *Regulation (EU) 2019/2089 of The European Parliament And of The Council of 27 November 2019 Amending Regulation (EU) 2016/1011 As Regards EU Climate Transition Benchmarks, EU Paris-Aligned Benchmarks And Sustainability-Related Disclosures For Benchmarks.*

European Parliament, 2019, November 28, *European Parliament Resolution of 28 November 2019 On The 2019 UN Climate Change Conference In Madrid, Spain (COP 25)* [2019/2712 (RSP)].

European Parliament, 2019, November 28, *European Parliament Resolution of 28 November 2019 On The Climate And Environment Emergency* [2019/2930 (RSP)].

European Parliament, 2020, May 14, *Resolution (EU) 2020/1880 of The European Parliament of 14 May 2020 With Observations Forming An Integral Part of The Decision On Discharge In Respect of The Implementation of The General Budget of The European Union For The Financial Year 2018, Section* Ⅰ*—European Parliament.*

European Parliament, 2020, May 14, *Resolution (EU) 2020/1948 of The European Parliament of 14 May 2020 With Observations Forming An Integral Part of The Decision On Discharge In Respect of The Implementation of The Budget of The European Union Agency For Law Enforcement Training (CEPOL) For The Financial Year 2018.*

European Parliament, 2020, May 14, *Resolution (EU) 2020/1951 of The*

*European Parliament of* 14 *May* 2020 *With Observations Forming An Integral Part of The Decision On Discharge In Respect of The Implementation of The Budget of The European Agency For Safety And Health At Work* [*Now European Agency For Safety And Health At Work* (*EU-OSHA*)] *For The Financial Year* 2018.

European Parliament, 2020, May 14, *Resolution* (*EU*) 2020/1969 *of The European Parliament of* 14 *May* 2020 *With Observations Forming An Integral Part of The Decisions On Discharge In Respect of The Implementation of The General Budget of The European Union For The Financial Year* 2018, *Section* Ⅲ—*Commission And Executive Agencies.*

European Parliament, 2020, May 29, *OPINION of The Committee On Transport And tourism For The Committee On The Environment, Public Health And Food Safety On The Proposal For A Regulation of The European Parliament And of The Council Amending Regulation* (*EU*) 2015/757 *In Order to Take Appropriate Account of The Global Data Collection System For Ship Fuel Oil Consumption Data* [*COM* (2019) 0038 – *C*8 – 0043/2019 – 2019/0017 (*COD*)].

European Parliament, 2020, June 18, *Regulation* (*EU*) 2020/852 *of The European Parliament And of The Council of* 18 *June* 2020 *On The Establishment of A Framework to Facilitate Sustainable Investment, And Amending Regulation* (*EU*) 2019/2088.

European Parliament, 2020, July 10, *OPINION of The Committee On Regional Development For The Committee On The Environment, Public Health And Food Safety On The Proposal For A Regulation of The European Parliament And of The Council Establishing The Framework For Achieving Climate Neutrality And Amending Regulation* (*EU*) 2018/1999 (*European Climate Law*) [*COM* (2020) 0080 – *C*9 – 0077/2020 – 2020/0036 (*COD*)].

European Parliament, 2020, July 15, *OPINION of The Committee On Transport And tourism For The Committee On The Environment, Public Health And Food Safety On The Proposal For A Regulation of The European Parliament And of The Council Establishing The Framework For Achieving Climate Neu-*

*trality And Amending Regulation（EU）2018/1999（European Climate Law）［COM（2020）0080 - C9 - 0077/2020 - 2020/0036（COD）］.*

European Parliament, 2020, July 20, *Report On Budgetary And Financial Management-Section* Ⅰ: *European Parliament-Financial Year 2019.*

European Parliament, 2020, July 29, *Report On The Proposal For A Regulation of The European Parliament And of The Council Amending Regulation（EU）2015/757 In Order to Take Appropriate Account of The Global Data Collection System For Ship Fuel Oil Consumption Data ［COM（2019）0038 - C8 - 0043/2019 - 2019/0017（COD）］ Committee On The Environment, Public Health And Food Safety Rapporteur: Jutta Paulus.*

European Parliament, 2020, September 8, *OPINION of The Committee On Agriculture And Rural Development For The Committee On The Environment, Public Health And Food Safety On The Proposal For A Regulation of The European Parliament And of The Council Establishing The Framework For Achieving Climate Neutrality And Amending Regulation（EU）No 2018/1999（European Climate Law）［COM（2020）0080 - C9 - 0077/2020 - 2020/0036（COD）］ Rapporteur For Opinion: Asger Christensen.*

European Parliament, 2020, September 8, *OPINION of The Committee On Industry, Research And Energy For The Committee On The Environment, Public Health And Food Safety On The Proposal For A Regulation of The European Parliament And of The Council Establishing The Framework For Achieving Climate Neutrality And Amending Regulation（EU）2018/1999（European Climate Law）［COM（2020）0080 - C9 - 0077/2020 - 2020/0036（COD）］ Rapporteur For Opinion（∗）: Zdzisław Krasnodębski.*

European Parliament, 2020, September 16, *Amendments Adopted By The European Parliament On 16 September 2020 On The Proposal For A Regulation of The European Parliament And of The Council Amending Regulation（EU）2015/757 In Order to Take Appropriate Account of The Global Data Collection System For Ship Fuel Oil Consumption Data ［COM（2019）0038 - C8 - 0043/2019 - 2019/0017（COD）］.*

European Parliament, 2020, September 17, *Definitive Adoption（EU, Eura-*

tom) 2020/1672 *of Amending Budget No 6 of The European Union For The Financial Year* 2020.

European Parliament, 2020, September 22, *REPORT On The Proposal For A Regulation of The European Parliament And of The Council Establishing The Framework For Achieving Climate Neutrality And Amending Regulation (EU) 2018/1999 (European Climate Law)* [COM (2020) 0080 – C9 – 0077/2020 – 2020/0036 (COD)] *Committee On The Environment, Public Health And Food Safety Rapporteur*: *Jytte Guteland*.

European Parliament, 2020, September 25, *Corrigendum to Directive (EU) 2018/2001 of The European Parliament And of The Council of* 11 *December* 2018 *On The Promotion of The Use of Energy From Renewable Sources (official Journal of The European Union L* 328 *of* 21 *December* 2018).

European Parliament, 2020, October 8, *Amendments Adopted By The European Parliament On* 8 *October* 2020 *On The Proposal For A Regulation of The European Parliament And of The Council Establishing The Framework For Achieving Climate Neutrality And Amending Regulation (EU)* 2018/1999 (*European Climate Law*) [COM (2020) 0080 – COM (2020) 0563 – C9 – 0077/2020 – 2020/0036 (COD)].

European Parliament, 2020, December 15, *Definitive Adoption (EU, Euratom)* 2021/118 *of Amending Budget No* 9 *of The European Union For The Financial Year* 2020.

European Parliament, 2020, December 16, *Directive (EU)* 2020/2184 *of The European Parliament And of The Council of* 16 *December* 2020 *On The Quality of Water Intended For Human Consumption (Recast)*.

European Parliament, 2020, December 16, *Interinstitutional Agreement Between The European Parliament, The Council of The European Union And The European Commission On Budgetary Discipline, On Cooperation In Budgetary Matters And On Sound Financial Management, As Well As On New Own Resources, Including A Roadmap towards The Introduction of New Own Resources Interinstitutional Agreement of* 16 *December* 2020 *Between The European Parliament, The Council of The European Union And The European Commission*

*On Budgetary Discipline*, *On Cooperation In Budgetary Matters And On Sound Financial Management*, *As Well As On New Own Resources*, *Including A Roadmap towards The Introduction of New Own Resources*.

European Parliament, 2020, December 18, *Definitive Adoption* (*EU*, *Euratom*) *2021/417 of The European Union's General Budget For The Financial Year* 2021.

European Parliament, 2020, December 23, *Regulation* (*EU*) *2020/2220 of The European Parliament And of The Council of 23 December 2020 Laying Down Certain Transitional Provisions For Support From The European Agricultural Fund For Rural Development* (*EAFRD*) *And From The European Agricultural Guarantee Fund* (*EAGF*) *In The Years 2021 And 2022 And Amending Regulations* (*EU*) *No 1305/2013*, (*EU*) *No 1306/2013 And* (*EU*) *No 1307/2013 As Regards Resources And Application In The Years 2021 And 2022 And Regulation* (*EU*) *No 1308/2013 As Regards Resources And The Distribution of Such Support In Respect of The Years 2021 And 2022*.

European Parliament, 2021, February 12, *Regulation* (*EU*) *2021/241 of The European Parliament And of The Council of 12 February 2021 Establishing The Recovery And Resilience Facility*.

European Parliament, 2021, February 16, *Directive* (*EU*) *2021/338 of The European Parliament And of The Council of 16 February 2021 Amending Directive 2014/65/EU As Regards Information Requirements*, *Product Governance And Position Limits*, *And Directives 2013/36/EU And* (*EU*) *2019/878 As Regards Their Application to Investment Firms*, *to Help The Recovery From The COVID – 19 Crisis*.

European Parliament, 2021, March 24, *Regulation* (*EU*) *2021/523 of The European Parliament And of The Council of 24 March 2021 Establishing The Investeu Programme And Amending Regulation* (*EU*) *2015/1017*.

European Parliament, 2021, April 26, *Corrigendum to Definitive Adoption* (*EU*, *Euratom*) *2021/417 of The European Union's General Budget For The Financial Year* 2021.

European Parliament, 2021, April 28, *Regulation* (*EU*) *2021/695 of The*

*European Parliament And of The Council of 28 April 2021 Establishing Horizon Europe-The Framework Programme For Research And Innovation, Laying Down Its Rules For Participation And Dissemination, And Repealing Regulations (EU) No 1290/2013 And (EU) No 1291/2013.*

European Parliament, 2021, April 28, *Regulation (EU) 2021/691 of The European Parliament And of The Council of 28 April 2021 On The European Globalisation Adjustment Fund For Displaced Workers (EGF) And Repealing Regulation (EU) No 1309/2013.*

European Parliament, 2021, April 28, *Regulation (EU) 2021/690 of The European Parliament And of The Council of 28 April 2021 Establishing A Programme For The Internal Market, Competitiveness of Enterprises, Including Small And Medium-Sized Enterprises, The Area of Plants, Animals, Food And Feed, And European Statistics (Single Market Programme) And Repealing Regulations (EU) No 99/2013, (EU) No 1287/2013, (EU) No 254/2014 And (EU) No 652/2014.*

European Parliament, 2021, April 29, *Regulation (EU) 2021/694 of The European Parliament And of The Council of 29 April 2021 Establishing The Digital Europe Programme And Repealing Decision (EU) 2015/2240.*

European Parliament, 2021, May 20, *Decision (EU) 2021/820 of The European Parliament And of The Council of 20 May 2021 On The Strategic Innovation Agenda of The European Institute of Innovation And Technology (EIT) 2021 – 2027: Boosting The Innovation Talent And Capacity of Europe And Repealing Decision No 1312/2013/EU.*

European Parliament, 2021, May 20, *Regulation (EU) 2021/821 of The European Parliament And of The Council of 20 May 2021 Setting Up A Union Regime For The Control of Exports, Brokering, Technical Assistance, Transit And Transfer of Dual-Use Items (Recast).*

European Parliament, 2021, May 20, *Regulation (EU) 2021/836 of The European Parliament And of The Council of 20 May 2021 Amending Decision No 1313/2013/EU On A Union Civil Protection Mechanism.*

European Parliament, 2021, June 9, *Regulation (EU) 2021/947 of The Eu-*

*ropean Parliament And of The Council of 9 June 2021 Establishing The Neighbourhood, Development And International Cooperation Instrument-Global Europe, Amending And Repealing Decision No 466/2014/EU And Repealing Regulation（EU）2017/1601 And Council Regulation（EC, Euratom）No 480/2009.*